Further Challenging Problems in Organic Reaction Mechanisms

ACADEMIC PRESS RAPID MANUSCRIPT REPRODUCTION

Further Challenging Problems in Organic Reaction Mechanisms

Darshan Ranganathan
Subramania Ranganathan

Department of Chemistry
Indian Institute of Technology
Kanpur, India

with a Foreword by
PROFESSOR MICHAEL J. S. DEWAR

ACADEMIC PRESS
A Subsidiary of Harcourt Brace Jovanovich, Publishers
New York London Toronto Sydney San Francisco
1980

ACADEMIC PRESS, INC.
111 Fifth Avenue, New York, New York 10003

United Kingdom Edition published by
ACADEMIC PRESS, INC. (LONDON) LTD.
24/28 Oval Road, London NW1 7DX

Library of Congress Cataloging in Publication Data

Ranganathan, Darshan.
Further challenging problems in organic reaction mechanisms.

Bibliography: p.
Includes index.
1. Chemistry, Organic—Problems, exercises, etc.
I. Ranganathan, Subramania, joint author. II. Title.
QD257.R34 547'.139 79-24608
ISBN 0-12-580060-6

PRINTED IN THE UNITED STATES OF AMERICA

80 81 82 83 9 8 7 6 5 4 3 2 1

This work is respectfully dedicated to the memory of

ROBERT BURNS WOODWARD

with profound gratitude for his affection, interest, and encouragement

Contents

Foreword ix
Preface xi

CHALLENGING PROBLEMS **1**

RECOMMENDED PATHWAYS AND POINTERS TO THE SOLUTIONS OF THE PROBLEMS **241**

Author Index 267

Foreword

Organic chemists all over the world will be grateful to Drs. Ranganathans for producing another volume in their series of chemical puzzles.

Much of the intellectual appeal of organic chemistry lies in the scope it gives for pure logical deduction, the same kind of appeal indeed that holds chess players and readers of detective novels. However, the organic chemist has the advantage in two respects. First, his problems are set by Nature, not man, and we are not told the solutions; it is therefore impossible to cheat. And second, organic chemistry has practical value, so that the organic chemist can enjoy his intellectual pastimes under the justifiable conviction that he is benefitting mankind by doing so.

In this context Drs. Ranganathans' works (there are two earlier volumes "Fascinating Problems in Organic Reaction Mechanisms" and "Challenging Problems in Organic Reaction Mechanisms"), can be regarded as compendia of chemical problems. Each of these books lists a series of reactions leading to unexpected products as described in the current literature; the reader's task is to devise some reasonable mechanism for them. In each case one is told only the reactants, reaction conditions, and products; further information and the mechanism suggested by the discoverers of the reaction can of course be found in the original papers to which references are given. There are no official solutions in the sense that chess problems have solutions; for Nature has not divulged them to us. One can be certain that the original authors' suggestions are by no means always correct!

In an age when scientific publishers are scraping the chemical barrel for new authors and new ideas, it is something of an achievement to produce a book that is not only original but highly entertaining and instructive as well. It is even more of an achievement to follow such a book with successors that are not merely an anticlimax but fully as good as the predecessor. This volume, like the previous two, will provide any organic chemist worthy of the name with endless enjoyment and also do much to sharpen his wits and extend his experience of the strange ways in which Nature often behaves. The problems in it are searching ones; none are trivial, and many are very hard indeed.

I said of the previous two volumes that, apart from their entertainment value, they seemed likely to prove important contributions to the chemical literature. Time has certainly confirmed this prediction, and this new volume will undoubtedly prove equally valuable. Among them they form a chemical gold mine that will be an inspiration to students and will stimulate much valuable research. It is a long time since anyone has compressed so much productive chemical enjoyment into three such handy volumes, and I am sure that many like myself will now look forward eagerly to a fourth volume.

Michael J. S. Dewar
Department of Chemistry
The University of Texas
Austin, Texas

Preface

The warm reception accorded to our earlier volumes "Fascinating Problems in Organic Reaction Mechanisms" and "Challenging Problems in Organic Reaction Mechanisms" in this field has encouraged us to prepare the present work reviewing the literature of organic reaction mechanisms from 1971 through 1978. We have found the task most enjoyable and hope that the new book will lead to an even deeper appreciation on the part of the reader of the intricate pathways that are possible in chemical transformations. The examples presented here not only reflect some of the most subtle and delightful facets of organic chemistry, but also bring into focus many novel aspects of syntheses, reactions, reagents, and reaction mechanisms. Each problem describes the starting material, the conditions of the reaction, and the product, followed by the reference to the original publication. This permits the reader to solve the problem either independently or with guidance from the Pathways and Pointers provided by us and then compare the results with those presented in the literature. The advantages of this method of presentation are manifold. By way of example, for most of the rearrangements, more than one mechanism could be written. The mechanism suggested either in the book or in the reference need not be the original, the best one, or even a good one. Indeed, a highly sophisticated mind will find a good number of suggestions lacking some measure of elegance or accuracy.

Fascinating problems generally crop up unanticipated and the fact that Nature continues to favour us with these is reflected in the number of examples cited: I, 1959–1965, 243; II, 1966–1970, 417; III, 1971–1978, 720. A new feature of the present volume is the incorporation of Recommended Pathways and Pointers to the Solutions of the Problems. This facet, we feel, will enable a quick visualization of the overall transformation and enhance the usefulness of the book as a text.

Professor M. J. S. Dewar's generous encouragement has been one of the chief motivating factors that led us to take up this task, and we are indeed most grateful for his continued patronage. The entire manuscript was produced at Kanpur by Mr. D. S. Panesar, Mr. Nihal Ahmad, and Mr. V. A. Narayan, and we are proud of the excellent job these colleagues have done. The tremendous encouragement that is essential for book writing was provided in abundant measure by members of this department and particularly by Professor M. V. George.

D. Ranganathan
S. Ranganathan

Kanpur
July 1979

CHALLENGING PROBLEMS

1.

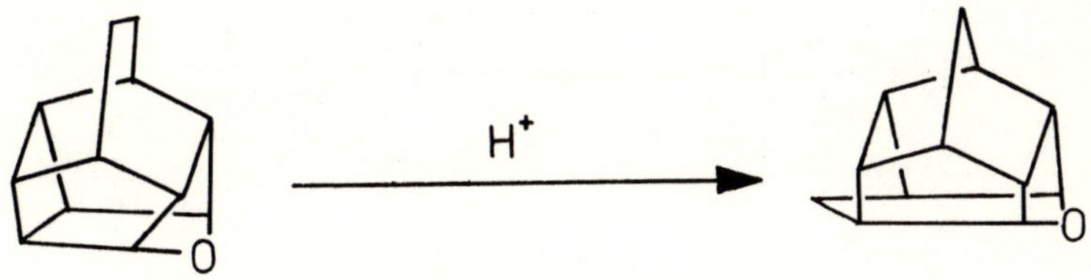

J. Dekker, J. J. Dekker, L. Fourie,
T. G. Dekker, K.G.R. Pachler and P.L. Wessels,
Tetrahedron Letters, 1613 (1976).

2.

I. Fleming and T. Mah,
J.C.S. Perkin I, 964 (1975).

3.

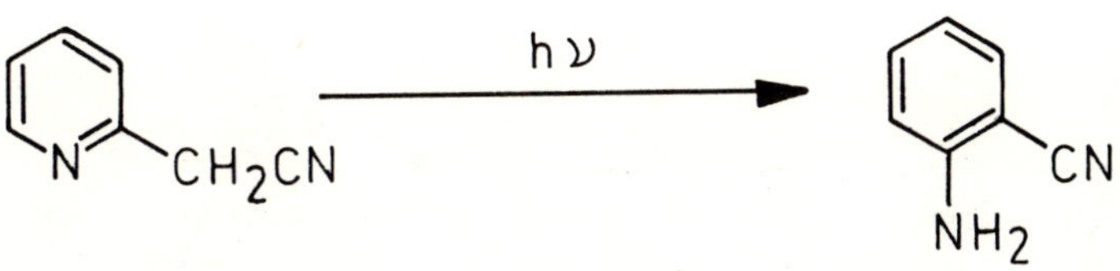

Y. Ogata and K. Takagi,
J. Am. Chem. Soc., 96, 5933 (1974).

4.

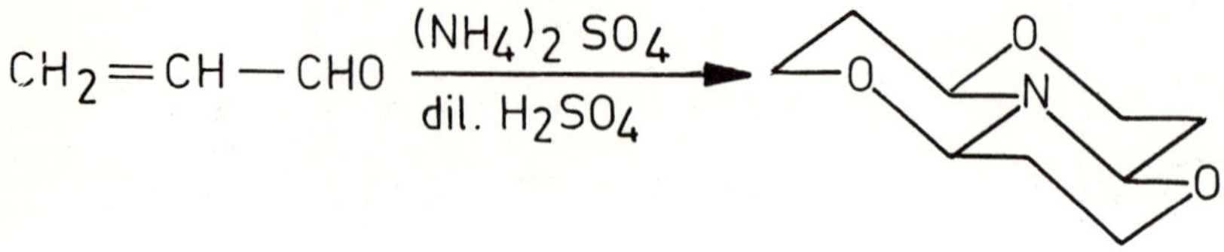

H. P. Fritz, H. Gebauer, G. Huttner,
A Frank and H. Lorenz, .
Ber. 109, 650 (1976).

5.

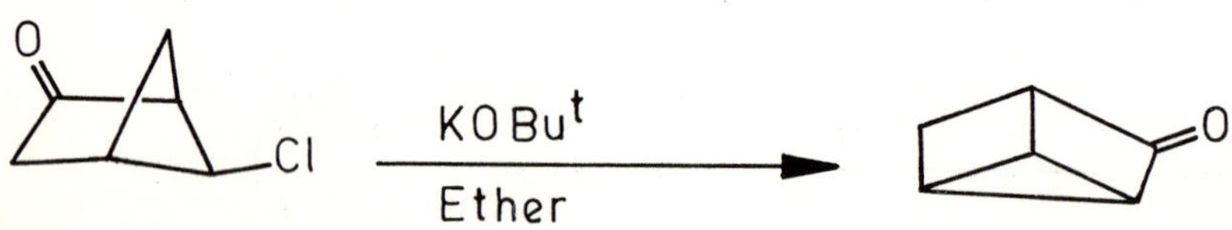

C. Y. Ho and F. T. Bond,
J. Am. Chem. Soc., 96, 7355 (1974).

6.

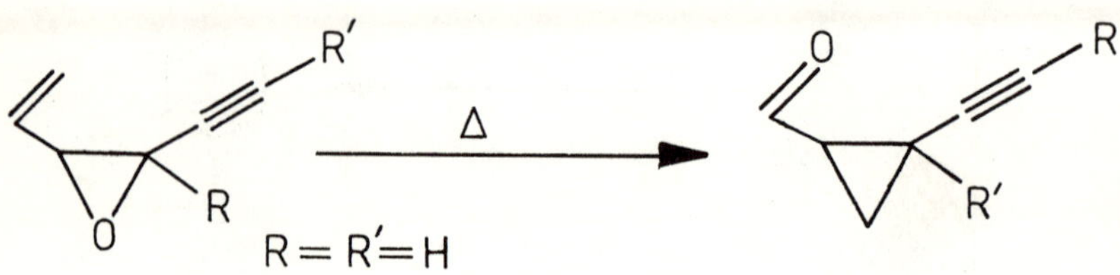

F. B-Wargnier, M. Vincent and J. Chuche,
Tetrahedron Letters, 283 (1978).

7.

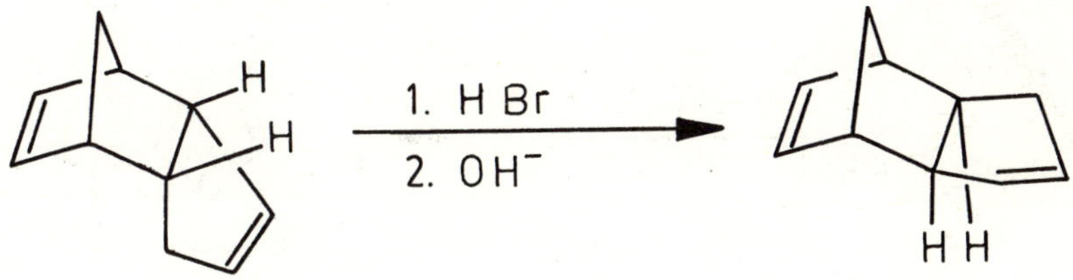

G. L. Nelson and C. L. Kuo,
Synthesis, 105 (1975).

8.

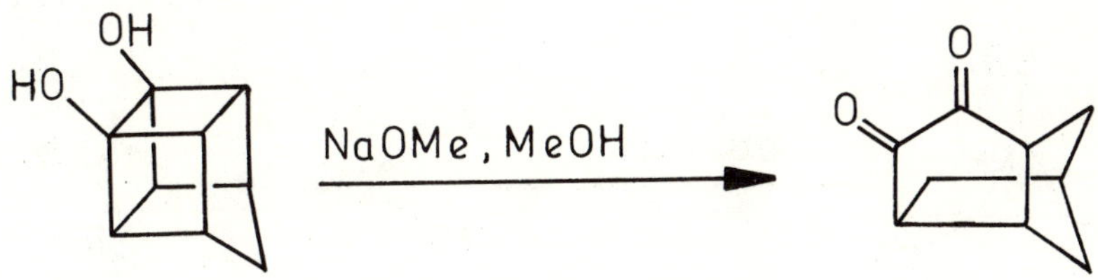

R. D. Miller and D. Dolce,
Tetrahedron Letters, 1151 (1973).

9.

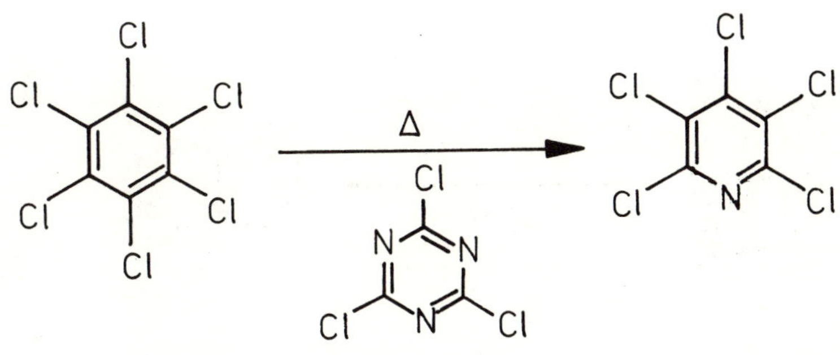

W. Mahler and T. Fukunaga,
Chem. Comm., 307 (1977).

10.

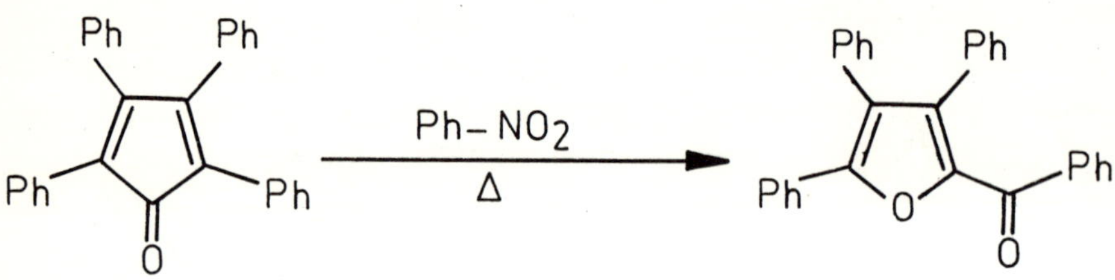

S. Ranganathan and S. K. Kar,
Tetrahedron, 31, 1391 (1975).

11.

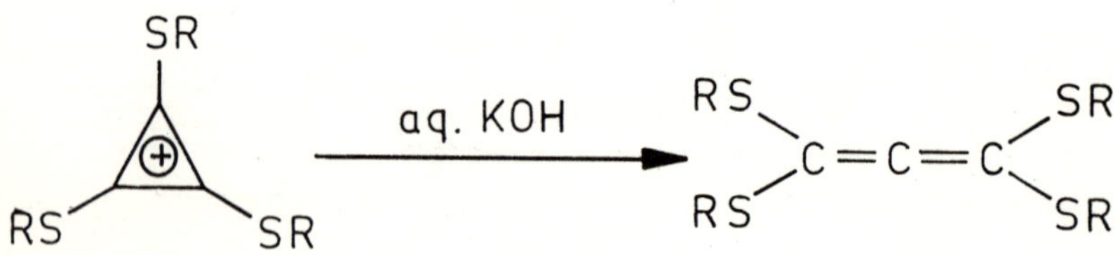

Z. Yoshida, S. Yoneda, T. Miyamoto and
S. Miki,
Tetrahedron Letters, 813 (1974).

12.

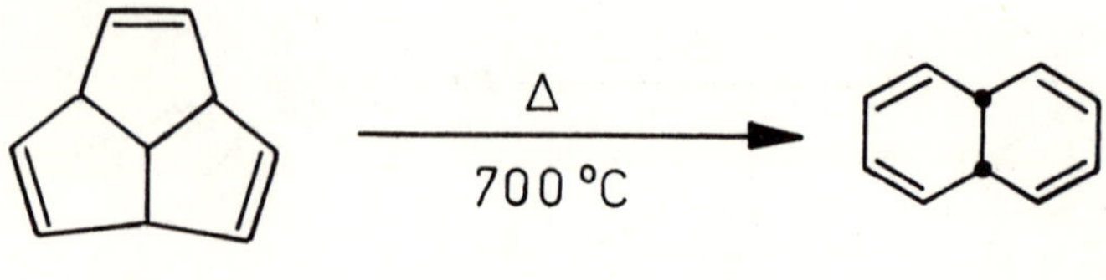

L. T. Scott and G. K. Agopian,
J. Am. Chem. Soc., 96, 4325 (1974).

13.

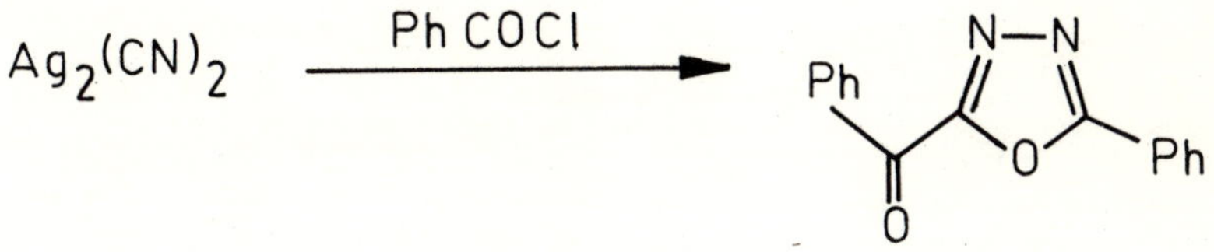

E. T Blues, D. Brycesmith, J. G. Irwin and I. W. Lawston,
Chem. Comm., 466 (1974).

14.

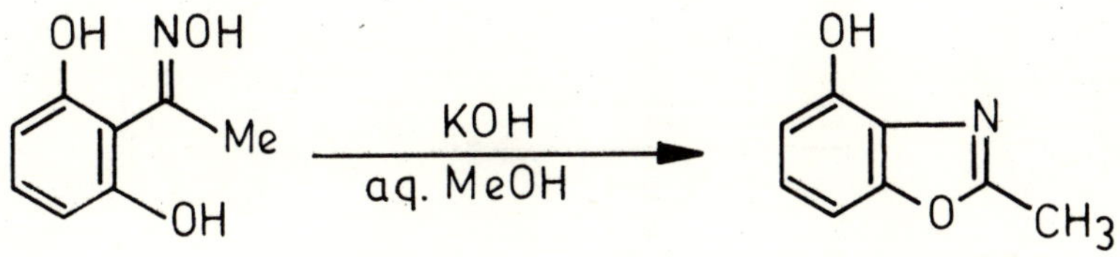

P. Crabbé, A. Villarino and J. M. Muchowski,
J.C.S. Perkin I, 2220 (1973).

15.

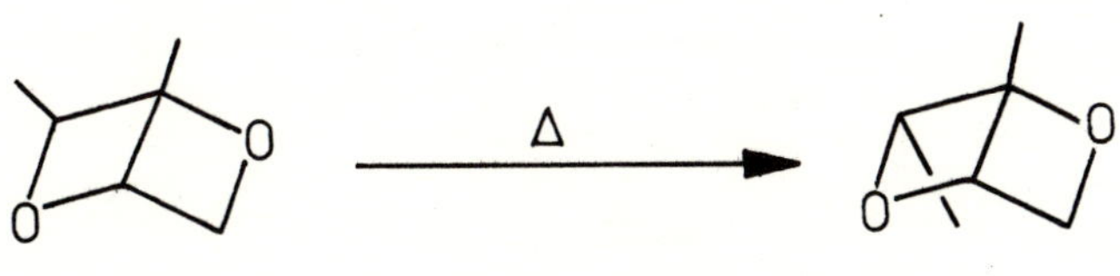

J. C. Dalton and S. J. Tremont,
Tetrahedron Letters, 4025 (1973).

16.

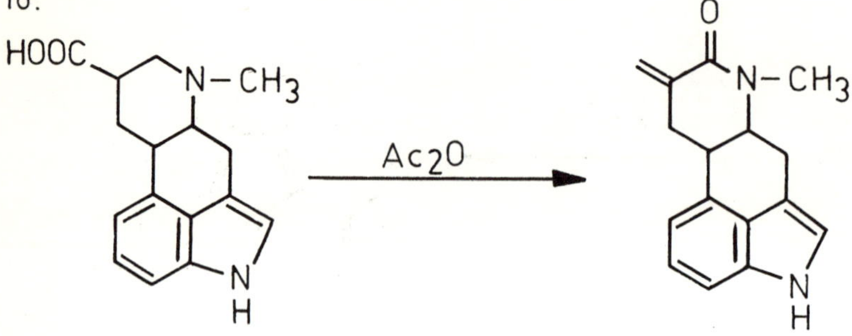

D. L. Lee, C. J. Morrow and H. Rapoport, J. Org. Chem., 39, 893 (1974).

17.

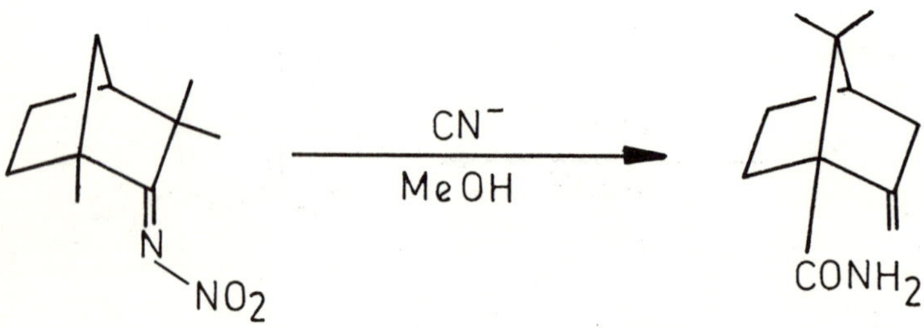

P. J. Kocienski and M. Kirkup, J. Org. Chem., 40, 1681 (1975).

18.

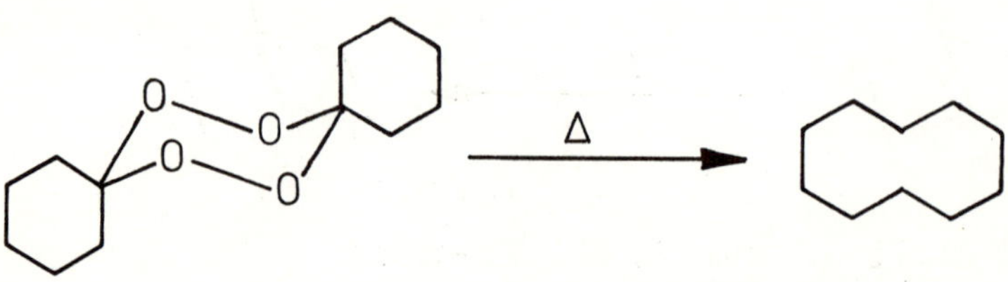

J. R. Sanderson and P. R. Story, J. Org. Chem., 39, 3463 (1974).

19.

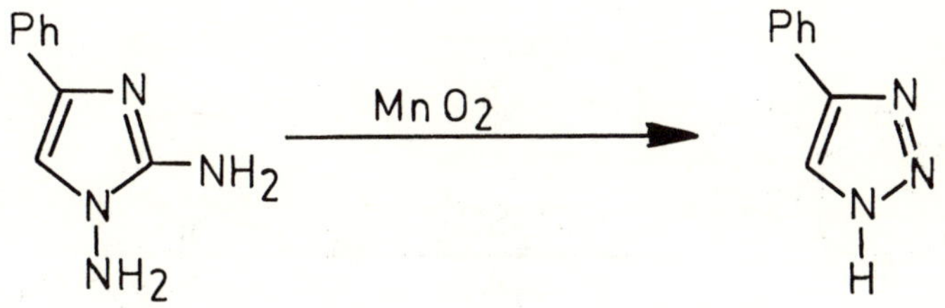

R. Hisada, M. Nakajima and J-P. Anselme, Tetrahedron Letters, 903 (1976).

20.

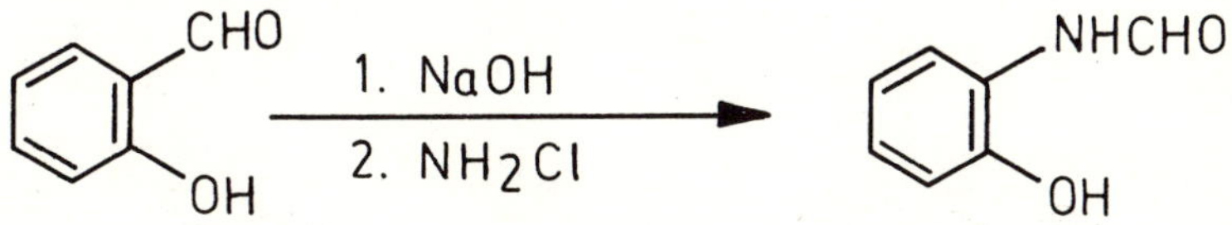

R. A. Crochet, F. R. Sullivan and P. Kovacic, J. Org. Chem., 39, 3094 (1974).

21.

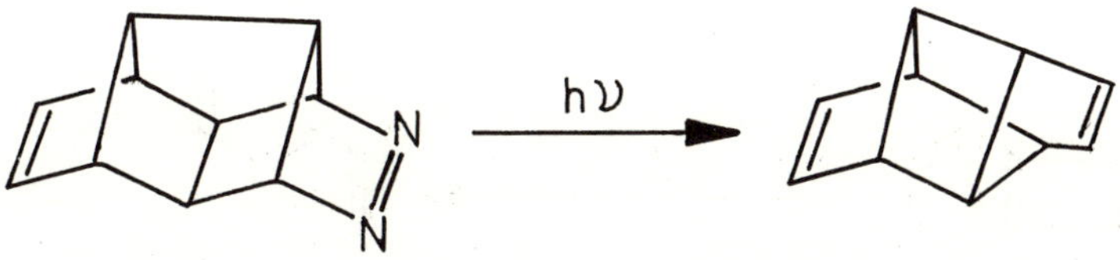

M. J. Wyvratt and L. A. Paquette, Tetrahedron Letters, 2433 (1974).

22.

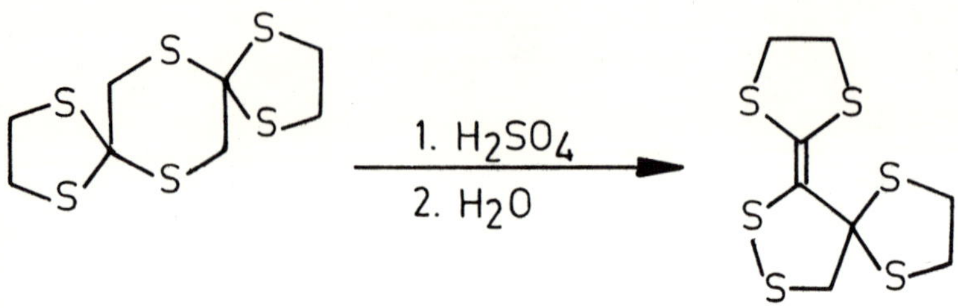

J. F. Blount, D. L. Coffen and F. Wong,
J. Org. Chem., 39, 2375 (1974).

23.

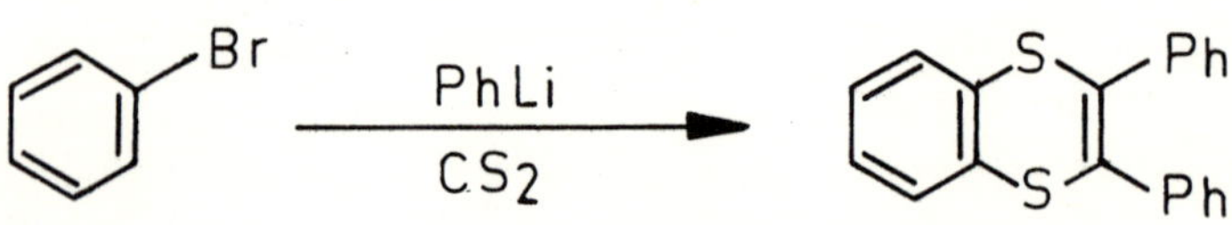

M. Yokoyama, T. Kondo, N. Miyase and M. Torri,
J.C.S. Perkin I, 160 (1975).

24.

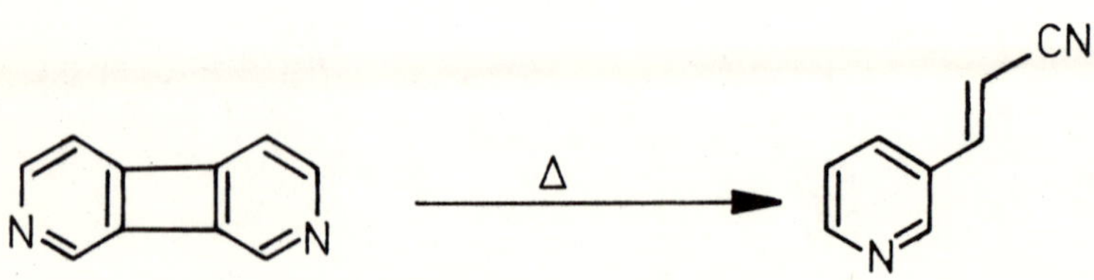

J. A. H. MacBride,
Chem. Comm., 359 (1974).

25.

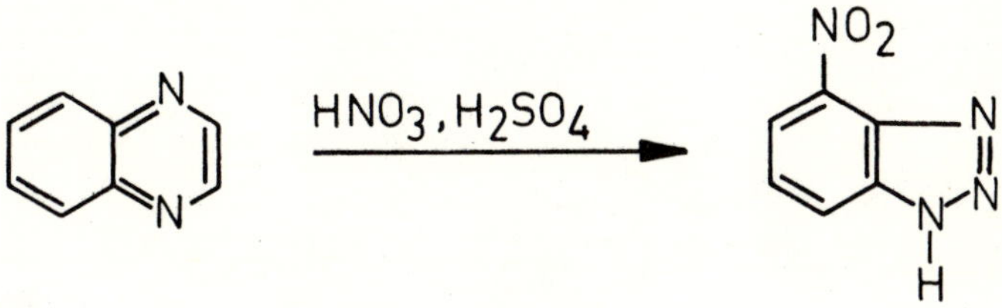

R. N. Hinkens and M. B. Vamos, J.C.S. Perkin I, 1229 (1975).

26.

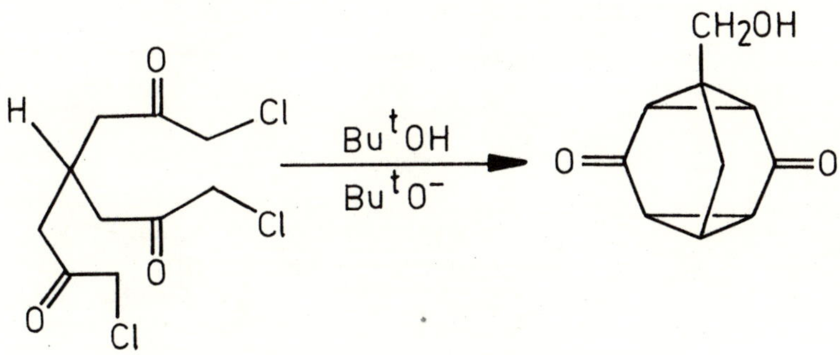

E. Herranz and F. Serratosa, Tetrahedron, 33, 995 (1977).

27.

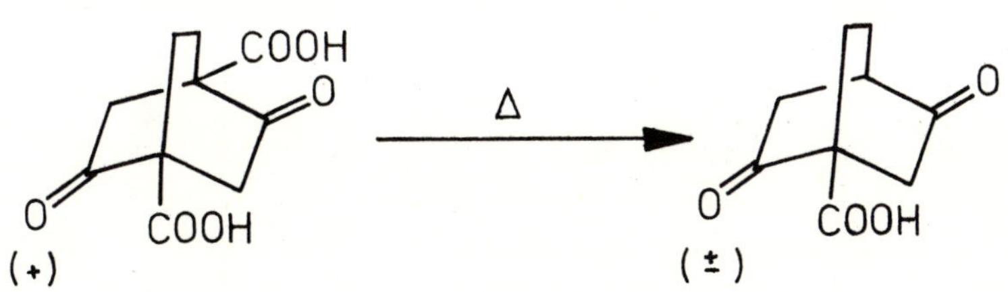

G. L. Buchanan, N. B. Kean and R. Taylor, Tetrahedron, 31, 1583 (1975).

28.

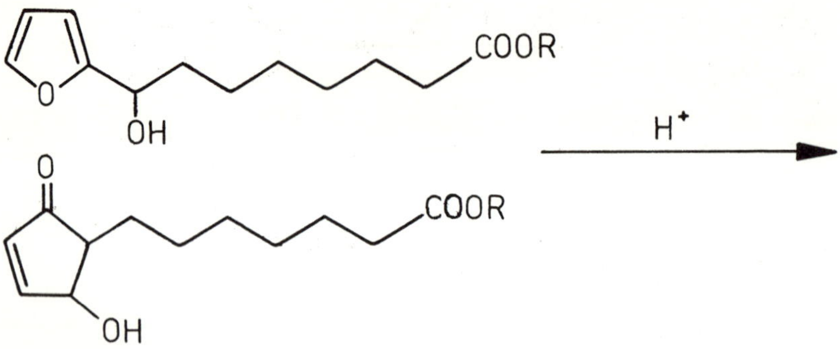

G. Piancatelli and A. Scettri,
Tetrahedron Letters, 1131 (1977).

29.

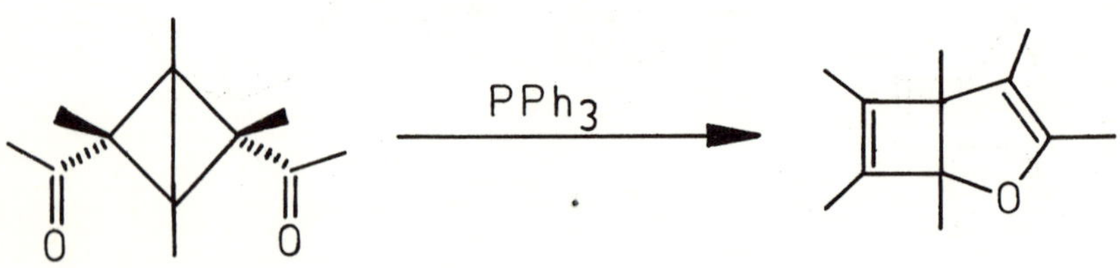

Y. Kobayashi, Y. Hanzawa and Y. Nakanishi,
Tetrahedron Letters, 3371 (1977).

30

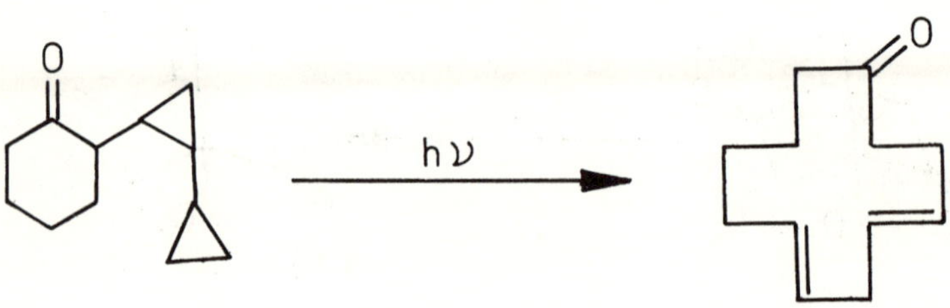

R. G. Carlson and W. S. Mardis,
J. Org. Chem., 40, 817 (1975).

31.

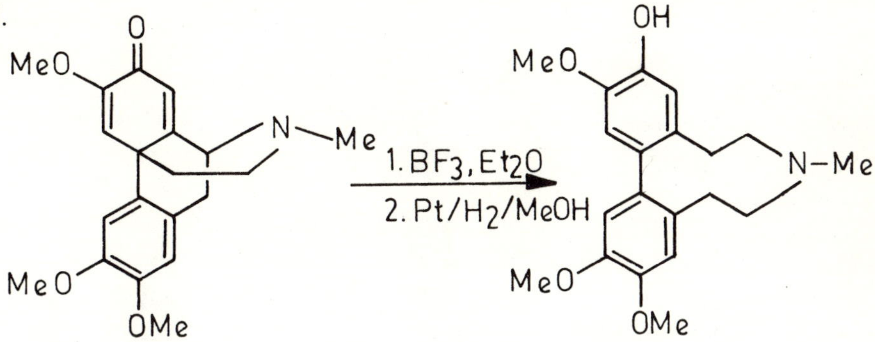

S. M. Kupchan and C. K. Kim,
J. Am. Chem. Soc., 97, 5623 (1975).

32.

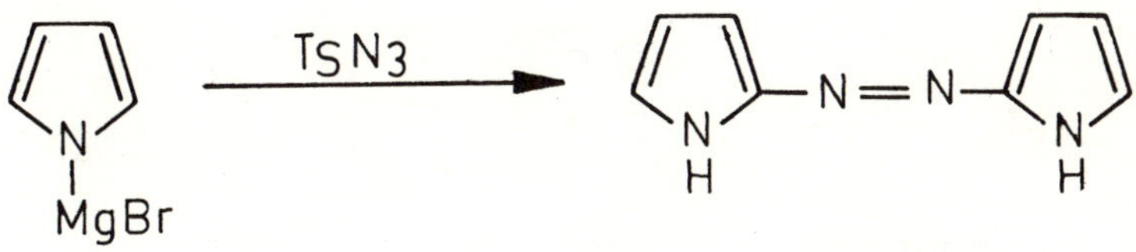

Z. Yoshida, H. Hashimoto and S. Yoneda,
Chem. Comm., 1344 (1971).

33.

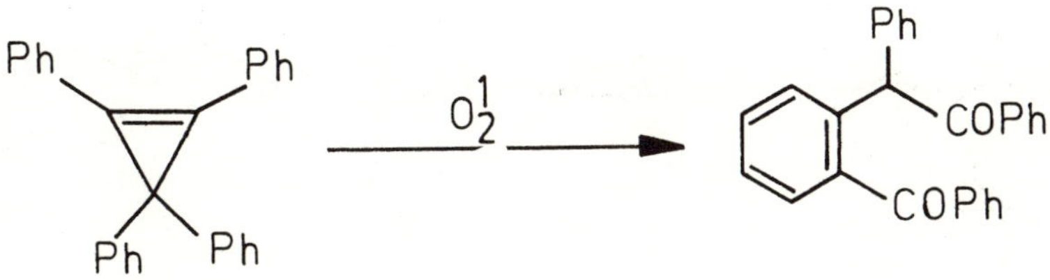

I. R. Politzer and G. W. Griffin,
Tetrahedron Letters, 4775 (1973).

34.

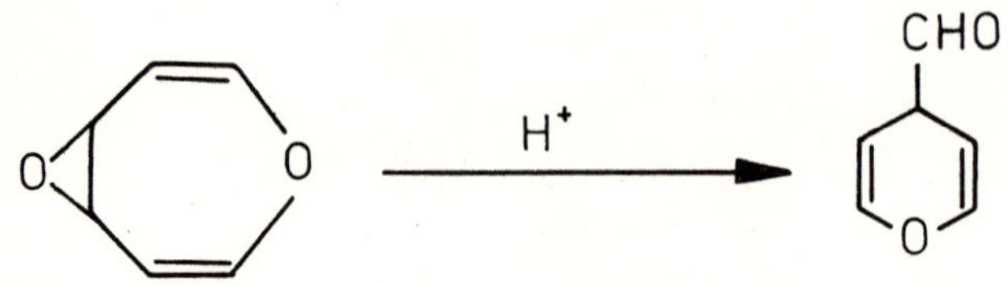

W. H. Rastetter,
J. Am. Chem. Soc., 98, 6350 (1976).

35.

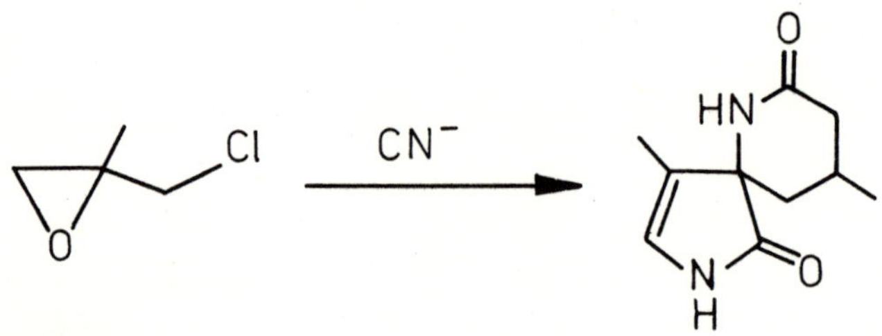

C. E. Moppett, F. Johnson and D. T. Dix,
Chem. Comm., 1560 (1971).

36.

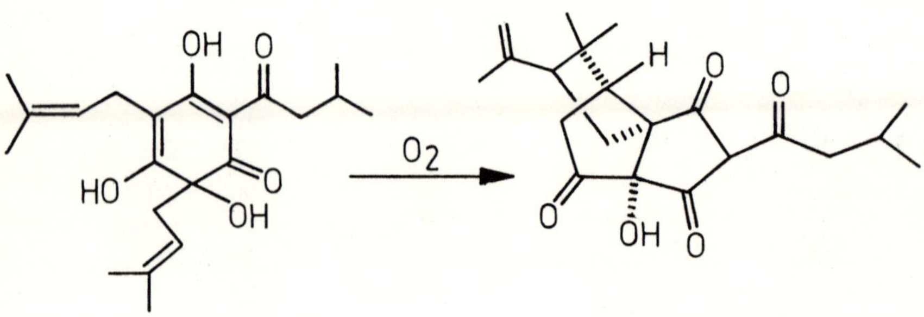

J. A. Elvidge, D. R. J. Laws, J.D. McGuinness,
A-M. Davis and P. V. R. Shannon,
Tetrahedron Letters, 2633 (1978).

37.

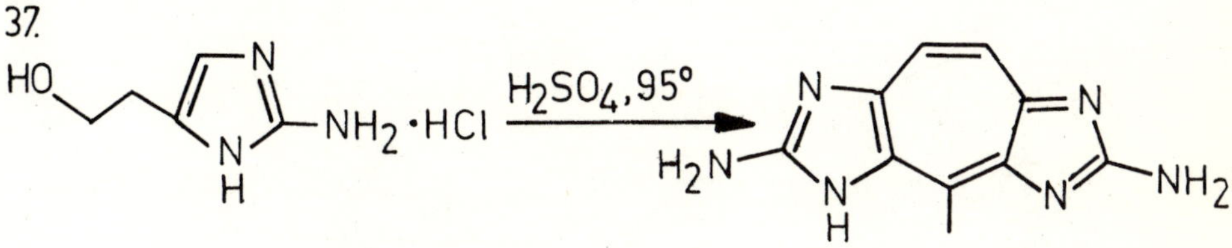

M. Braun and G. Buchi,
J. Am. Chem. Soc., 98, 3049 (1976).

38.

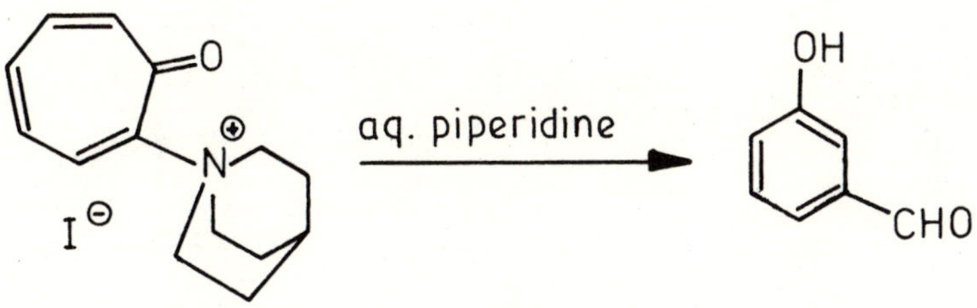

G. Biggi, F. D. Cima and F. Pietra,
Chem. Comm., 1627 (1971).

39.

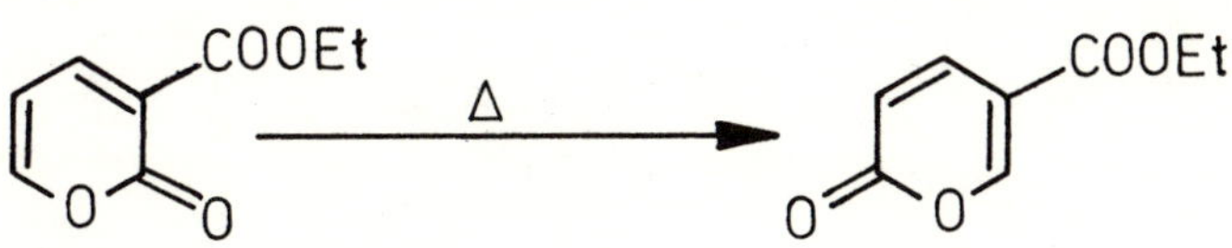

W. H. Pirkle and W. V. Turner,
J. Org. Chem., 40, 1617, 1644 (1975).

40.

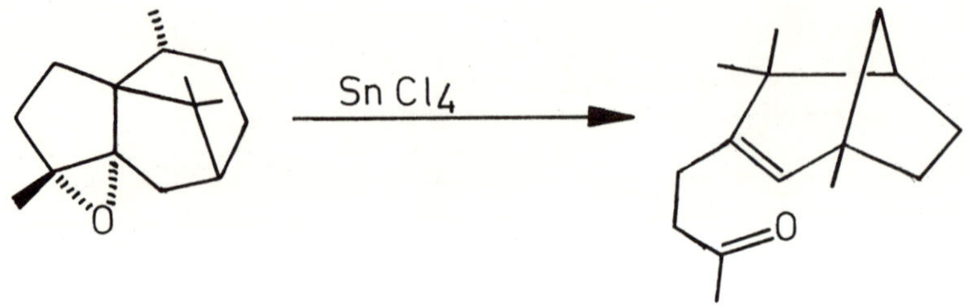

L. Bang and G. Ourisson, Tetrahedron, 29, 2097 (1973).

41.

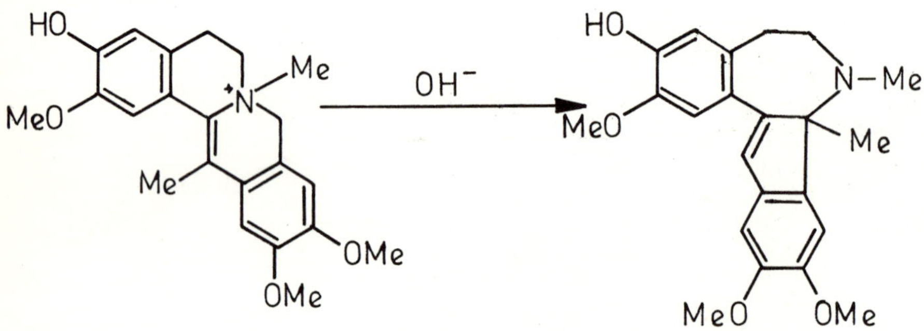

M. Shamma and J. F. Nugent, Chem. Comm., 1642 (1971).

42.

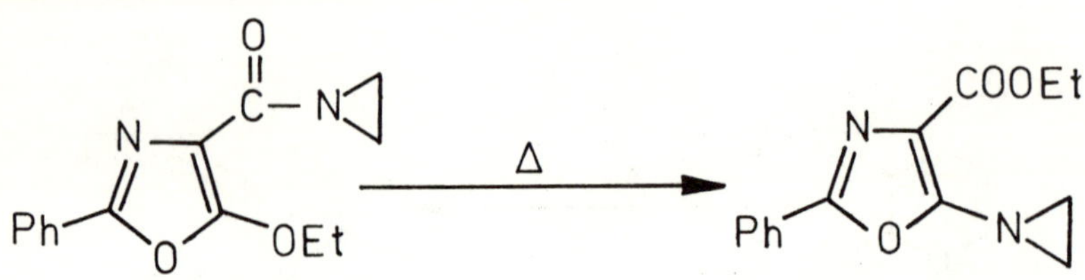

M. J. S. Dewar and I. J. Turchi, J. Org. Chem., 40, 1521 (1975).

43.

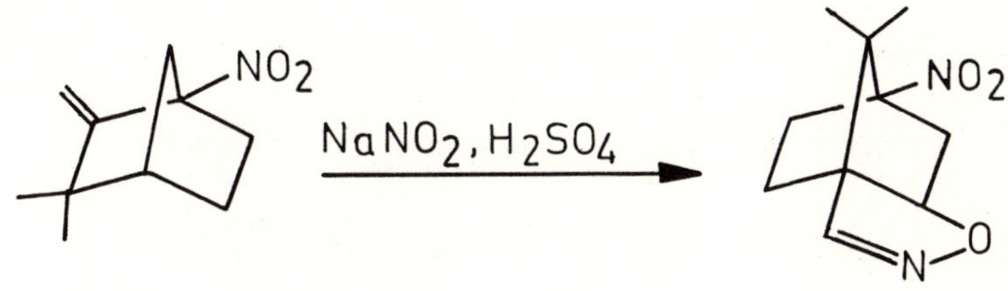

S. Ranganathan and H. Raman, Tetrahedron, 30, 63 (1974).

44.

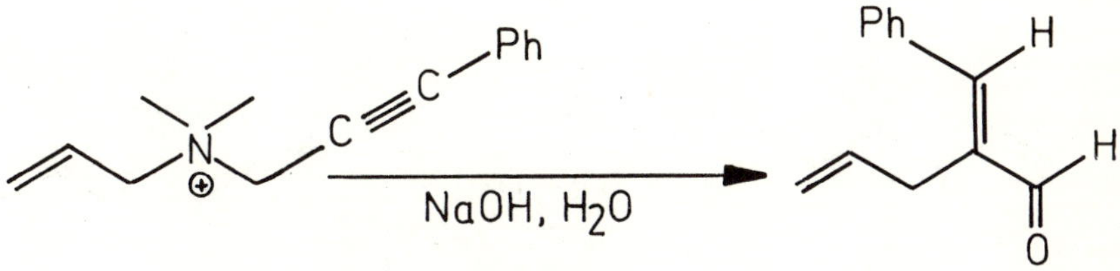

T. Laird and W. D. Ollis, Chem. Comm., 557 (1972).

45.

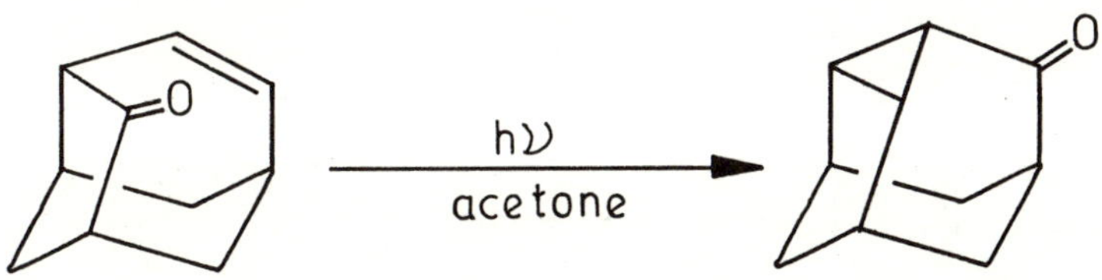

R. K. Murray, Jr., T. K. Morgan, Jr., and K. A. Babiak, J. Org. Chem., 40, 1079 (1975).

46.

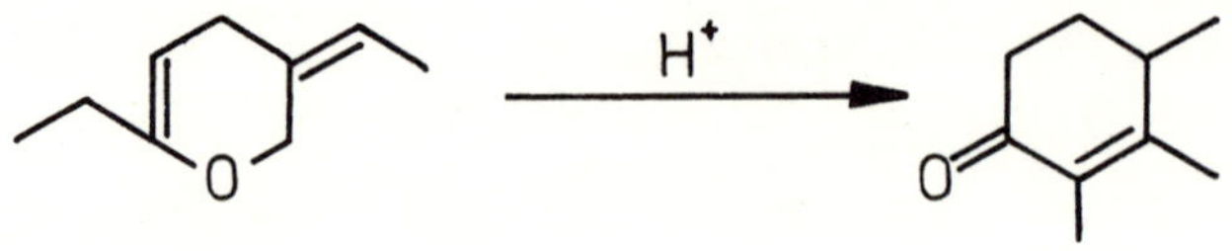

T. D. J. D'Silva, W. E. Walker and R.W. Manyik, Tetrahedron, 30, 1015 (1974).

47.

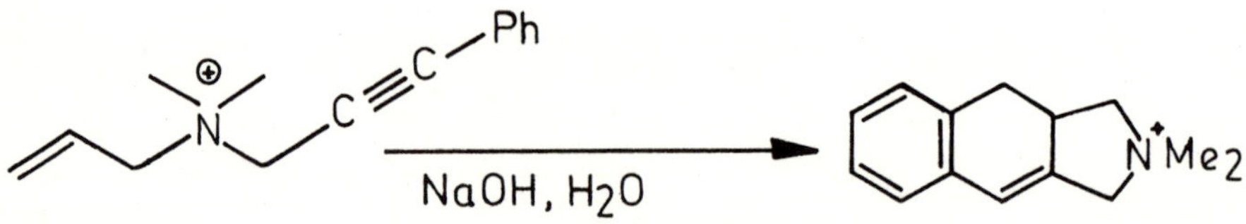

T. Laird and W. D. Ollis, Chem. Comm., 557 (1972).

48.

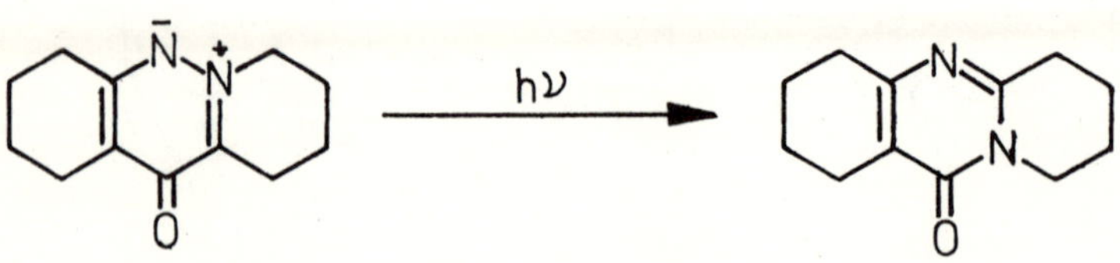

R. Y. Ning, J. F. Blount, W. Y. Chen and P. B. Madan, J. Org. Chem., 40, 2201 (1975).

49.

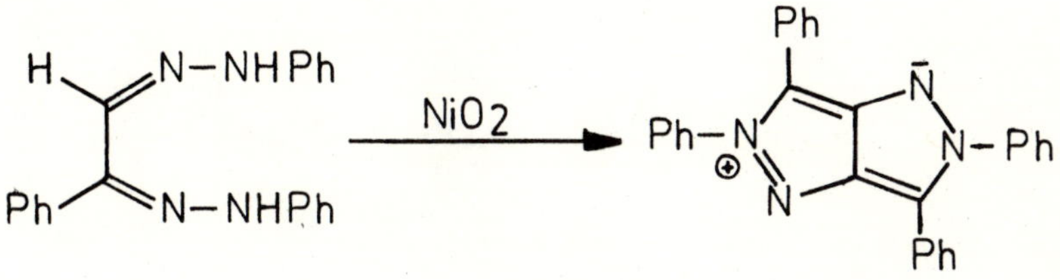

K. S. Balachandran, I. Hiriyakkanavar and M. V. George,
Tetrahedron, 1171 (1975).

50.

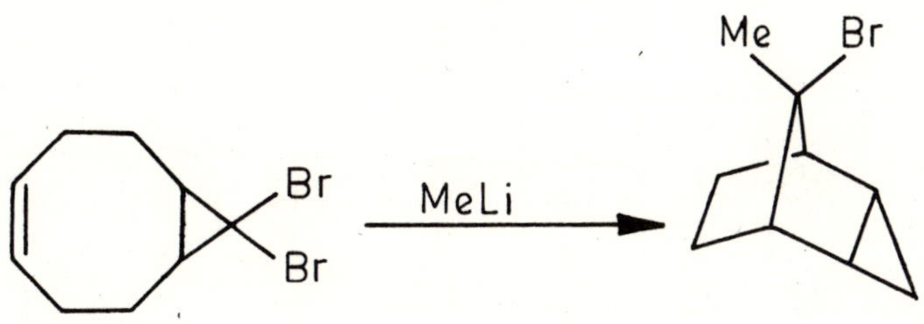

M. S. Baird and C. B. Reese,
Chem. Comm., 523 (1972).

51.

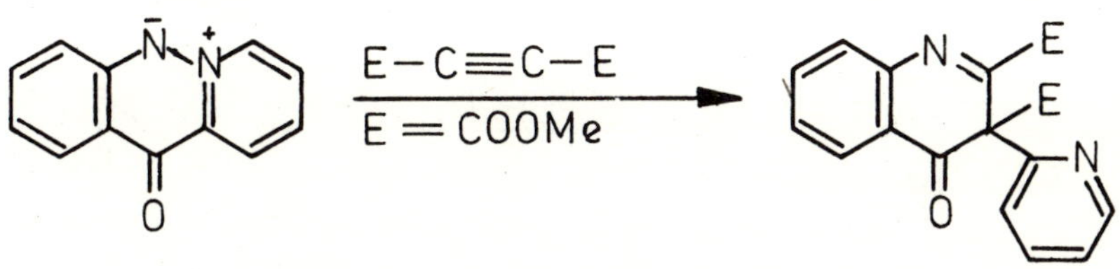

R. Y. Ning, J. F. Blount, W. Y. Chen and P. B. Madan,
J. Org. Chem., 40, 2201 (1975).

52.

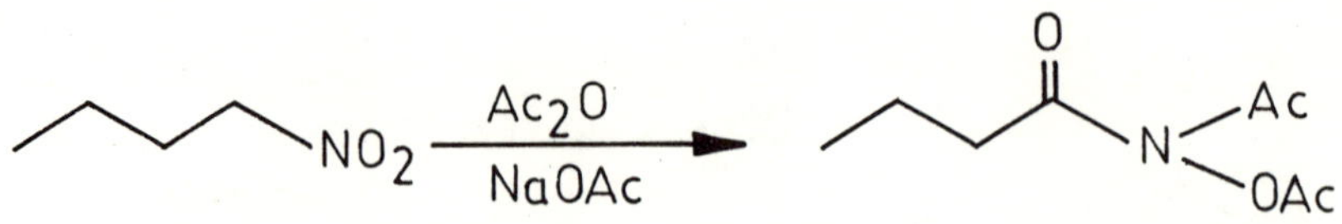

F. R. Stermitz and D. W. Neiswander, Tetrahedron, 31, 655 (1975).

53.

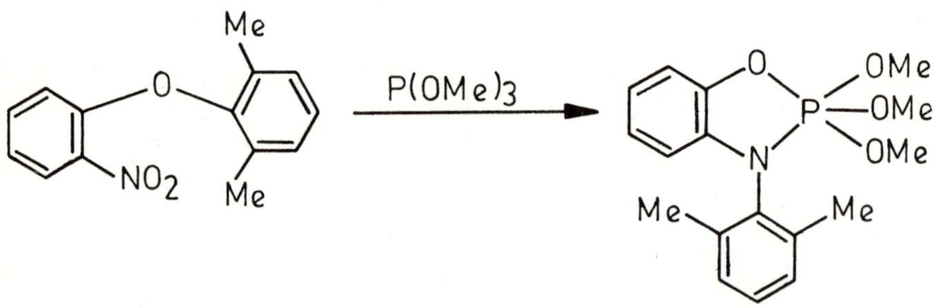

J. I. G. Cadogan, D. S. B. Grace, P. K. K. Lim and B. S. Tait, Chem. Comm., 520 (1972).

54.

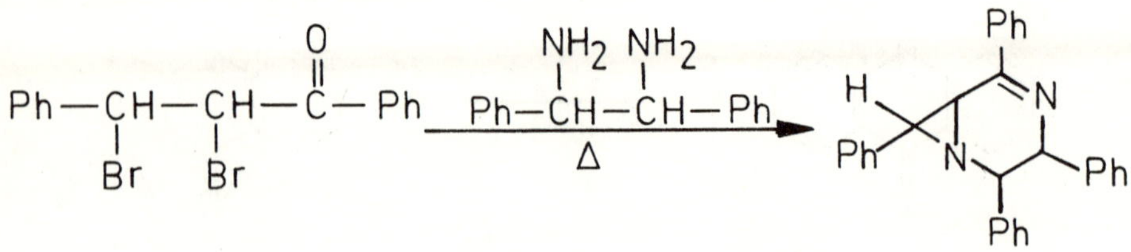

A. Padwa, L. Gehrlein and R. B. Kinnel, J. Org. Chem., 40, 1683 (1975).

55.

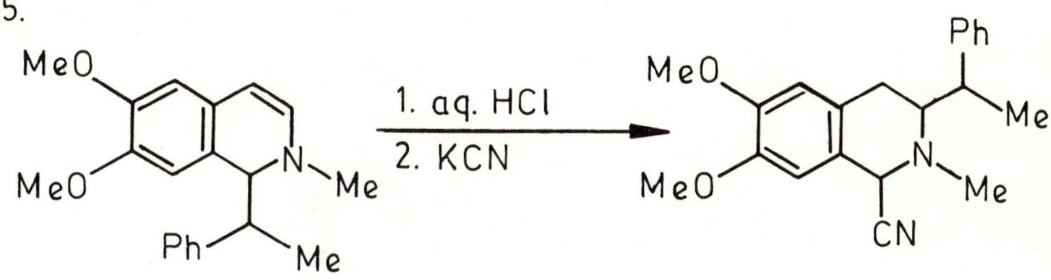

R. G. Kinsman, A. W. C. White and S. F. Dyke, Tetrahedron, 31, 449 (1975).

56.

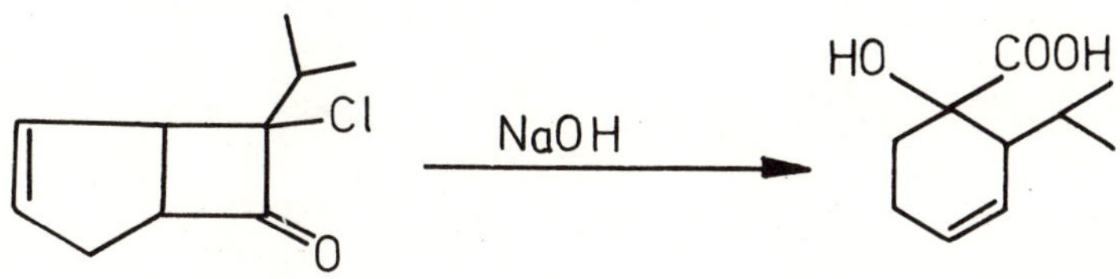

P. R. Brook and J. M. Harrison, Chem. Comm., 997 (1972).

57.

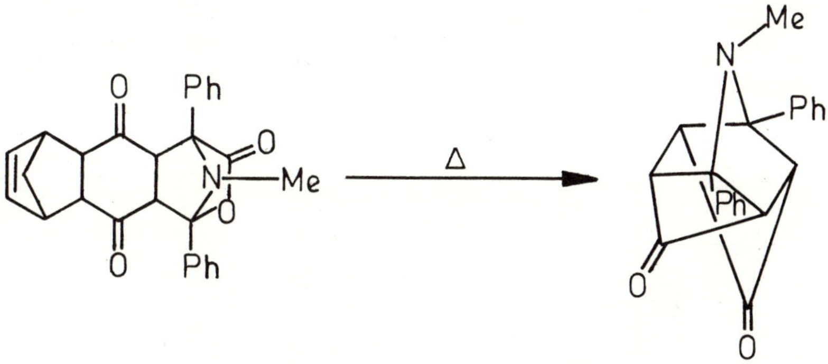

J. A. Myers, W. W. Wilkerson and S.L. Council, J. Org. Chem., 40, 2875 (1975).

58.

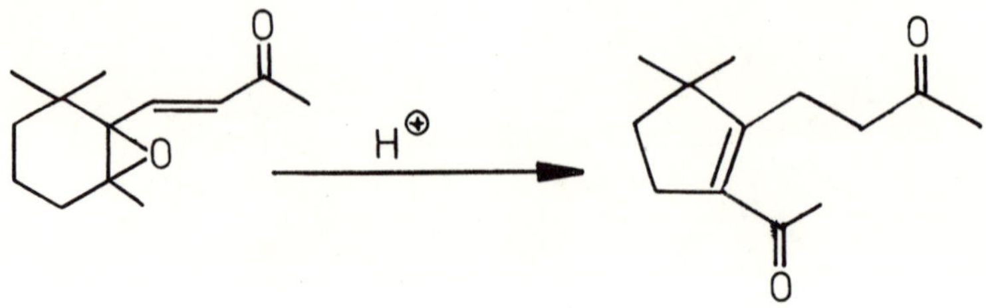

K. L. Stevens, R. Lundin and D. L. Davis, Tetrahedron, 31, 2749 (1975).

59.

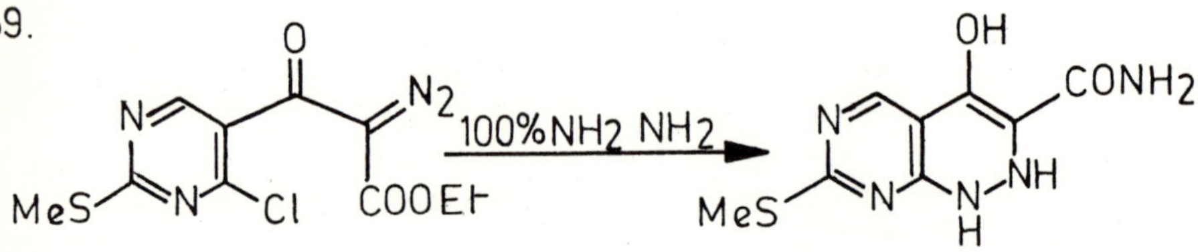

S. Minami, Y. Kimura, T. Miyamoto and J. Matsumoto, Tetrahedron Letters, 3893 (1974).

60.

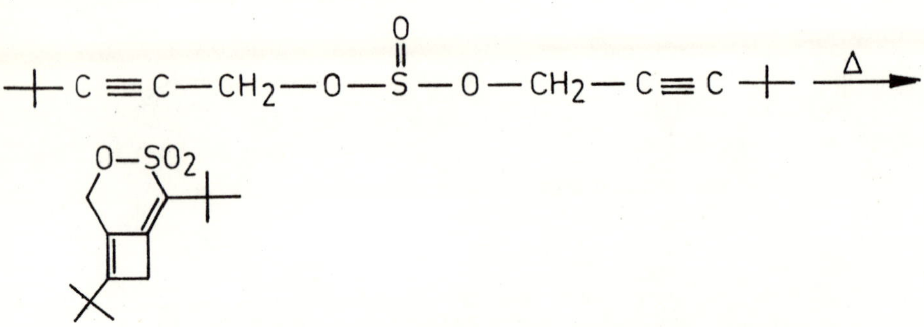

T. Beetz, R. M. Kellogg, C. Th. Kiers and A. Piepenbroek, J. Org. Chem., 40, 3308 (1975).

61.

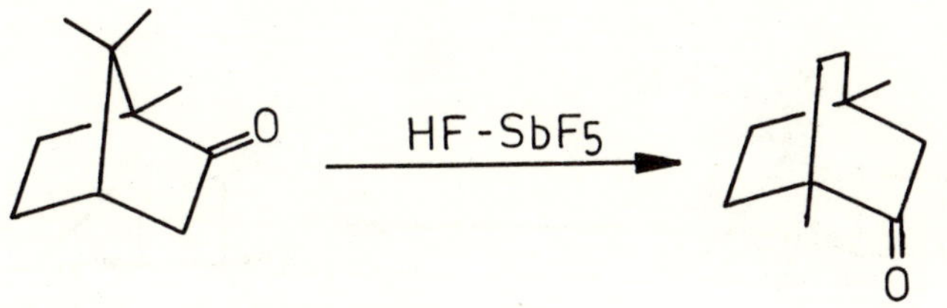

J.-C. Jacquesy, R. Jacquesy and J.-F. Patoiseau, Tetrahedron, 32, 1699 (1976).

62.

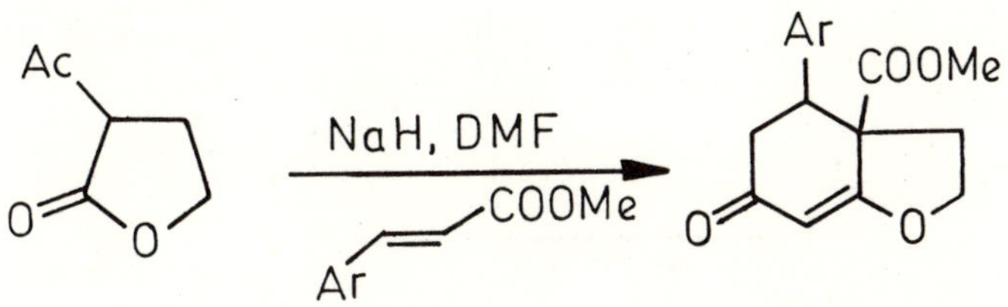

J. S. Brimacombe, Z. Haque and A. W. Murray, Tetrahedron Letters, 4087 (1974).

63.

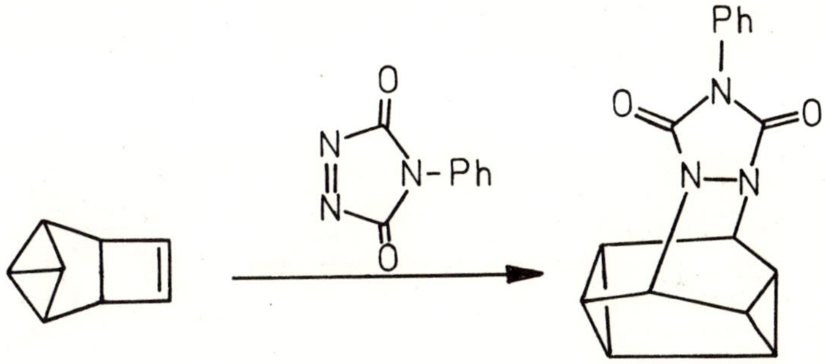

L. R. Smith, G. E. Gream and J. Meinwald, J. Org. Chem., 42, 927 (1977).

64.

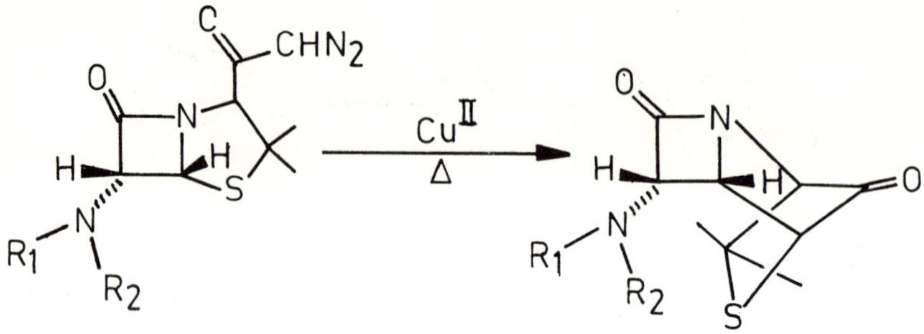

I. Ernest,
Tetrahedron, 33, 547 (1977).

65.

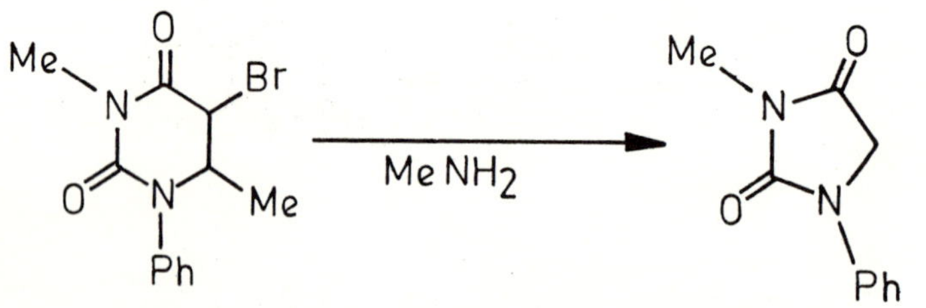

S. Senda, K. Hirota and K. Banno,
Tetrahedron Letters, 3087 (1974).

66.

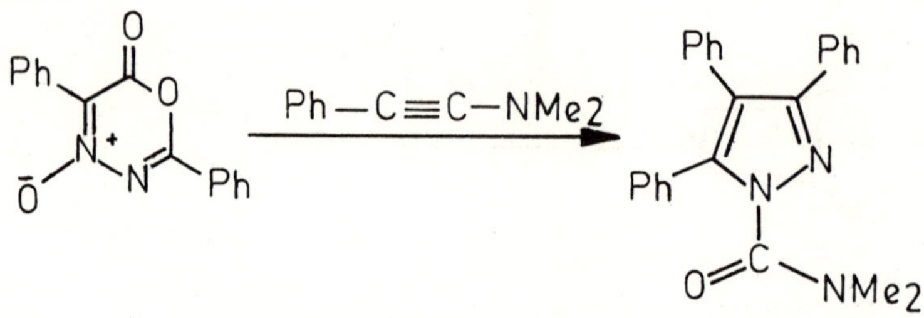

J. P. Freeman and R. C. Grabiak,
J. Org. Chem., 41, 3970 (1976).

67.

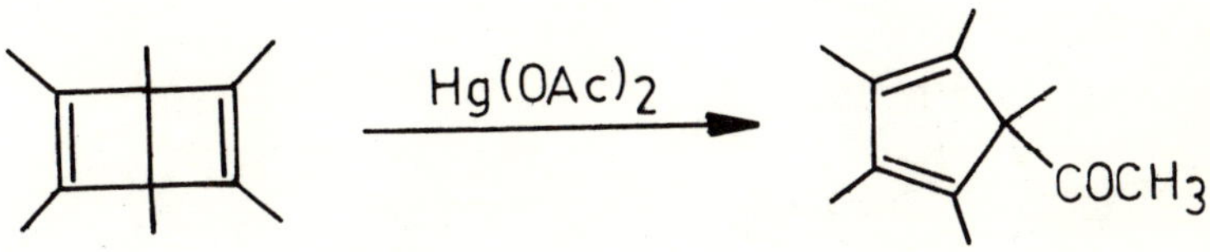

G. R. Krow and J. Reilly,
Tetrahedron Letters, 3133 (1972).

68.

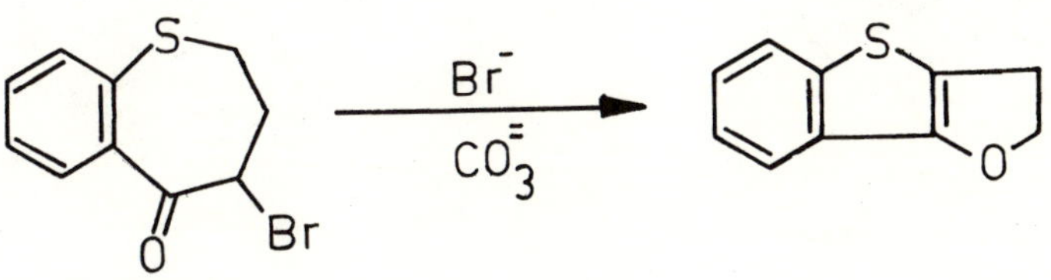

P. M. Weintraub and A. D. Sill,
Chem. Comm., 784 (1975).

69.

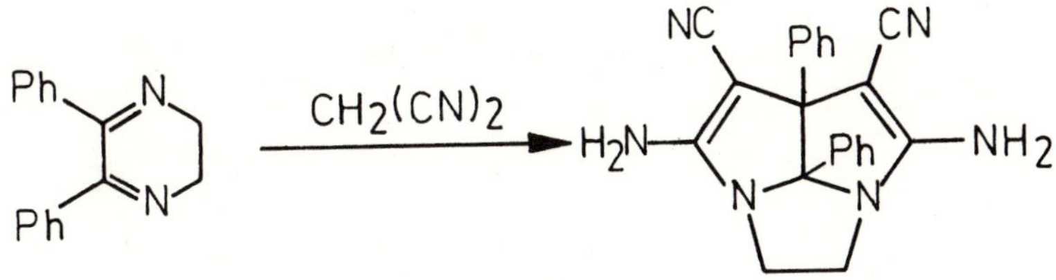

P. Beak, R. A. Brown, J. Yamamoto, C. C. Chiang and I. C. Paul,
J. Org. Chem., 41, 3389 (1976).

70.

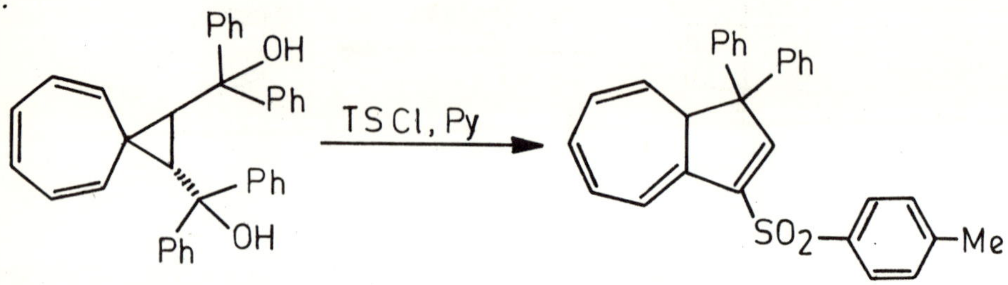

T. Toda, K. Saito and T. Mukai,
Tetrahedron Letters, 1981 (1972).

71.

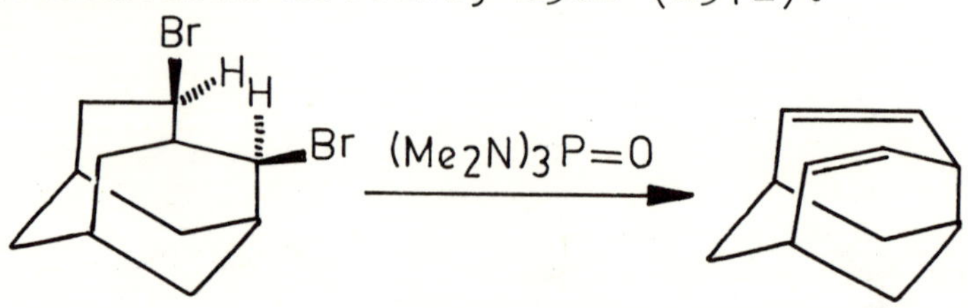

T. Katsushima, R. Yamaguchi and M. Kawanisi,
Chem. Comm., 692 (1975).

72.

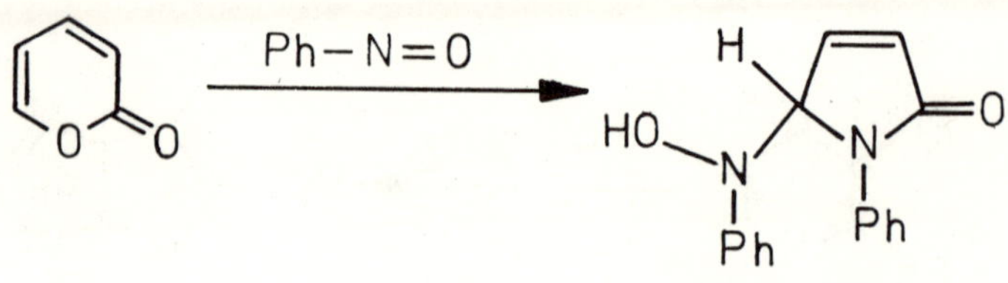

Y. Becker, S. Bronstein, A. Eisenstadt and
Y. Shvo,
J. Org. Chem., 41, 2496 (1976).

73.

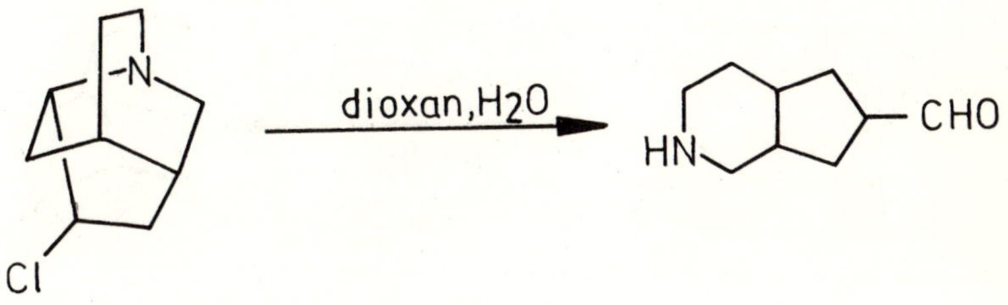

H. Teufel, E. F. Jenny and K. Heusler,
Tetrahedron Letters, 3413 (1973).

74.

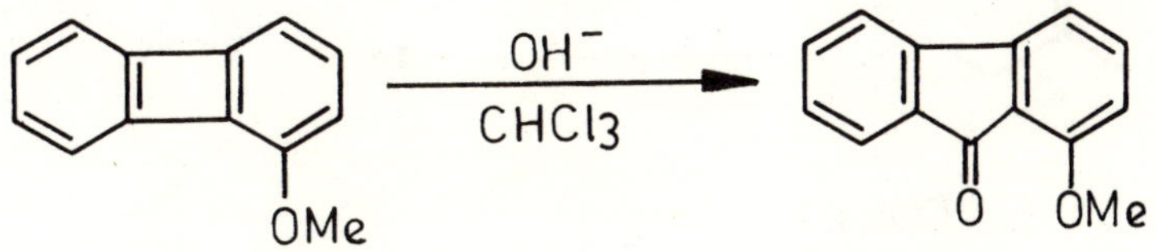

M. Sato, S. Ebine and J. Tsunetsugu,
Chem. Comm., 847 (1974).

75.

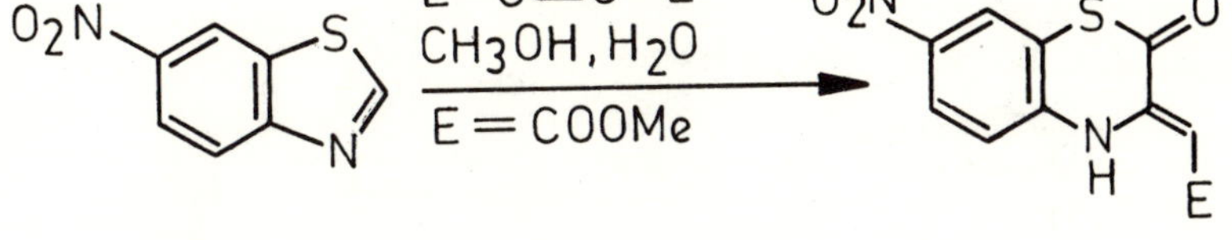

A. McKillop, T. S. B. Sayer and G. C. A. Bellinger,
J. Org. Chem., 41, 1328 (1976).

76.

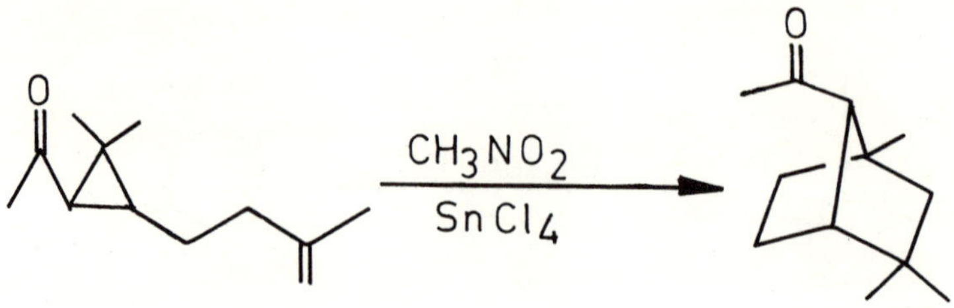

P. A. Grieco and R. S. Finkelhor,
Tetrahedron Letters, 527 (1974).

77.

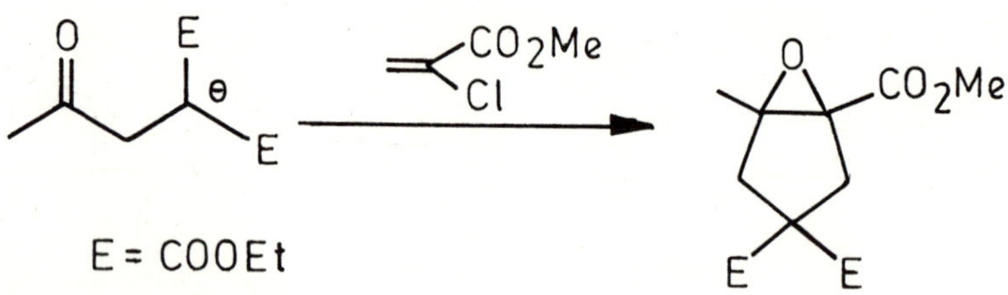

D. R. White,
Chem. Comm., 95 (1975).

78.

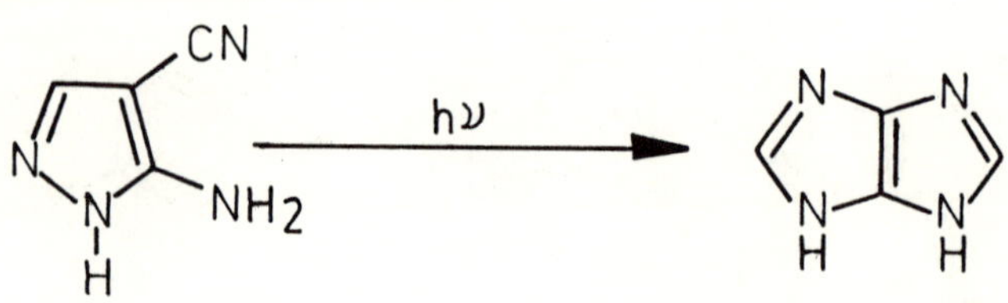

J. P. Ferris and R. W. Trimmer,
J. Org. Chem., 41, 19 (1976).

79.

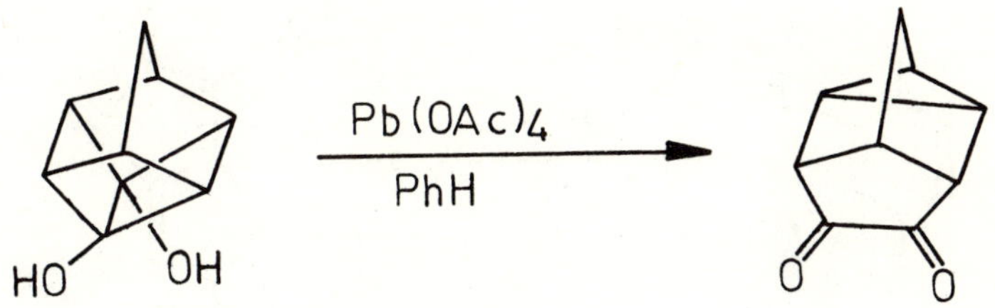

R. D. Miller and D. L. Dolce, Tetrahedron Letters, 3813 (1974).

80.

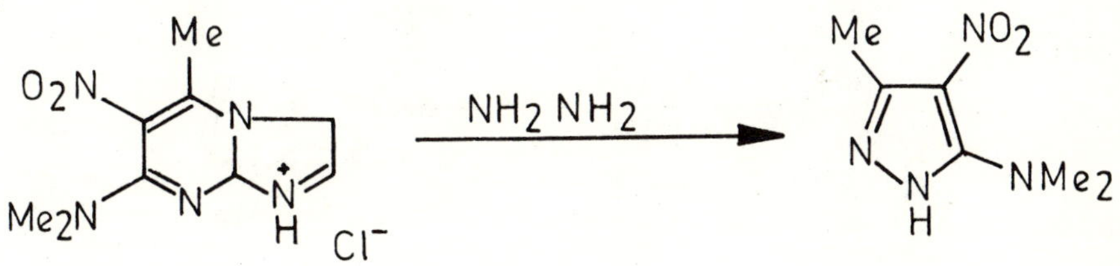

J. Clark and M. Curphey, Chem. Comm., 184 (1974).

81.

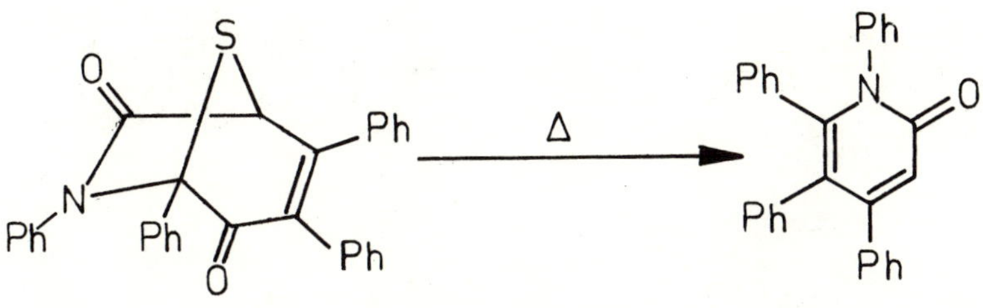

K. T. Potts, J. Baum and E. Houghton, J. Org. Chem., 41, 818 (1976).

82.

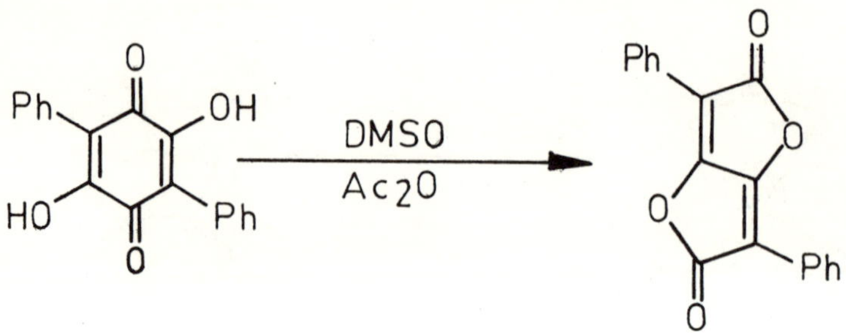

R. J. Wikholm and H. W. Moore,
J. Am. Chem. Soc., 94, 6152 (1972).

83.

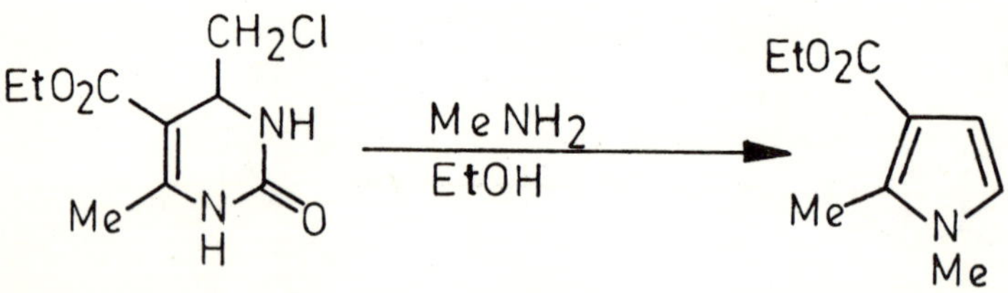

J. Ashby and D. Griffiths,
Chem. Comm., 607 (1974).

84.

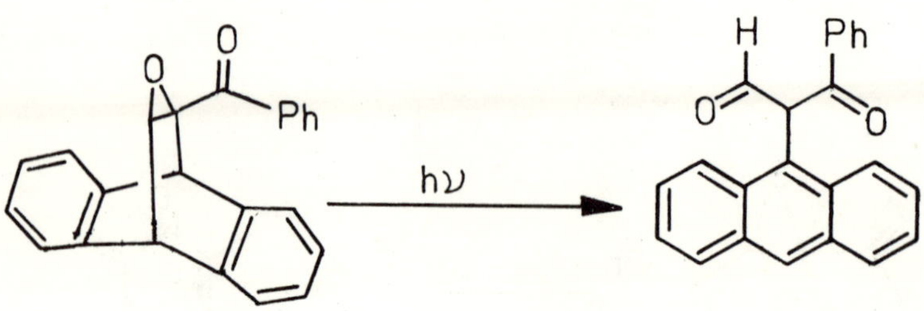

P. S. Venkataramani, N. K. Saxena,
R. Srinivasan and J. Ors,
J. Org. Chem., 41, 2784 (1976).

85.

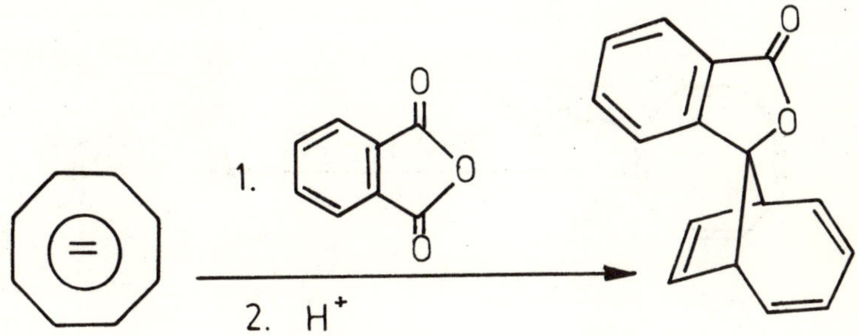

T. A. Antkowiak and H. Shechter,
J. Am. Chem. Soc., 94, 5361 (1972).

86.

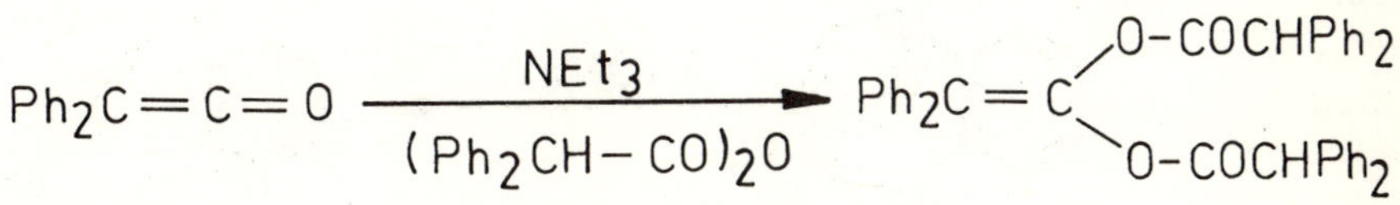

L. A. Feiler, R. Huisgen and P. Koppitz,
Chem. Comm., 405 (1974).

87.

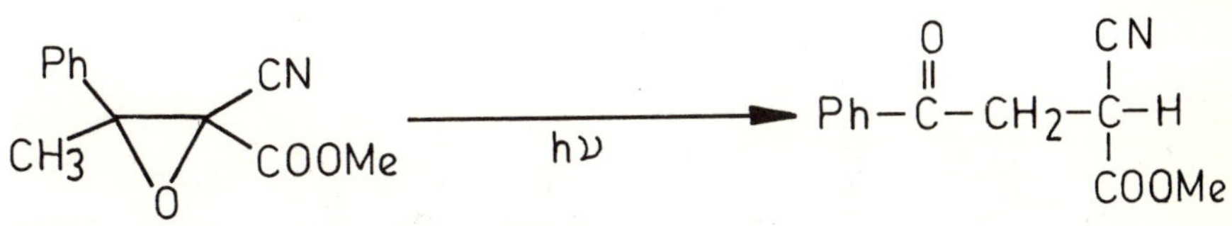

K. Ishikawa, G. W. Griffin and I. J. Lev,
J. Org. Chem., 41, 3747 (1976).

88.

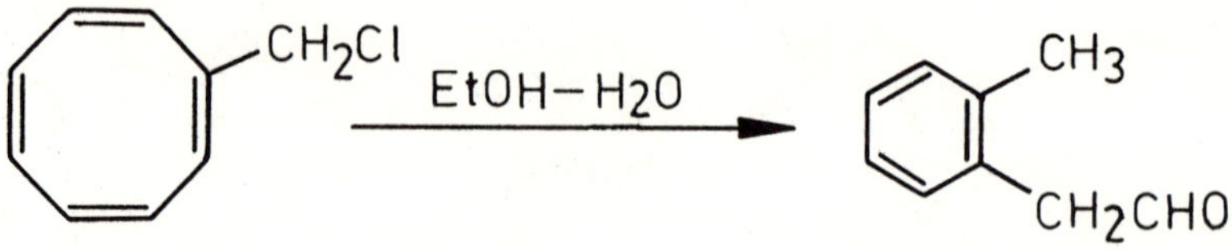

L. A. Paquette and K. A. Henzel,
J. Am. Chem. Soc., 95, 2724 (1973).

89.

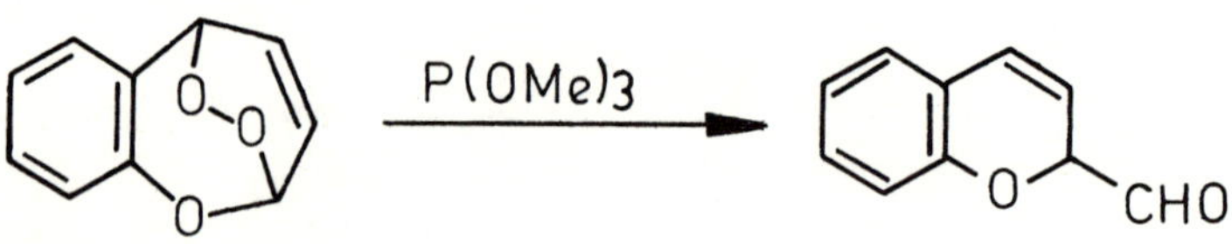

J. E. Baldwin and O. W. Lever, Jun.,
Chem. Comm., 344 (1973).

90.

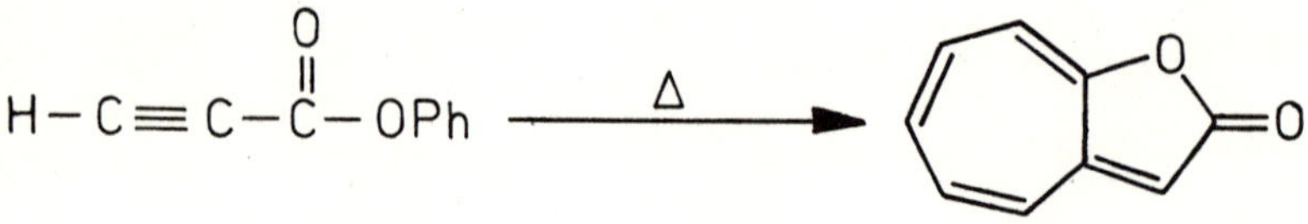

W. S. Trahanovsky, S. L. Emeis and A. S. Lee,
J. Org. Chem., 41, 4043 (1976).

91.

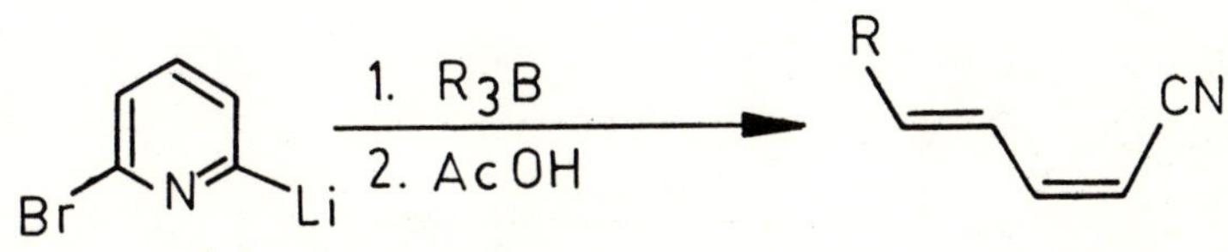

K. Utimoto, N. Sakai and H. Nozaki, J. Am. Chem. Soc., 96, 5601 (1974).

92.

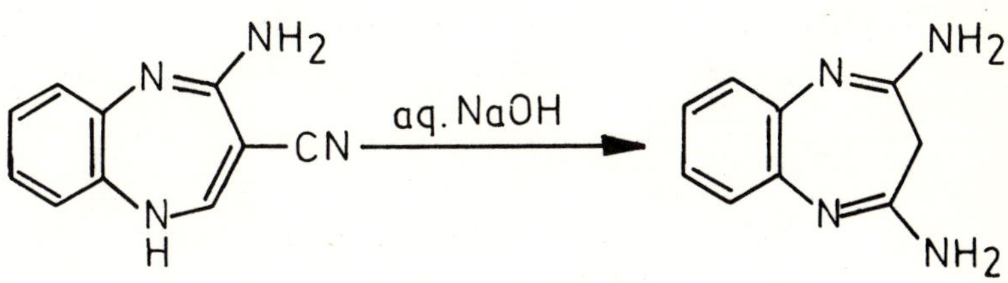

Y. Okamoto and T. Ueda, Chem. Comm., 367 (1973).

93.

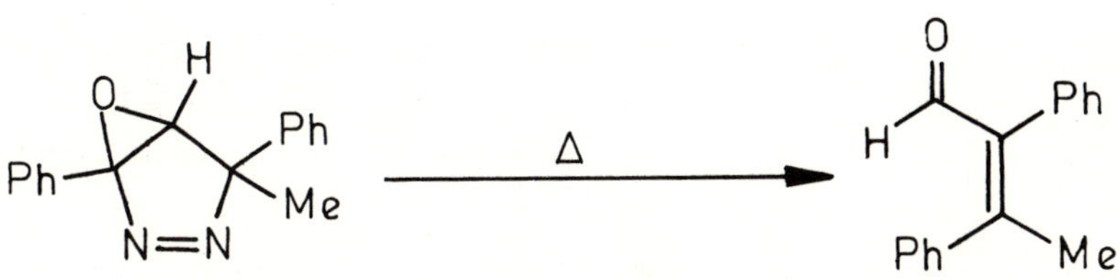

L. E. Friedrich, N. L. deVera and Y.P. Lam, J. Org. Chem., 43, 34 (1978).

94.

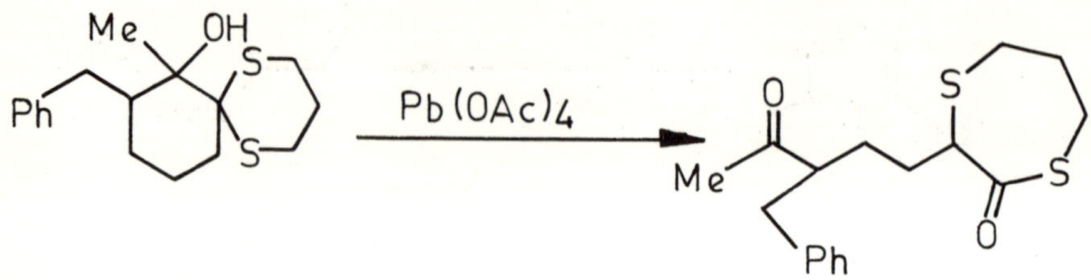

B. M. Trost and K. Hiroi,
J. Am. Chem. Soc., 98, 4313 (1976).

95.

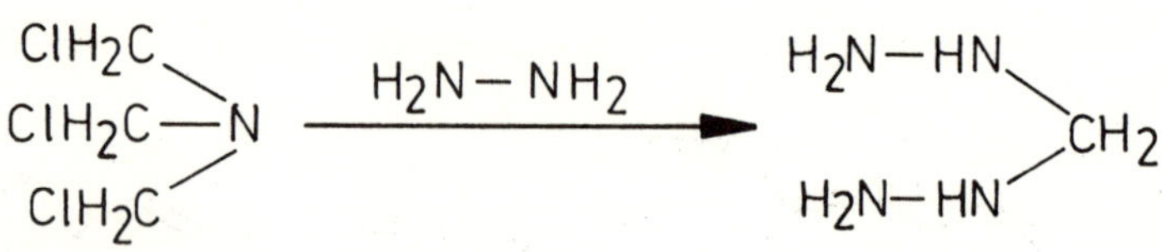

E. Fluck and H. Schultheiss,
Ann., 1851 (1974).

96.

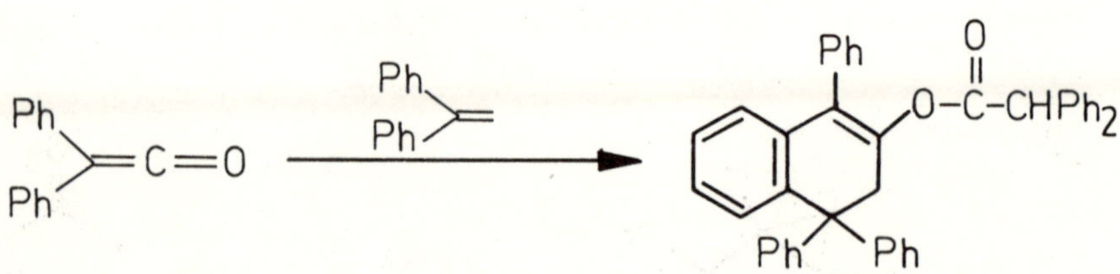

J. E. Baldwin and D. S. Johnson,
J. Org. Chem., 38, 2147 (1973).

97

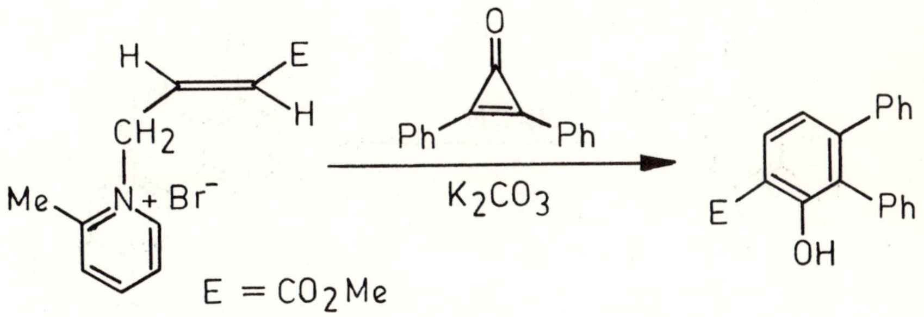

T. Sasaki, K. Kanematsu, A. Kakehi and G. Ito, Tetrahedron, 28, 4947 (1972).

98.

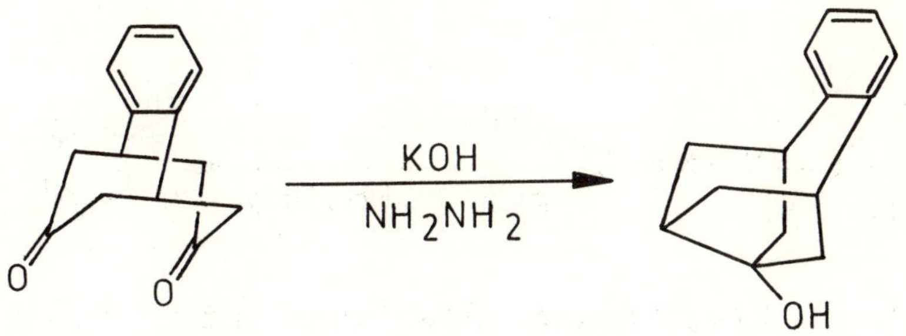

B. Fohlisch, U. Dukek, I. Graessle, B. Novotny, E. Schupp, G. Schwaiger and E. Widmann, Ann., 1839 (1973).

99.

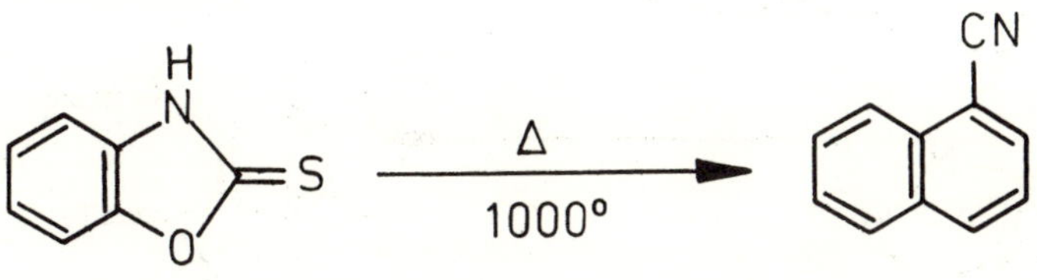

D. C. DeJongh and M. L. Thomson, J. Org. Chem., 38, 1356 (1973).

100.

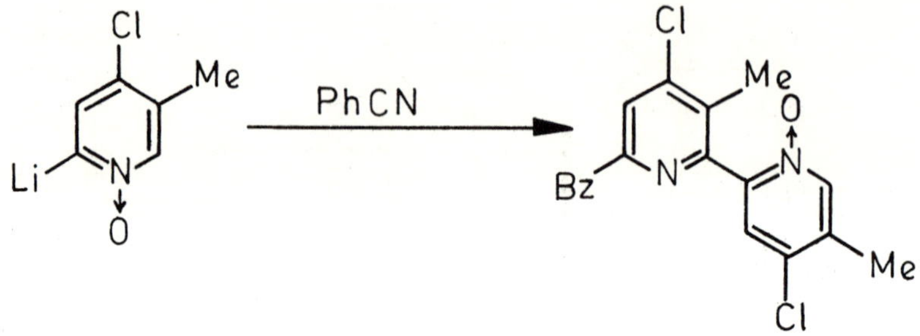

R. A. Abramovitch, R. T. Coutts and E. M. Smith,
J. Org. Chem., 37, 3584 (1972).

101.

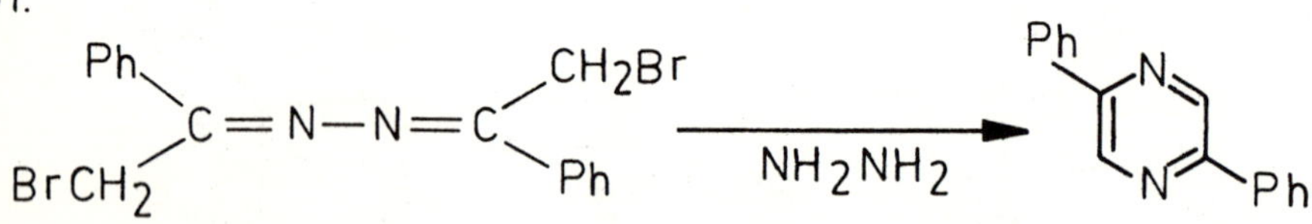

D. A. Trujillo, K. Nishiyama and J. P. Anselme,
Chem. Comm., 13 (1977).

102.

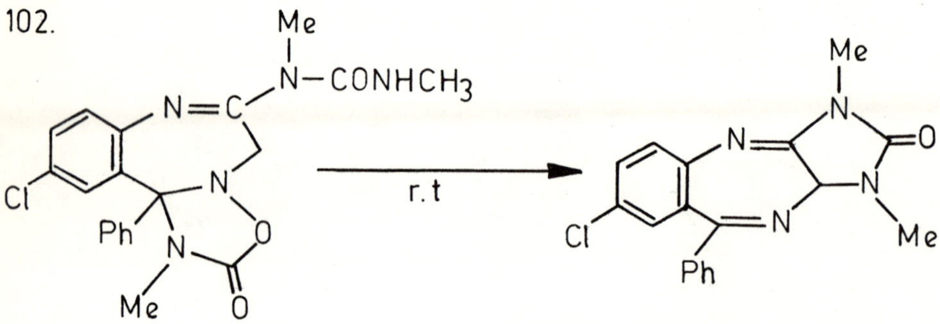

R. B. Moffett,
J. Org. Chem., 39, 568 (1974).

103.

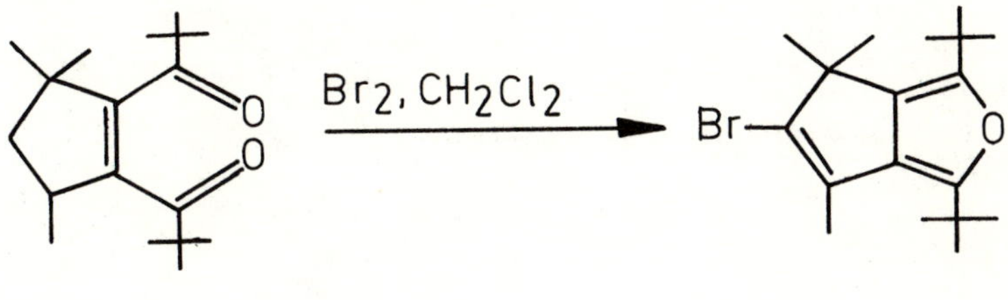

M. Avram, E. Avram, I. G. Dinulescu,
N. Stefan, F. Chiraleu, M. Elian and
C. D. Nenitzescu,
Ber., 105, 2375 (1972).

104.

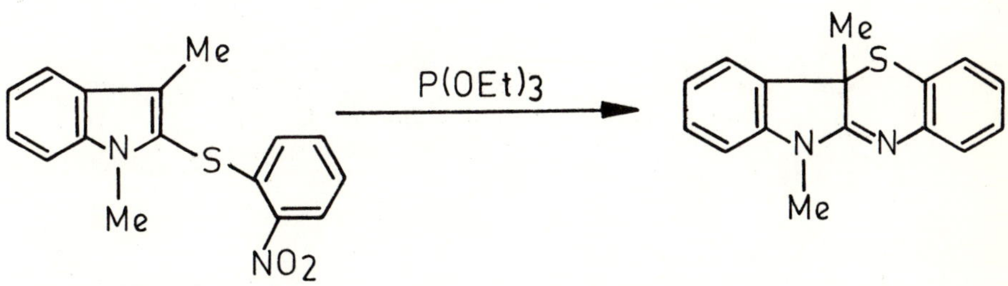

A. H. Jackson, D. N. Johnston and P. V. R.
Shannon,
Chem. Comm., 911 (1975).

105.

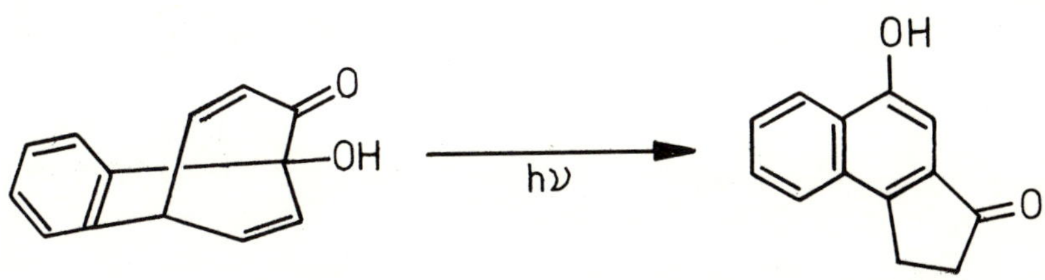

T. Sasaki, K. Kenematsu, K. Hayakawa and
A. Kondo,
J. Org. Chem., 38, 4100 (1973).

106.

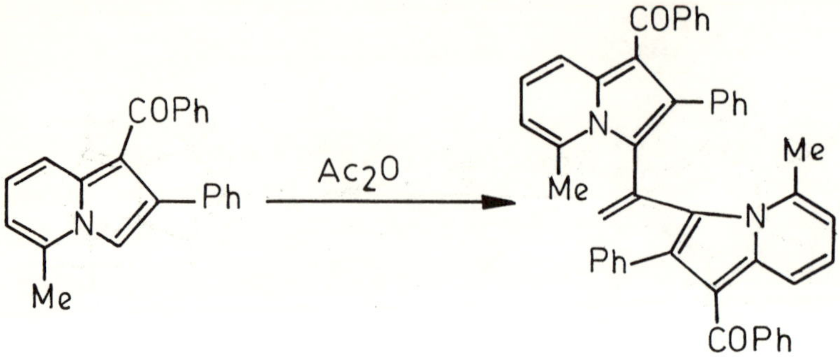

E. Olser,
Ber., 105, 2351 (1972).

107.

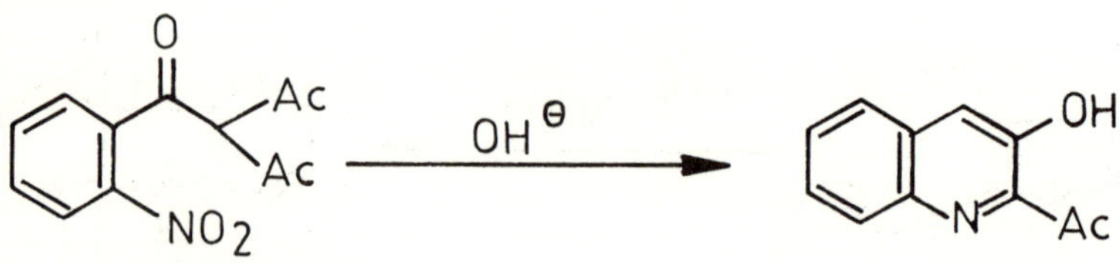

D. W. Bayne, A. J. Nicol and G. Tennant,
Chem. Comm., 782 (1975).

108.

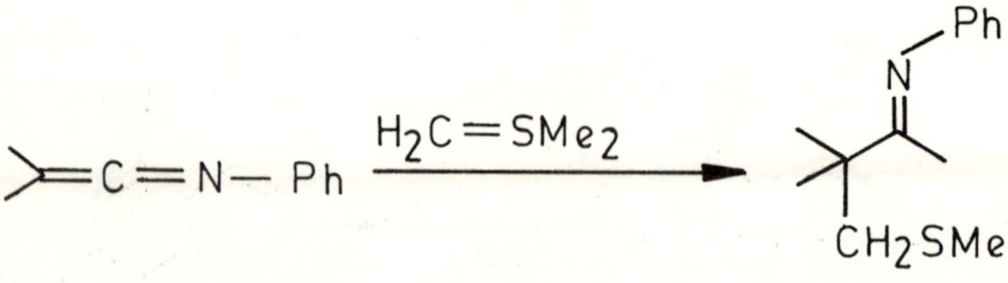

J. K. Crandall and L. C. Crawley,
J. Org. Chem., 39, 491 (1974).

109.

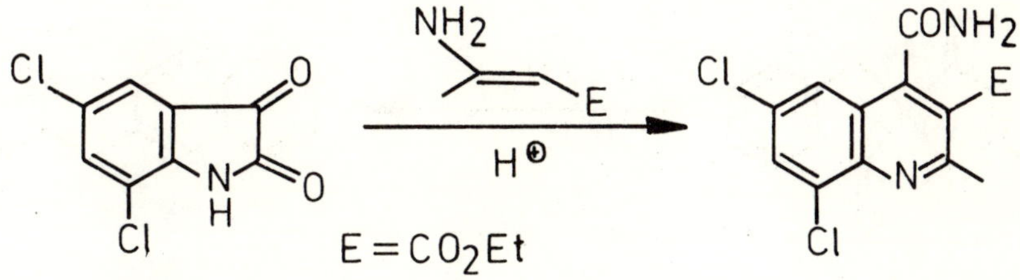

W. Reid and P. Weidemann,
Ber., 104, 3341 (1971).

110.

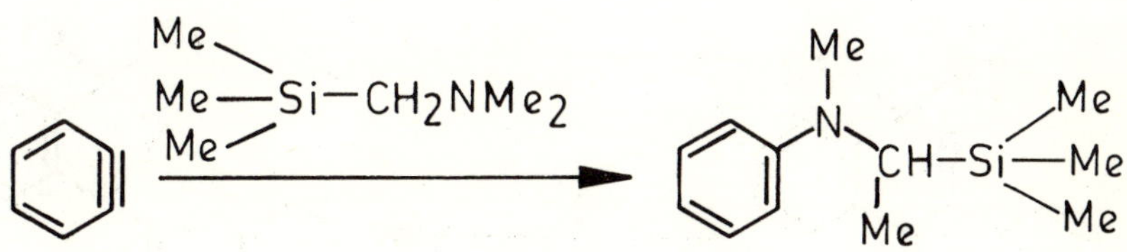

Y. Sato, T. Toyooka, T. Aoyama and H. Shirai,
Chem. Comm., 640 (1975).

111.

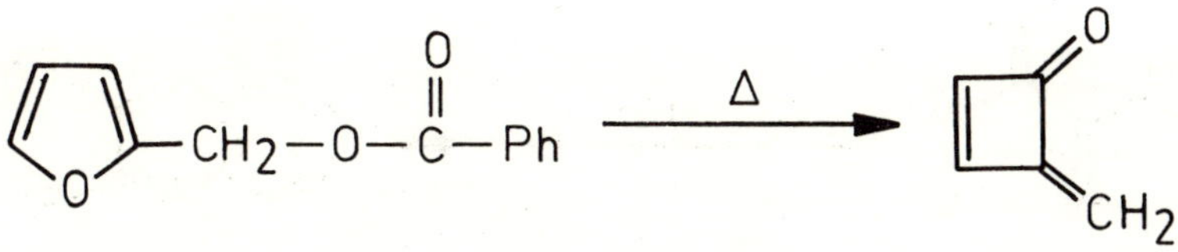

W. S. Trahanovsky and M. GiPark,
J. Org. Chem., 39, 1448 (1974).

112.

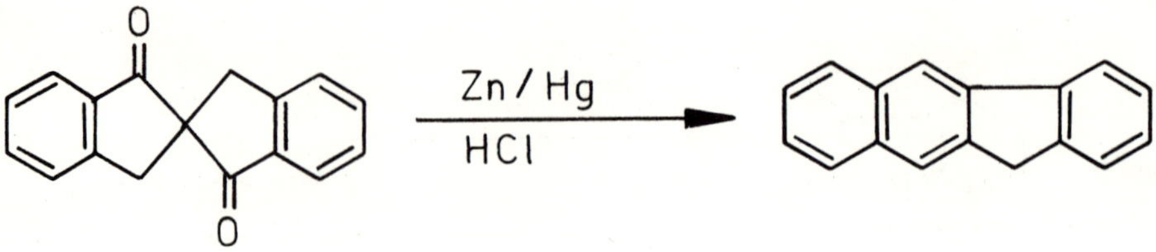

A. Schonberg and M. M. Sidky,
Ber., 107, 2341 (1974).

113.

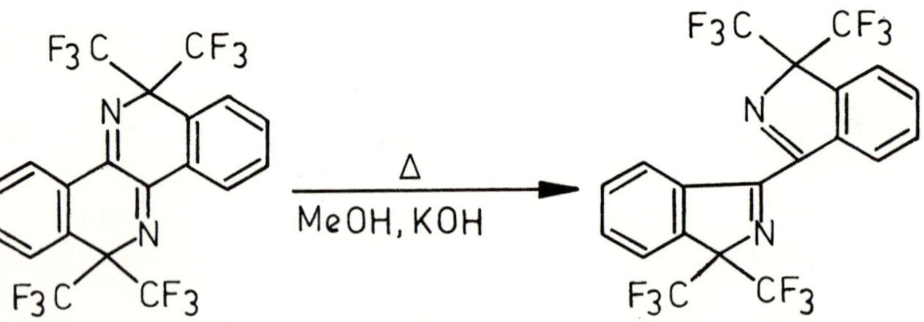

K. Burger, K. Einhellig, G. Suss and
A. Gieren,
Angew. Chem. Int. Ed. Engl., 12, 156 (1973).

114.

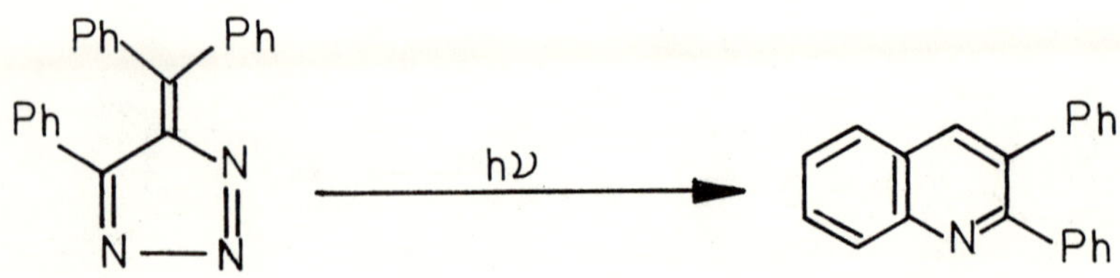

E. M. Burgess and J. P. Sanchez,
J. Org. Chem., 39, 941 (1974).

115.

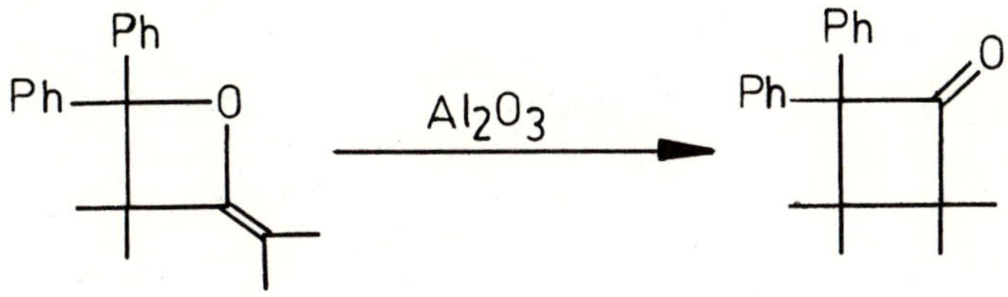

H. Gotthardt and G. S. Hammond,
Ber., 107, 3922 (1974).

116.

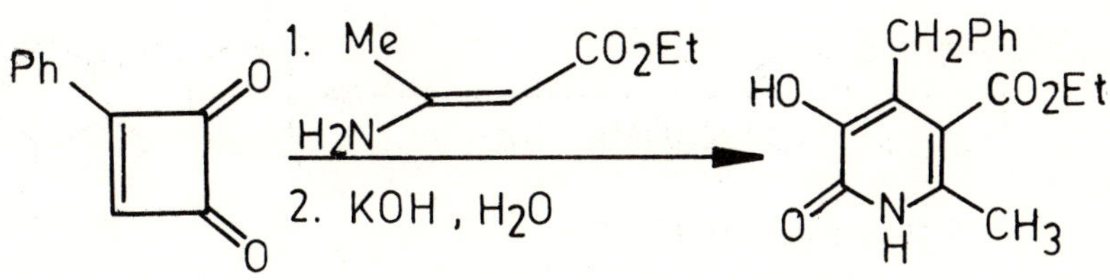

W. Ried and F. Batz,
Angew. Chem., 83, 763 (1971).

117.

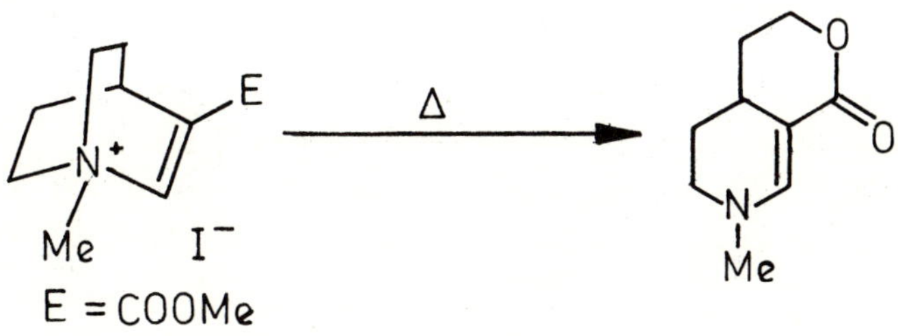

K. H. Hasselgren, J. Dolby, M. M. AlHolly,
M. Elander and J. L. G. Nilsson,
J. Org. Chem. 39, 1355 (1974).

118.

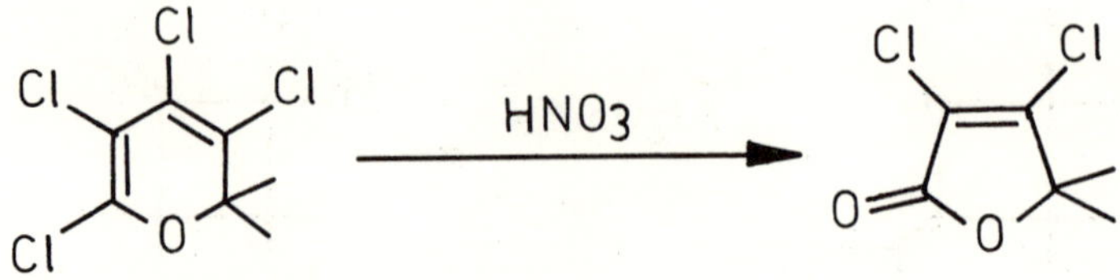

A. Roedig and T. Neukam,
Ber., 107, 3463 (1974).

119.

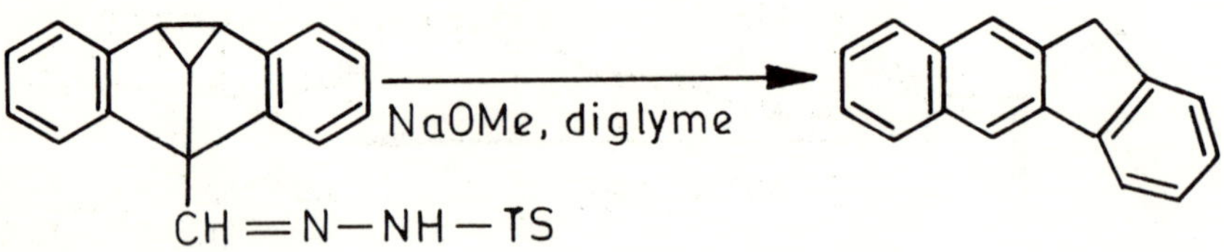

L. A. Paquette and G. H. Birnberg,
J. Am. Chem. Soc., 94, 164 (1972).

120.

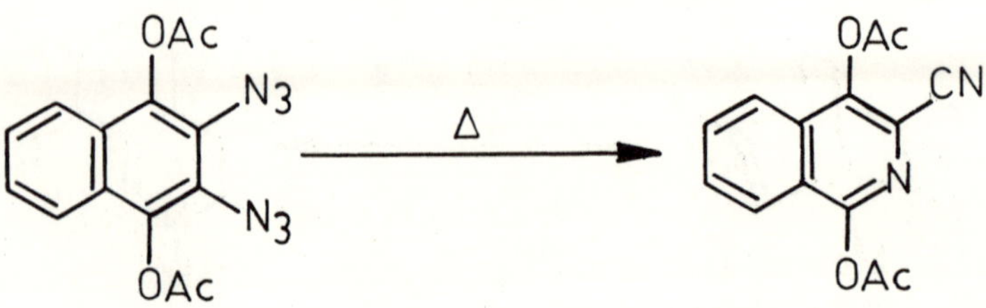

D. S. Pearce, M. Lee and H. W. Moore,
J. Org. Chem., 39, 1362 (1974).

121.

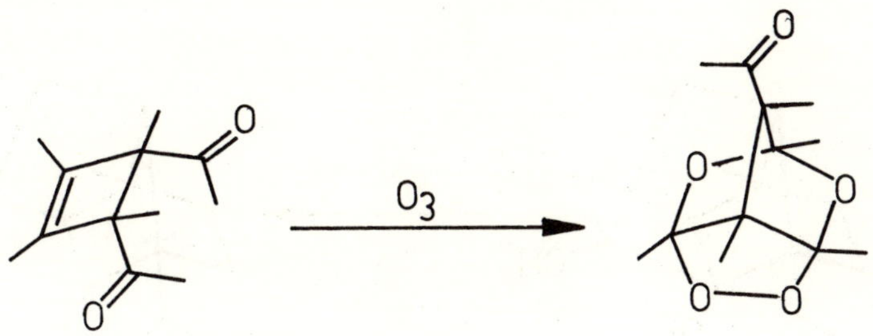

R. Criegee and A. Rustaiyan,
Ber., 108, 749 (1975).

122.

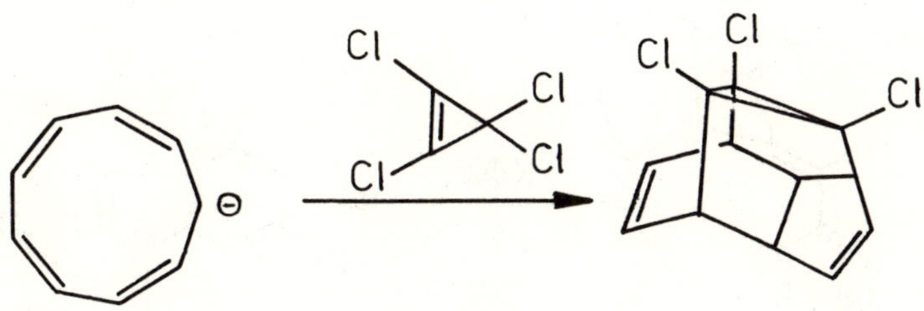

W. L. Mock, C. M. Sprecher, R. F. Stewart and M. G. Northolt,
J. Am. Chem. Soc., 94, 2015 (1972).

123.

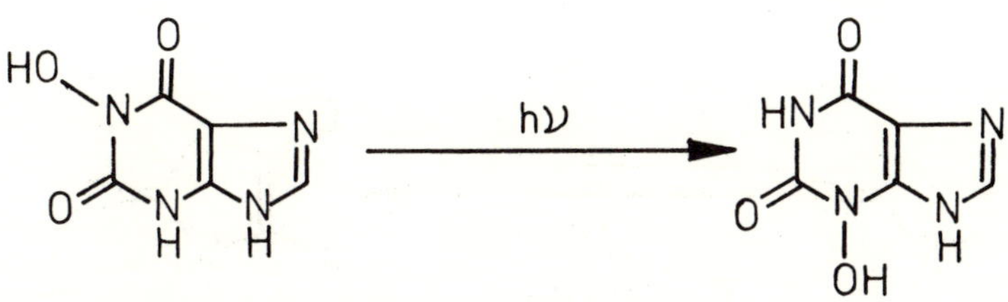

F. L. Lam, G. B. Brown and J. C. Parham,
J. Org. Chem., 39, 1391 (1974).

124.

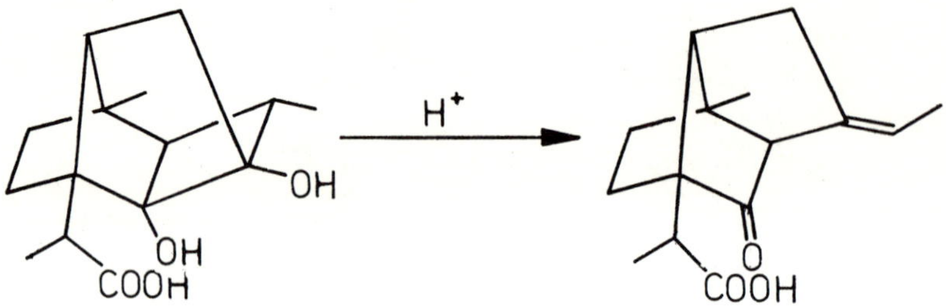

A. G. Hortmann and D. S. Daniel,
J. Org. Chem., 37, 4446 (1972).

125.

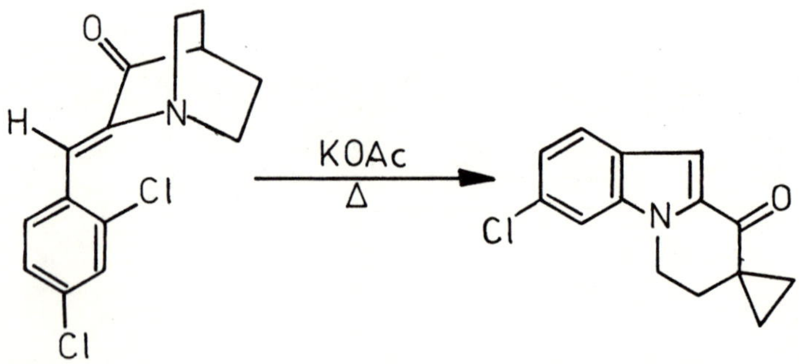

D. L. Coffen, D. A. Katonak, and F. Wong,
J. Am. Chem. Soc., 96, 3966 (1974).

126.

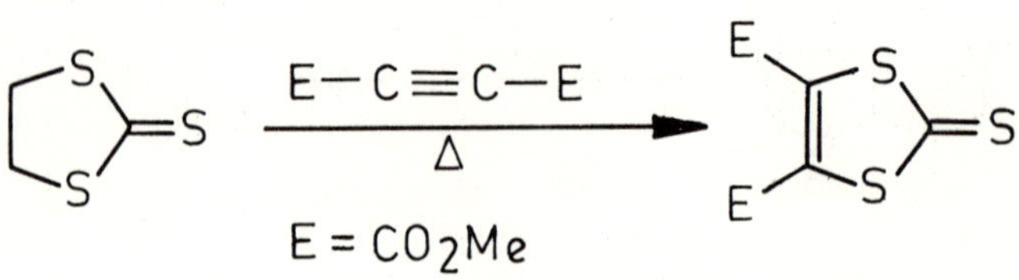

L. R. Melby, H. D. Hartzler and W.A. Sheppard,
J. Org. Chem., 39, 2456 (1974).

127.

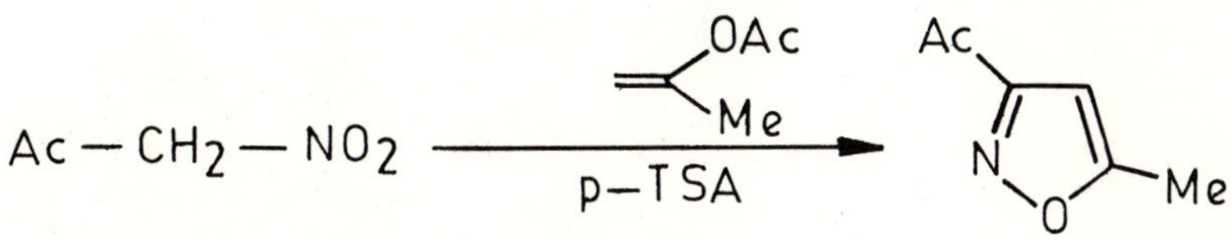

S. D. Nelson, Jr., D. J. Kasparian and W. F. Trager, J. Org. Chem., 37, 2686 (1972).

128.

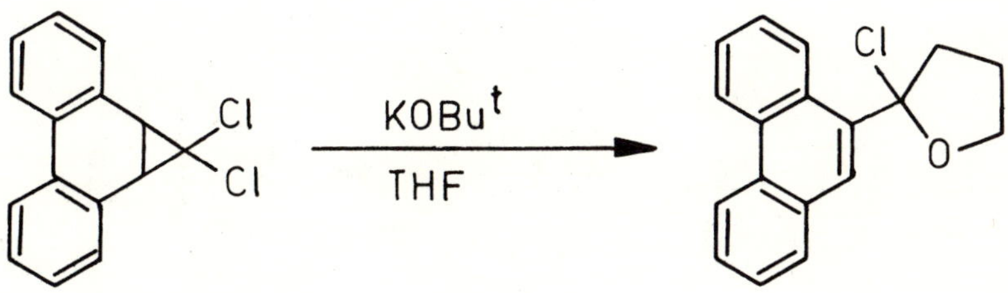

W. E. Billups, L. P. Lin and W. Y. Chow, J. Am. Chem. Soc., 96, 4026 (1974).

129.

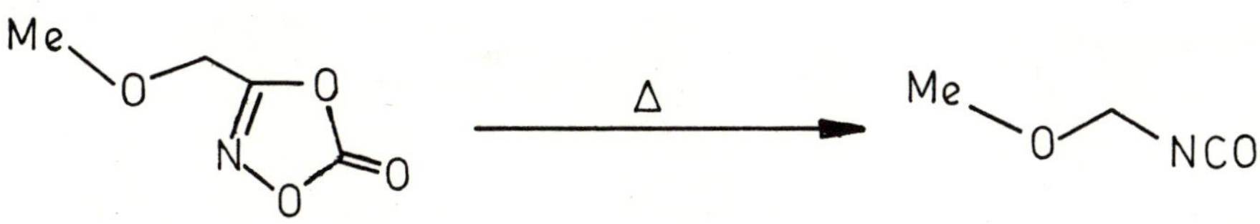

W. J. Kauffman, J. Org. Chem., 39, 2472 (1974).

130.

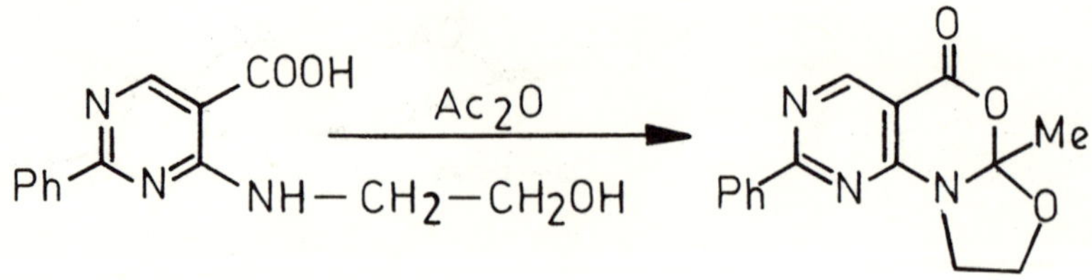

D. H. Kim and A. A. Santilli,
J. Org. Chem., 37, 2854 (1972).

131.

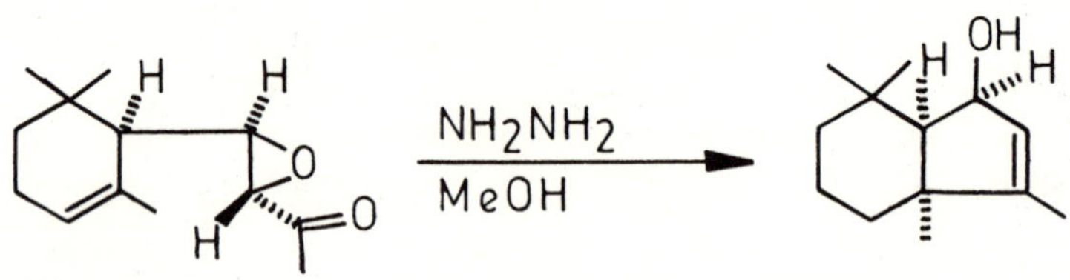

G. Stork and P. G. Williard,
J. Am. Chem. Soc., 99, 7067 (1977).

132.

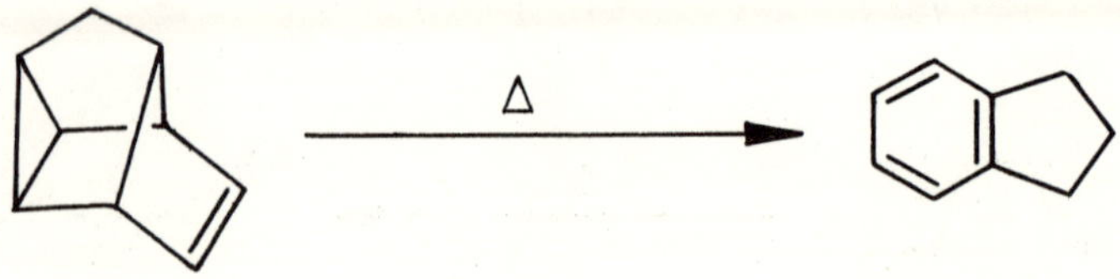

J. S. Wishnok, G. Groman, F. Miller and
J. Deshpande,
J. Org. Chem., 39, 2643 (1974).

133.

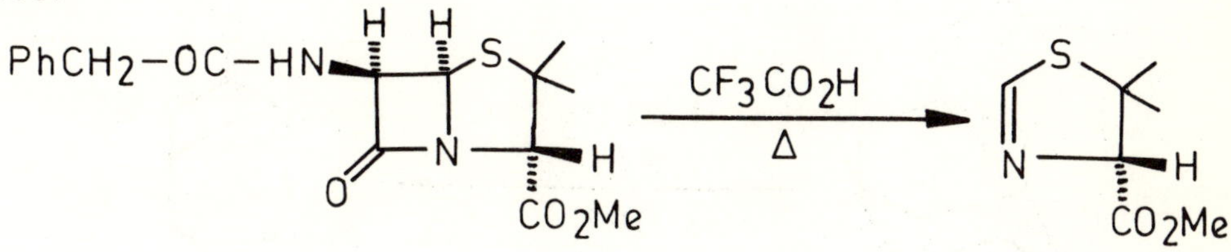

M. R. Bell, J. A. Carlson and R. Oesterlin, J. Org. Chem., 37, 2733 (1972).

134.

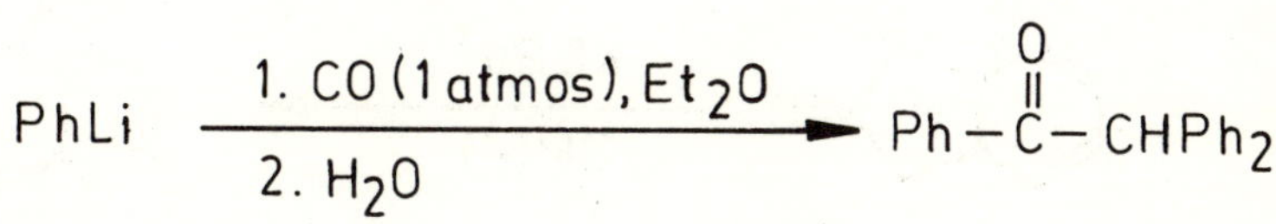

L. S. Trzupek, T. L. Newirth, E. G. Kelly, N. E. Sbarbati and G. M. Whitesides, J. Am. Chem. Soc., 95, 8118 (1973).

135.

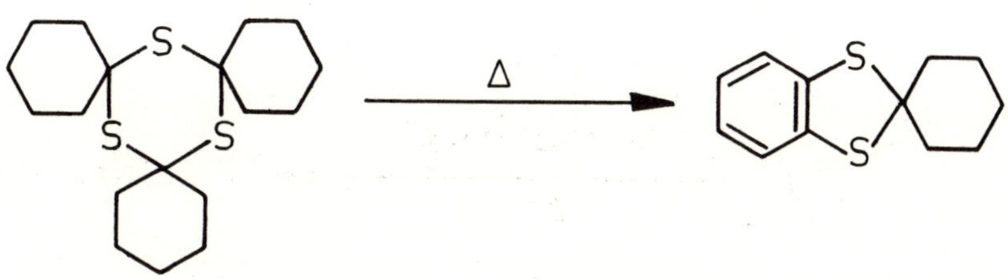

P. S. Fraser, L. V. Robbins, and W. S. Chilton, J. Org. Chem., 39, 2509 (1974).

136.

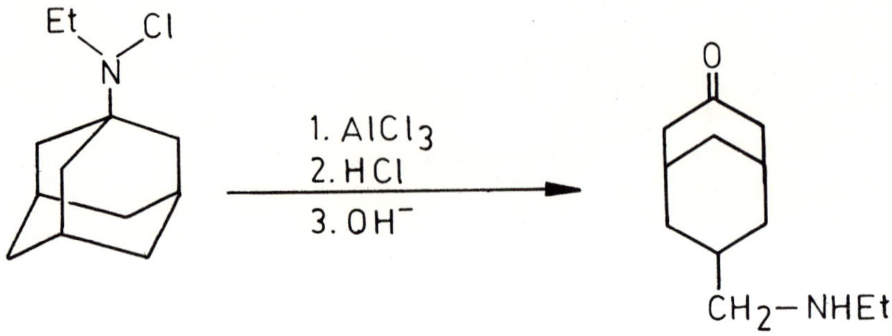

S. J. Padegimas and P. Kovacic,
J. Org. Chem., 37, 2672 (1972).

137.

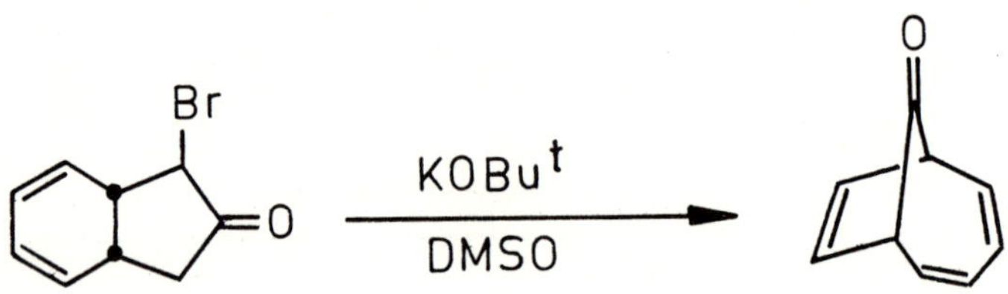

L. A. Paquette, R. H. Meisinger and
R. E. Wingard, Jr.,
J. Am. Chem. Soc., 95, 2231 (1973).

138.

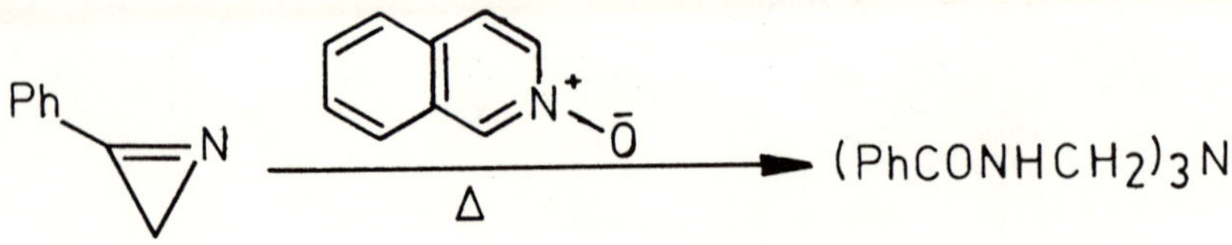

A. Padwa and K. Crosby,
J. Org. Chem., 39, 2651 (1974).

139.

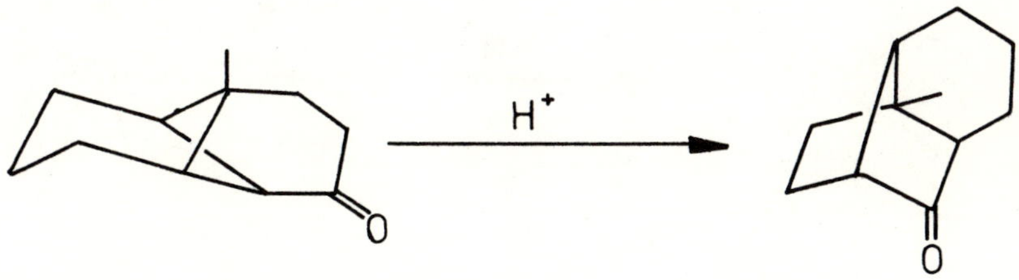

C. H. Heathcock and B. E. Ratcliffe,
J. Org. Chem., 37, 1298 (1972).

140.

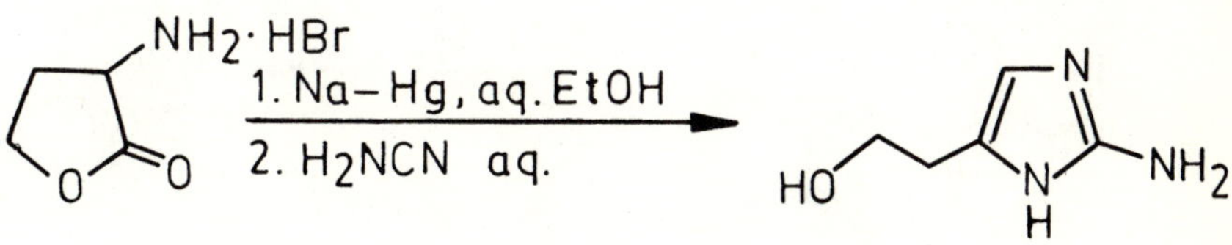

M. Braun and G. Buchi,
J. Am. Chem. Soc., 98, 3049 (1976).

141.

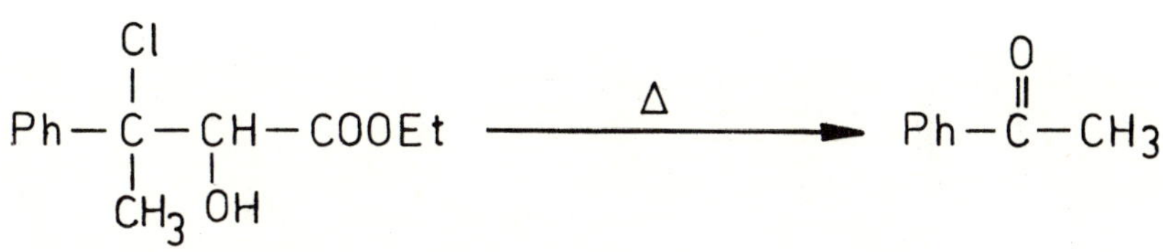

D. A. Mayers and J. Kagan,
J. Org. Chem., 39, 3147 (1974).

142.

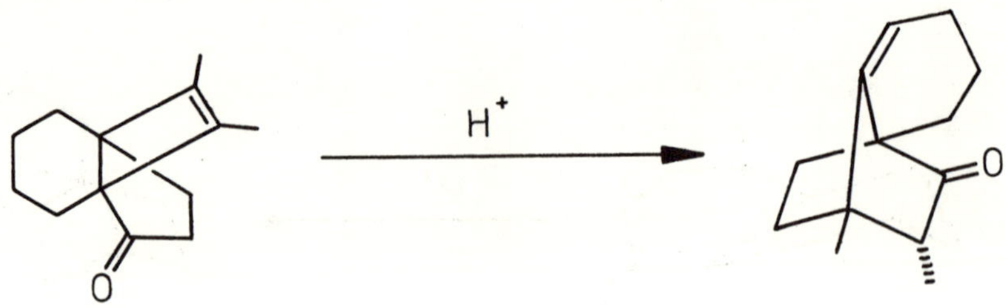

R. L. Cargill, M. E. Beckham, J. R. Damewood, D. M. Pond and W. A. Bundy, J. Org. Chem., 37, 78 (1972).

143.

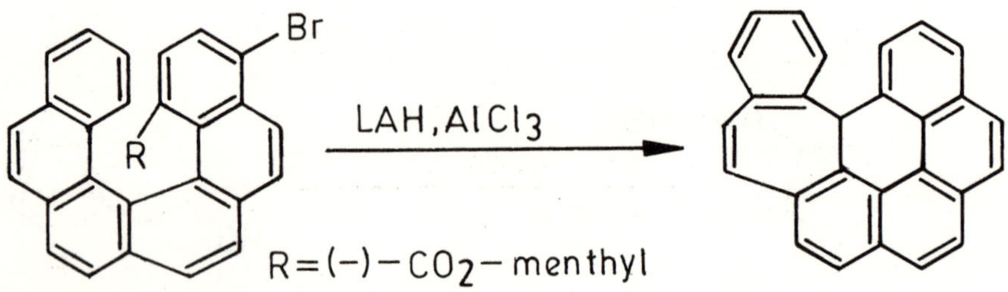

J. Jespers, N. Defay and R. H. Martin, Tetrahedron, 33, 2141 (1977).

144.

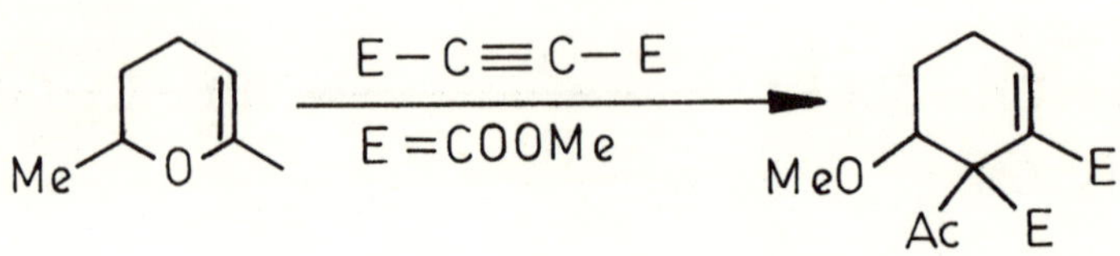

S. S. Hall and A. J. Duggan, J. Org. Chem., 39, 3432 (1974).

145.

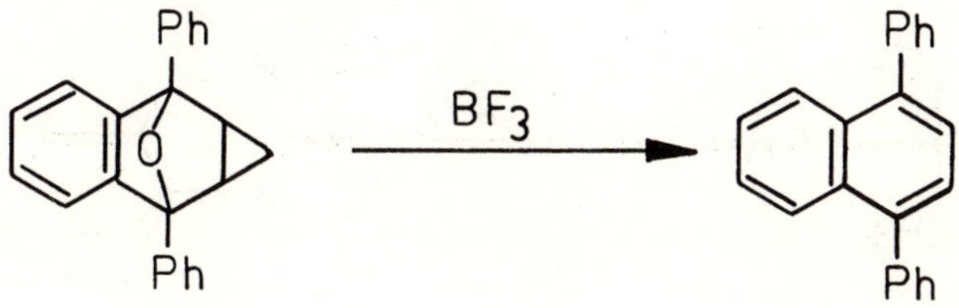

M. P. Cava and K. Narasimhan,
J. Org. Chem., 36, 1419 (1971).

146.

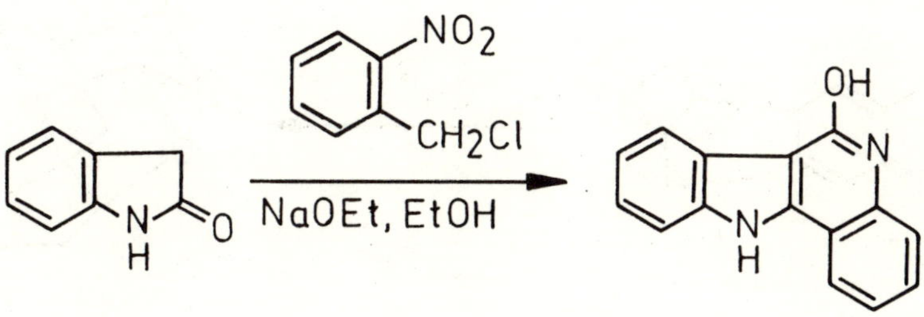

V. Dave and E. W. Warnhoff,
Tetrahedron, 31, 1255 (1975).

147.

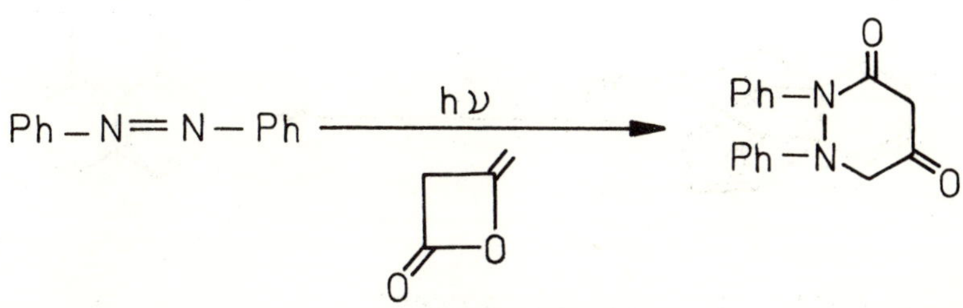

T. Kato, M. Sato and K. Tabei,
J. Org. Chem., 39, 3205 (1974).

148.

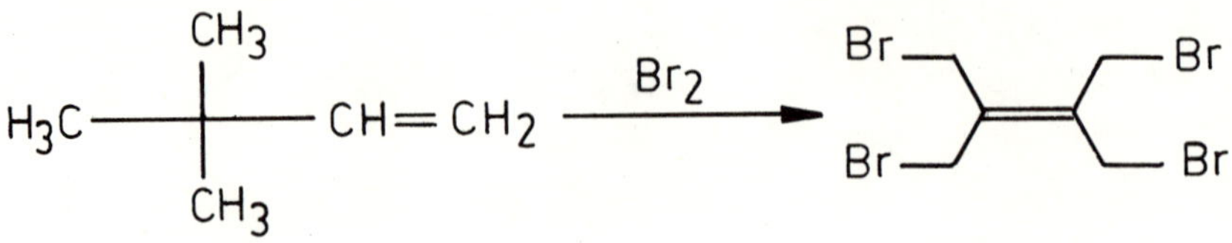

W. L. Collier and R. S. Macomber,
J. Org. Chem., 38, 1367 (1973).

149.

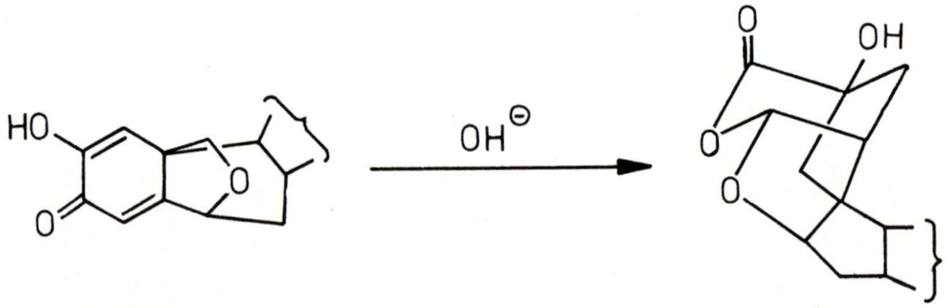

R. J. Chorvat, R. H. Bible, Jr., and
L. Swenton,
Tetrahedron, 31, 1353 (1975).

150.

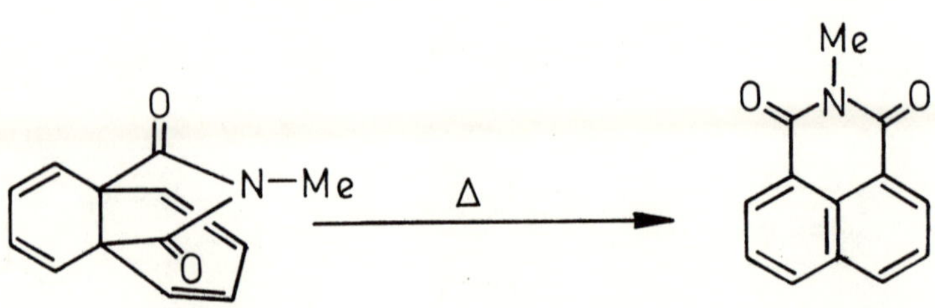

C. Amith and D. Ginsburg,
Tetrahedron, 29, 1819 (1973).

151.

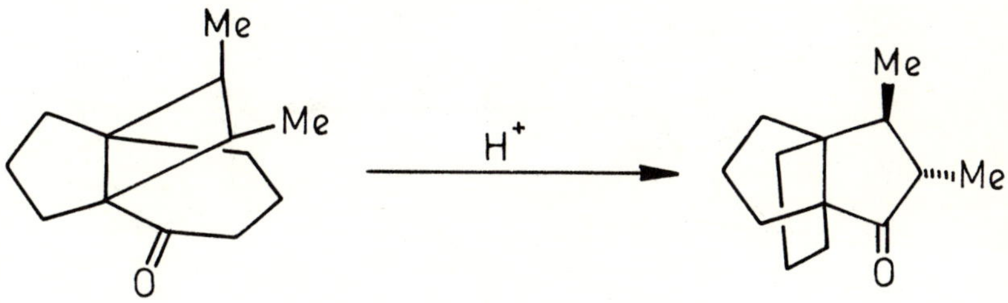

N. P. Peet, R. L. Cargill and D. F. Bushey, J. Org. Chem., 38, 1218 (1973).

152.

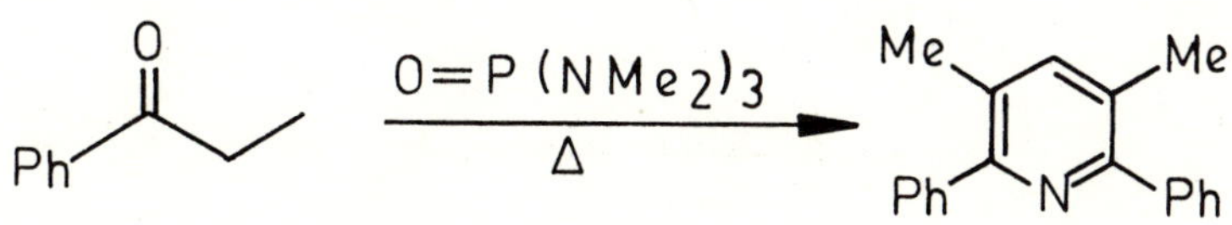

R. S. Monson and A. Baraze, Tetrahedron, 1145 (1975).

153.

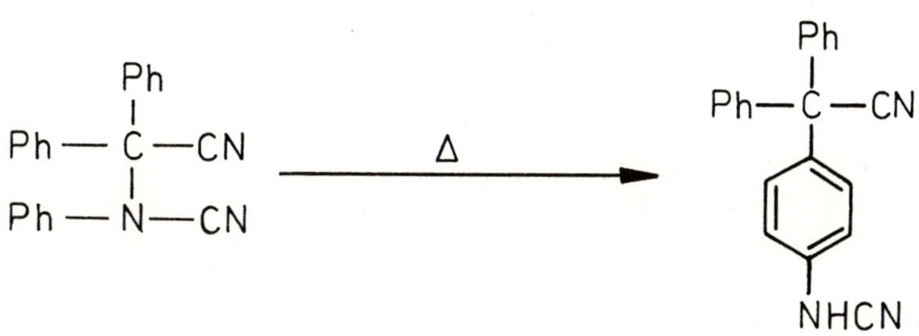

Gy. Simig, K. Lempert, L. Imre and J. Tamas, Tetrahedron, 29, 4179 (1973).

154.

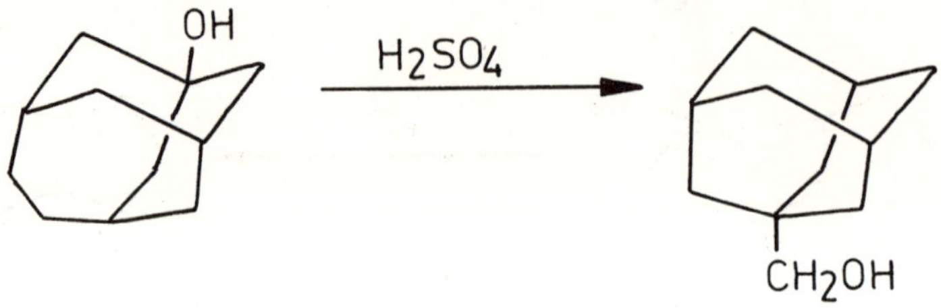

J. Janjatovic, D. Skare and Z. Majerski, J. Org. Chem., 39, 651 (1974).

155.

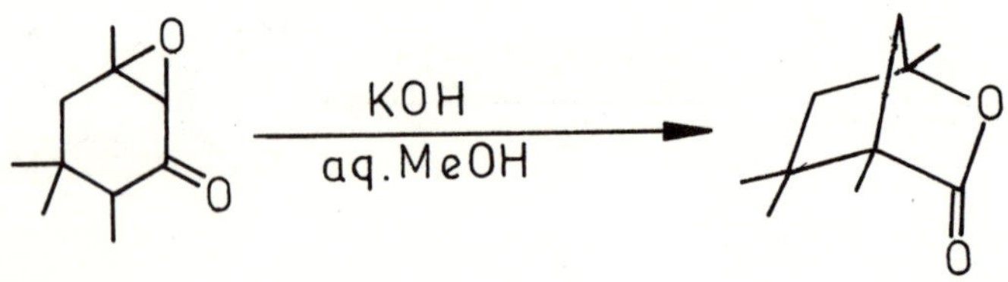

R. W. Mouk, K. M. Patel and W. Reusch, Tetrahedron, 31, 13 (1975).

156.

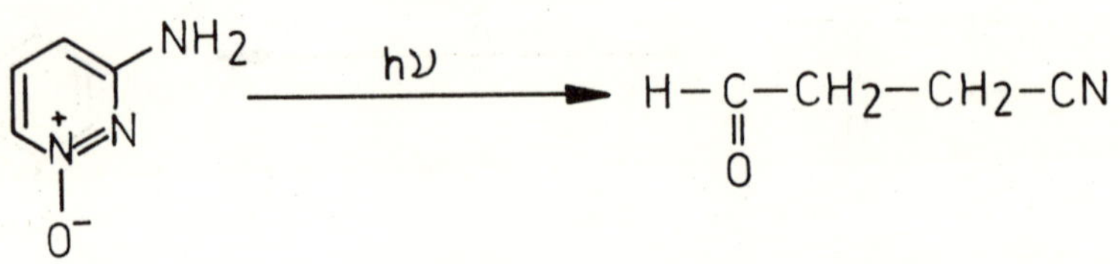

T. Tsuchiya, H. Arai and H. Igeta, Tetrahedron, 29, 2747 (1973).

157.

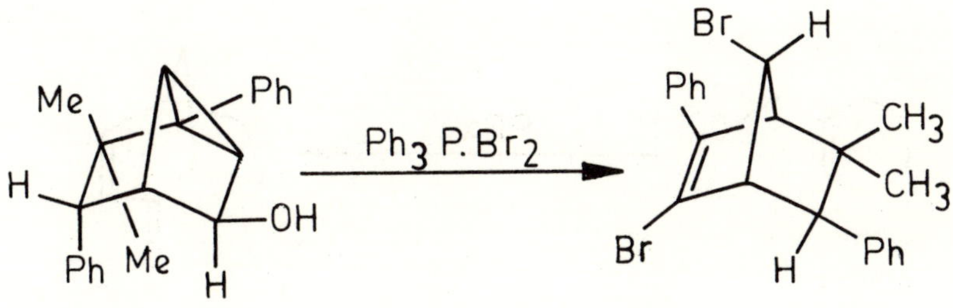

L. A. Paquette, K. H. Fuhr, S. Porter and J. Clardy,
J. Org. Chem., 39, 467 (1974).

158.

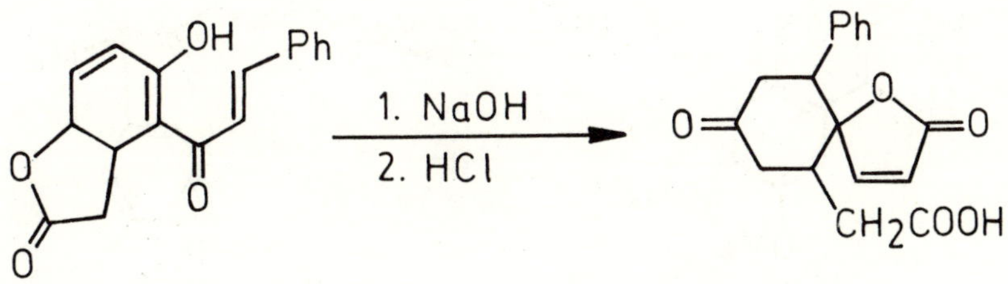

T. R. Govindachari, P. C. Parthasarathy, H. K. Desai and M. N. Shanbhag,
Tetrahedron, 29, 3091 (1973).

159.

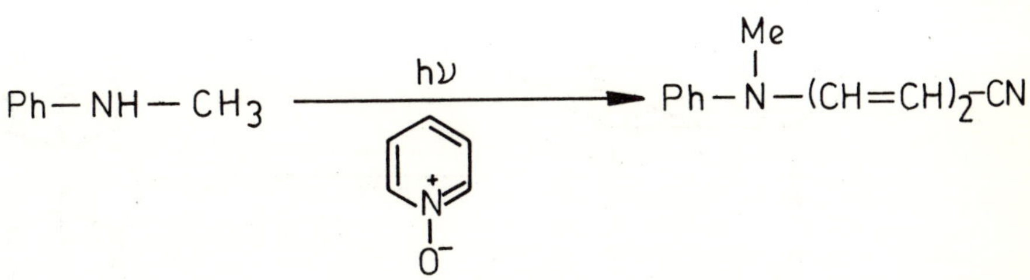

M. Nakagawa, T. Kaneko, H. Yamaguchi, T. Kawashima and T. Hino,
Tetrahedron, 30, 2591 (1974).

160.

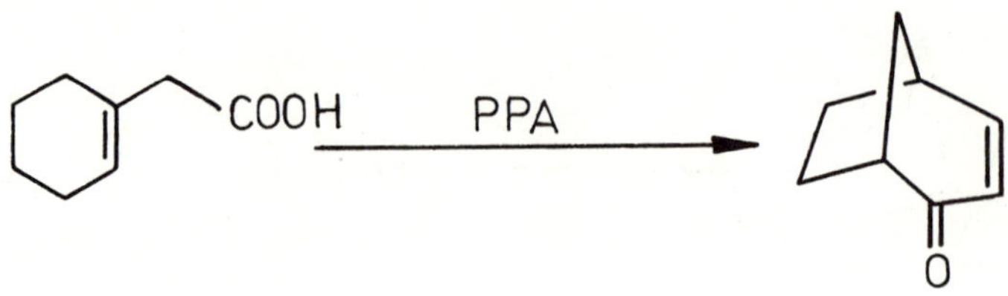

R. L. Cargill, A. M. Foster, J. J. Good and F. K. Davis,
J. Org. Chem., 38, 3829 (1973).

161.

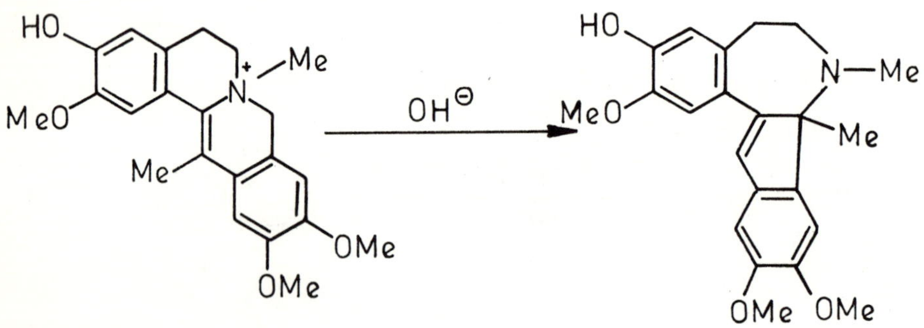

M. Shamma and J. F. Nugent,
Tetrahedron, 29, 1265 (1973).

162.

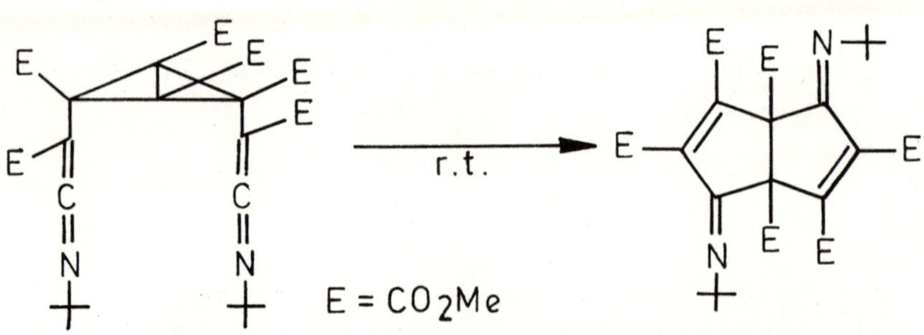

H. J. Dillinger, G. Fengler, D. Schumann and E. Winterfeldt,
Tetrahedron, 30, 2561 (1974).

163.

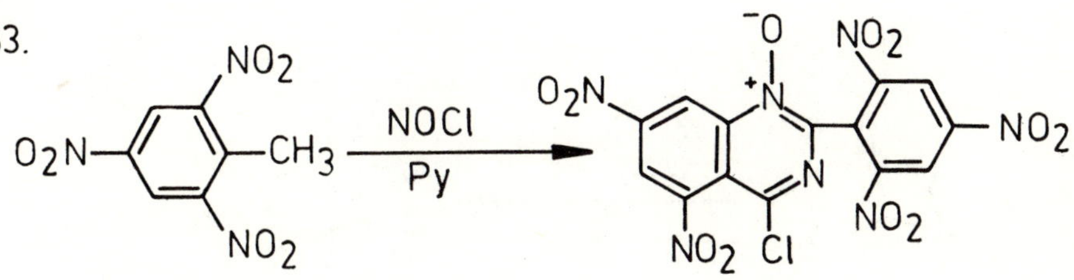

M. E. Sitzmann and J. C. Dacons, J. Org. Chem., 38, 4363 (1973).

164.

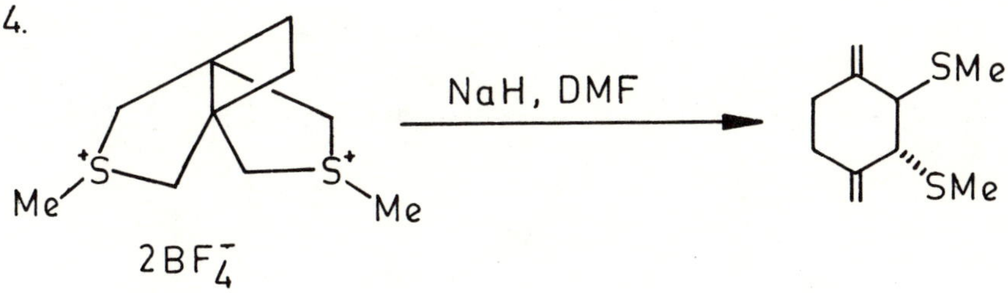

I. Lantos and D. Ginsburg, Tetrahedron, 28, 2507 (1972).

165.

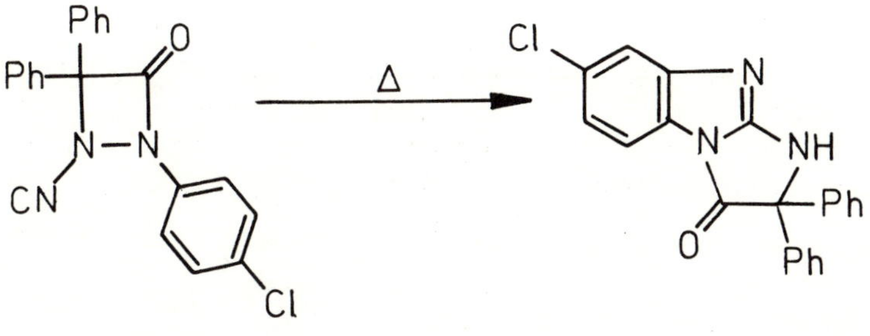

C. W. Bird, M. W. Kaczmar and C. K. Wong, Tetrahedron, 30, 2459 (1974).

166.

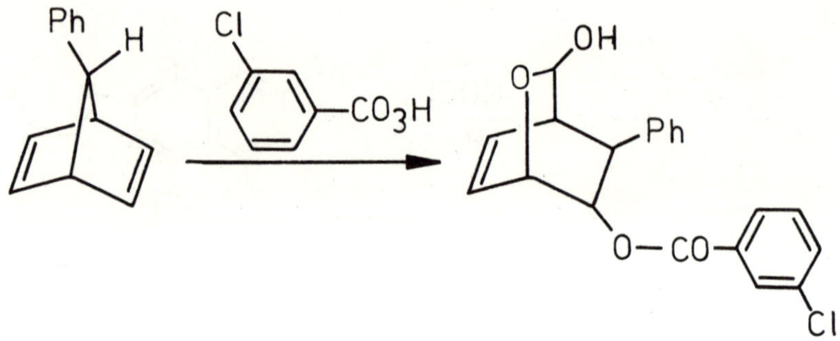

A. Padwa and W. Koehn,
J. Org. Chem., 38, 4007 (1973).

167.

T. Saegusa, S. Koeayashi, Y. Ito and I. Morino,
Tetrahedron, 28, 3389 (1972).

168.

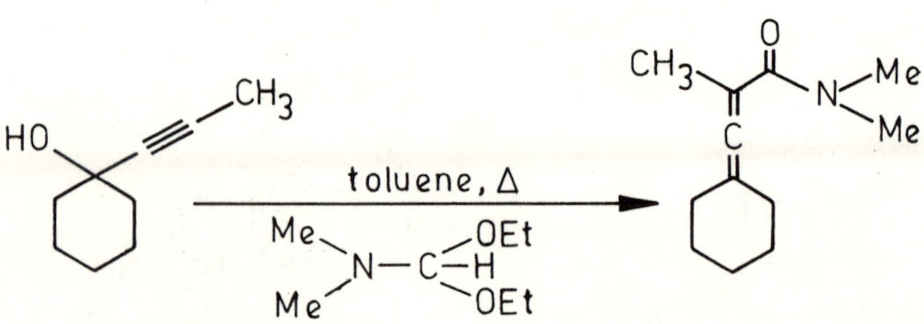

K. A. Parker, R. W. Kosley, Jr., S. L. Buchwald
and J. J. Petraitis,
J. Am. Chem. Soc., 98, 7104 (1976).

169.

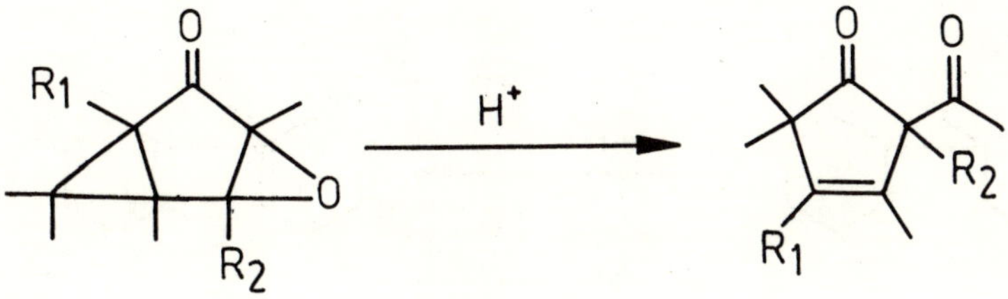

H. Hart and I. Huang,
J. Org. Chem., 39, 1005 (1974).

170.

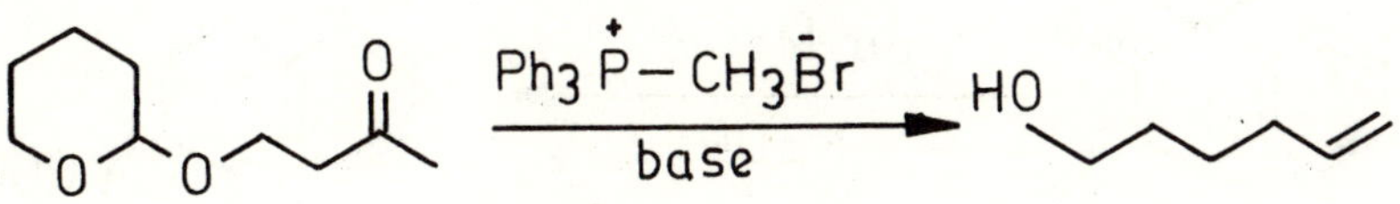

B. Janistyn and W. Hansel,
Ber., 108, 1036 (1975).

171.

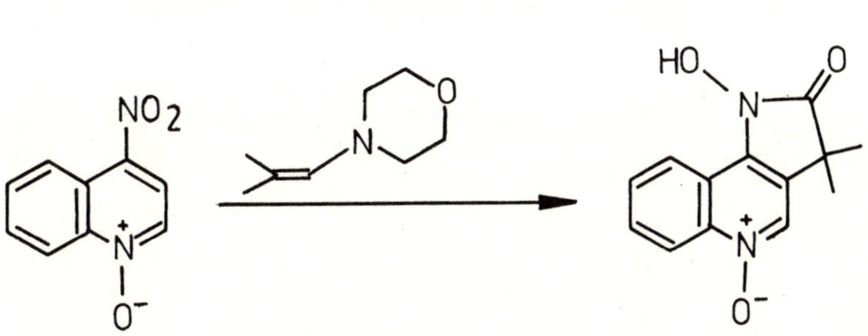

T. Yamamori, H. Noda and M. Hamana,
Tetrahedron, 31, 945 (1975).

172.

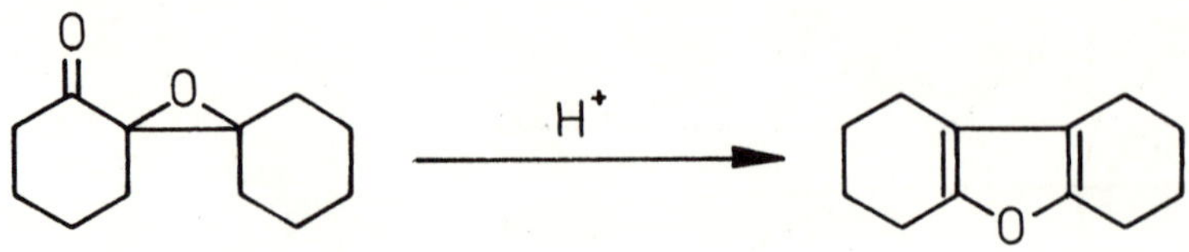

J. R. Williams, G. M. Sarkisian, J. Quigley, A. Hasiuk and R. Vandervennen, J. Org. Chem., 39, 1028 (1974).

173.

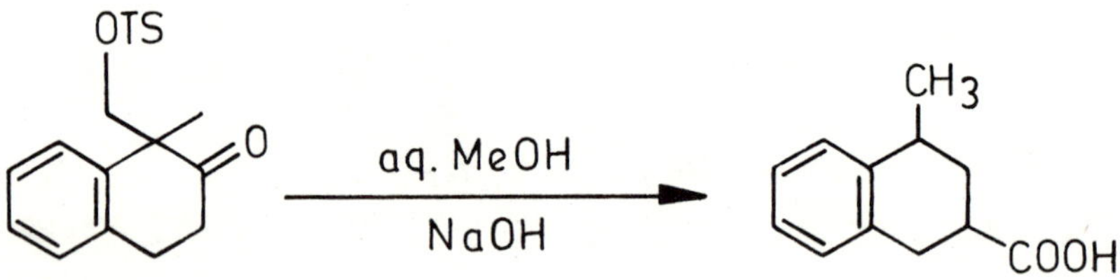

K-D. Klinkmuller, H. Marschall and P. Weyerstahl, Ber., 108, 191 (1975).

174.

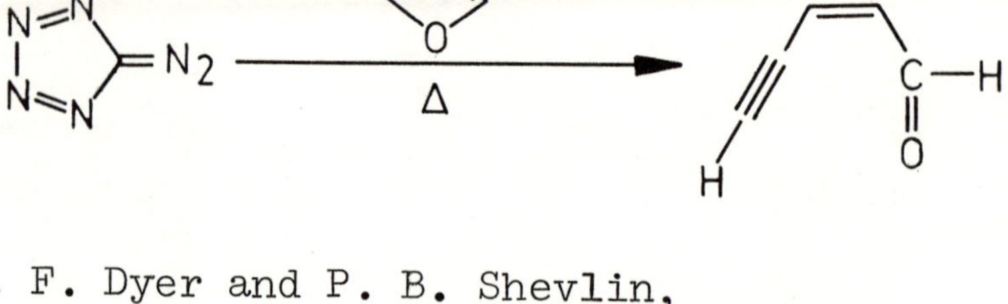

S. F. Dyer and P. B. Shevlin, J. Am. Chem. Soc., 101, 1303 (1979).

175.

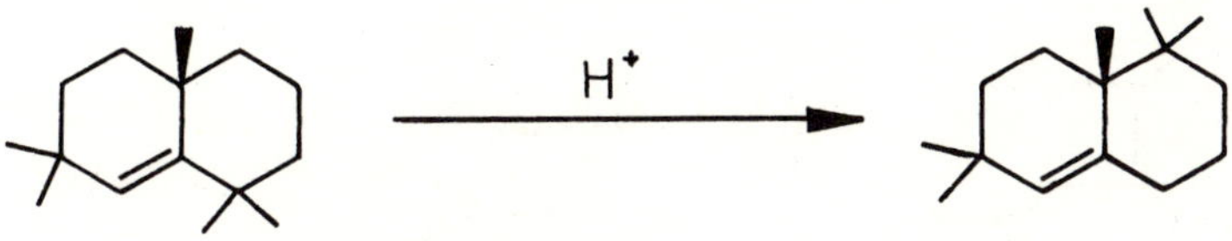

A. R. Hochstetler,
J. Org. Chem., 39, 1401 (1974).

176.

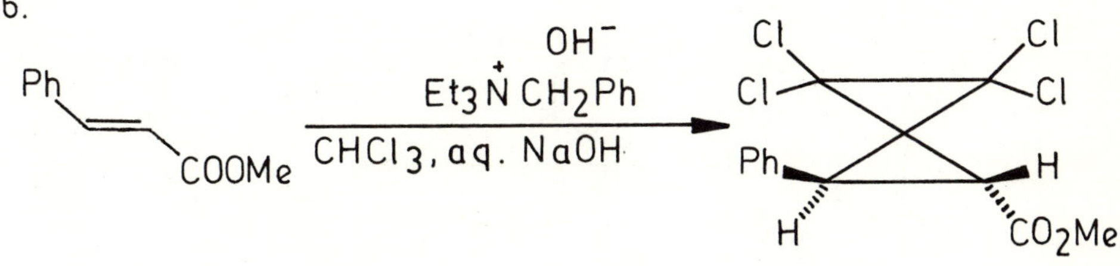

E. V. Dehmlow and G. Hofle,
Ber., 107, 2760 (1974).

177.

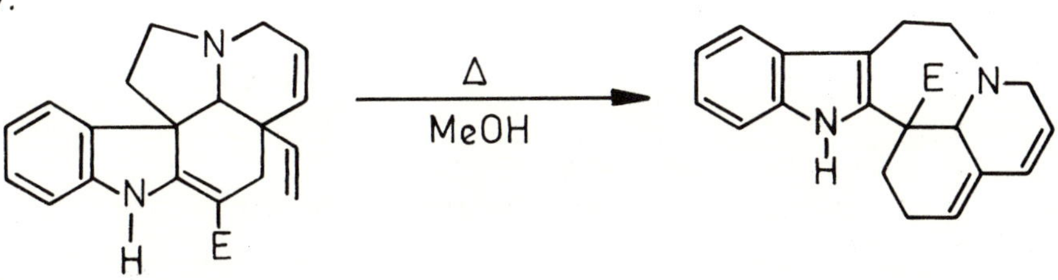

E = COOMe

R. Z. Andriamialisoa, L. Diatta, P. Rasoanaivo,
N. Langlois and P. Potier,
Tetrahedron, 31, 2347 (1975).

178.

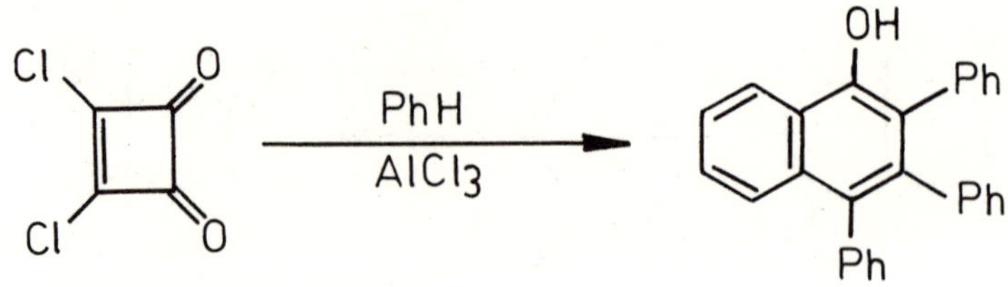

E. W. Neuse and B. R. Green,
J. Org. Chem., 39, 1585 (1974).

179.

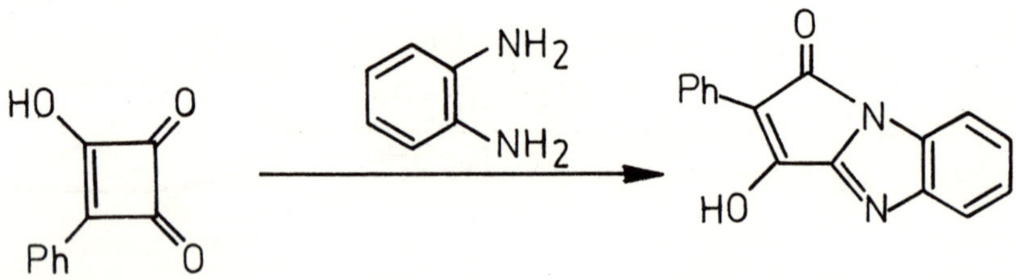

W. Ried and G. Isenbruck,
Ber., 105, 337 (1972).

180.

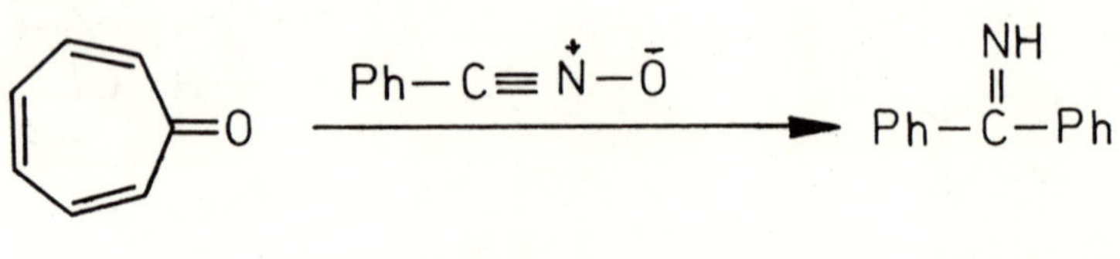

C. De. Micheli, R. Gandolfi and P. Grunanger,
Tetrahedron, 30, 3765 (1974).

181.

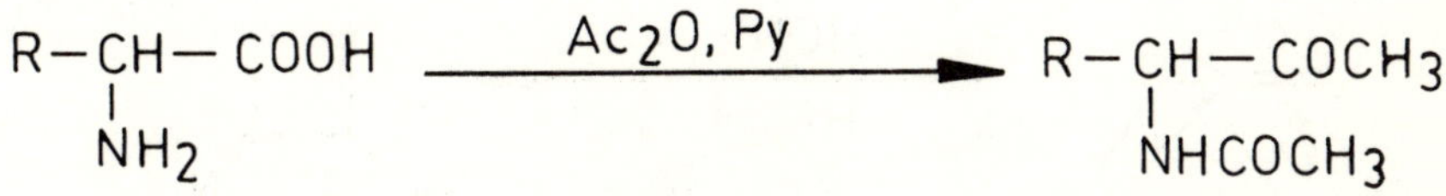

N. A. Allinger, G. L. Wang and B. B. Dewhurst, J. Org. Chem., 39, 1730 (1974).

182.

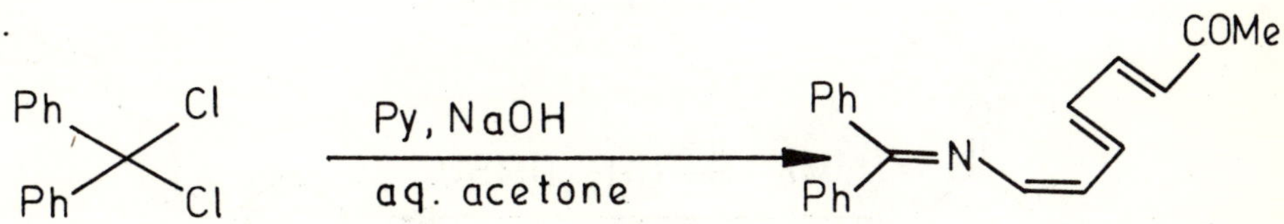

R. J. Molyneux and R. Y. Wong, Tetrahedron, 33, 1931 (1977).

183.

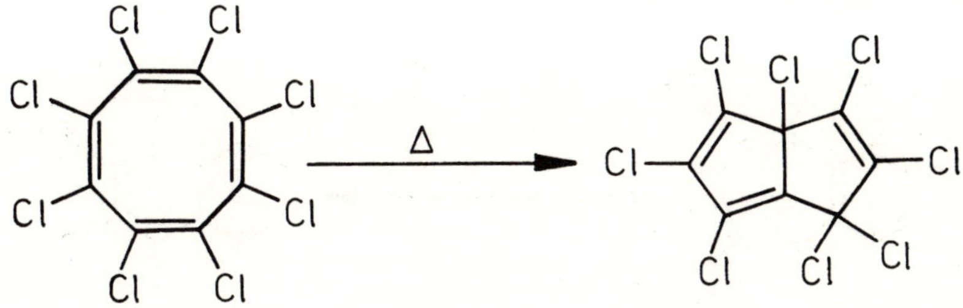

A. Roedig, G. Bonse and R. Helm, Ber., 106, 2156 (1973).

184.

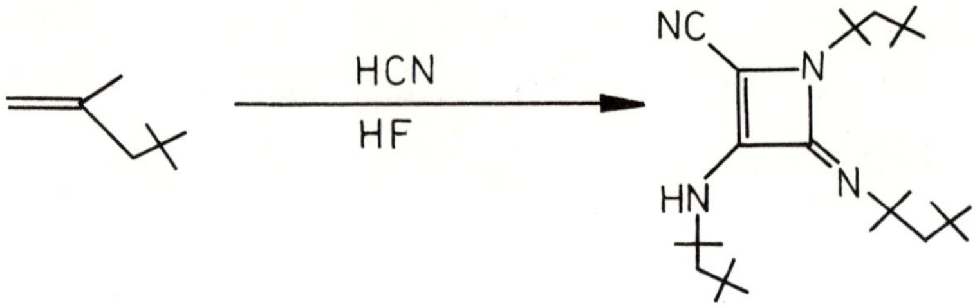

L. deVries,
J. Org. Chem., 39, 1707 (1974).

185.

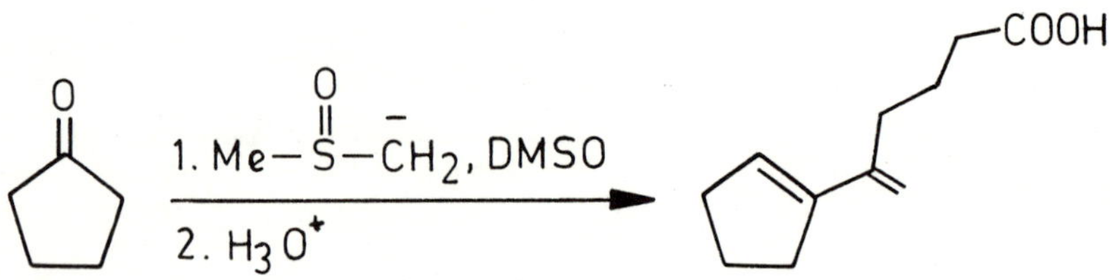

W. T. Comer and D. L. Temple,
J. Org. Chem., 38, 2121 (1973).

186.

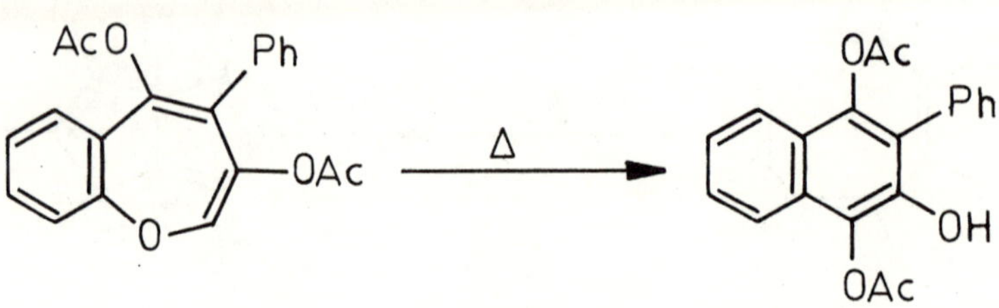

H. Hofmann and P. Hofmann,
Ber., 107, 2259 (1974).

187.

L. R. Melby, H. D. Hartzler and W. A. Sheppard,
J. Org. Chem., 39, 2456 (1974).

188.

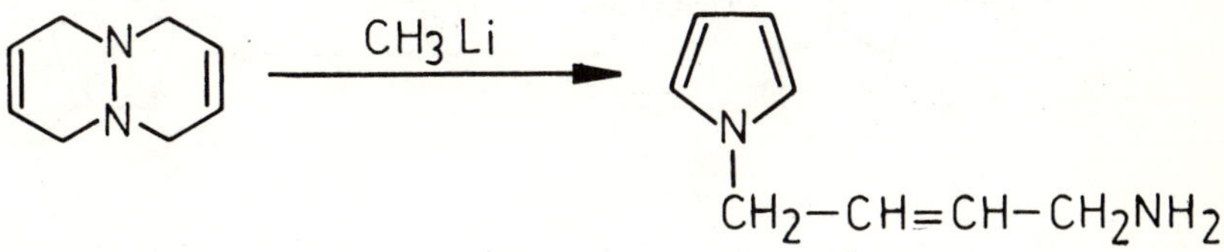

J. C. Hinshaw,
J. Org. Chem., 40, 47 (1975).

189.

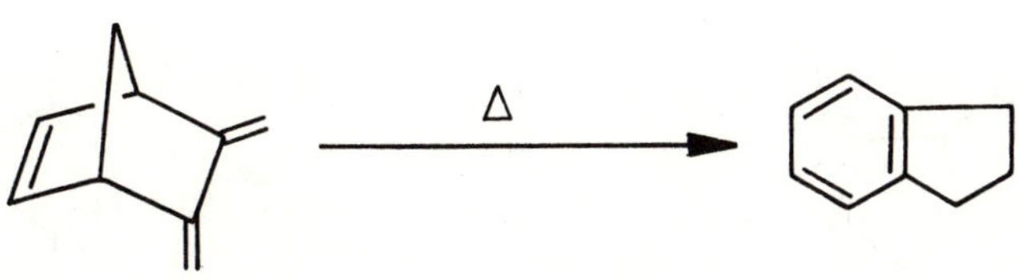

W. R. Roth, H. Humbert, G. Wegener, G. Erker
and H-D. Exner,
Ber., 108, 1655 (1975).

190.

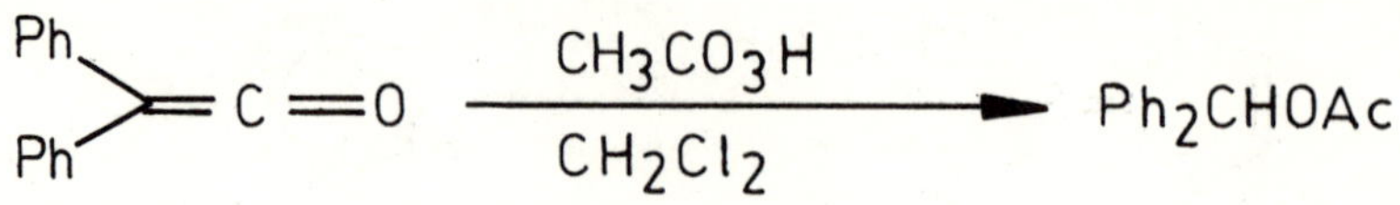

J. K. Crandall, S. A. Sojka and J. B. Komin, J. Org. Chem., 39, 2172 (1974).

191.

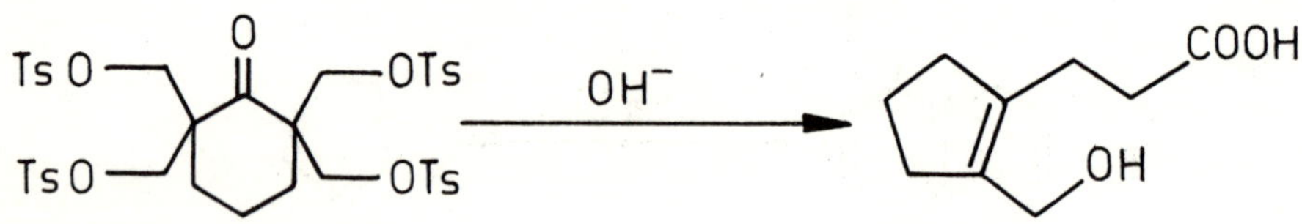

K. Gerner, H. Marschall and P. Weyerstahl, Ber., 108, 3433 (1975).

192.

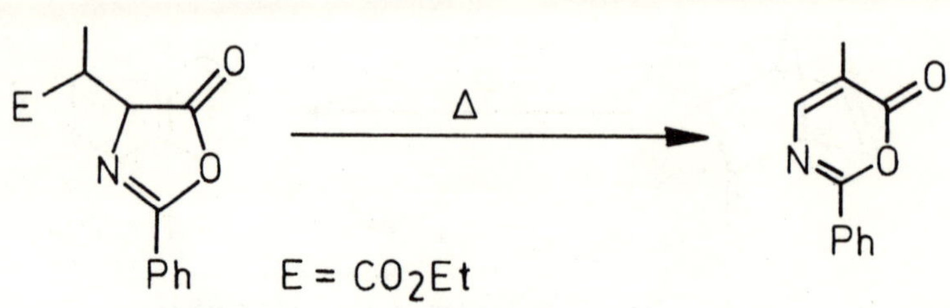

S. Gotze and W. Steglich, Ber., 109, 2327 (1976).

193.

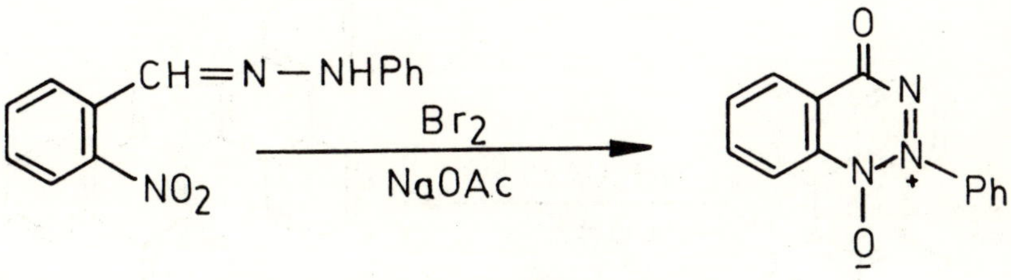

A. McKillop and R. J. Kobylecki, J. Org. Chem., 39, 2710 (1974).

194.

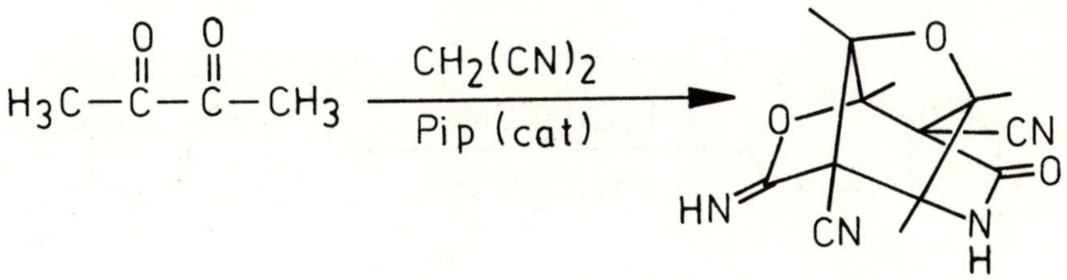

H. Roeber, R. Matusch and K. Hartke, Ber., 108, 3247 (1975).

195.

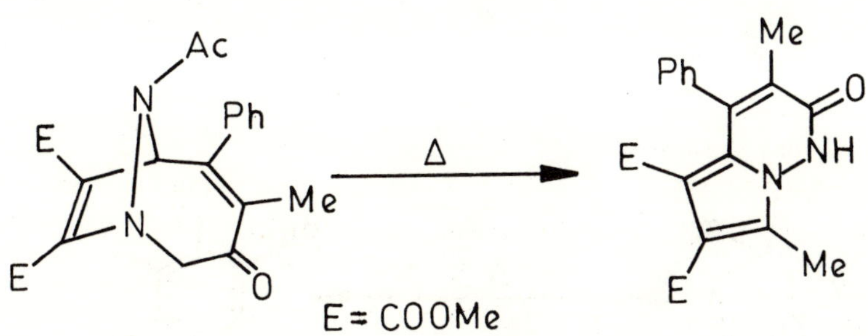

J. A. Moore, R. C. Gearhart, O. S. Rothenberger, P. C. Thorstenson and R. H. Wood, J. Org. Chem., 37, 3774 (1972).

196.

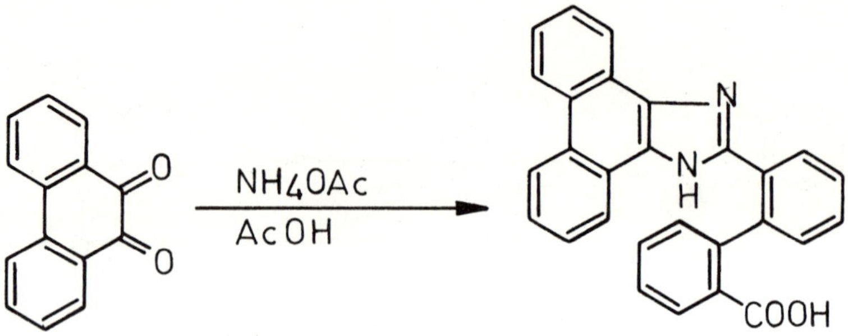

I. Lantos,
J. Org. Chem., 40, 1641 (1975).

197.

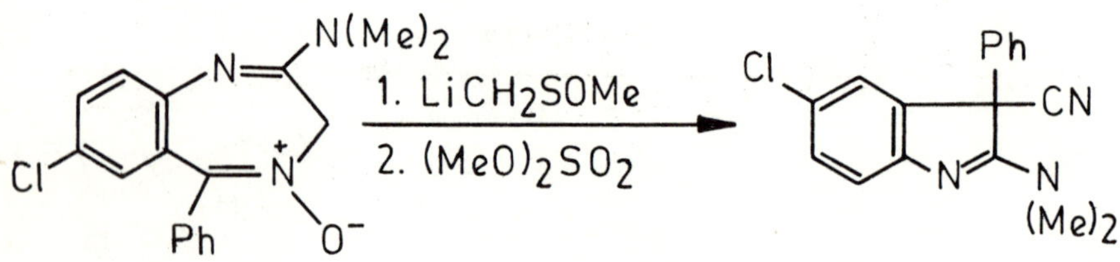

N. W. Gilman, J. F. Blount and L. H. Sternbach,
J. Org. Chem., 37, 3201 (1972).

198.

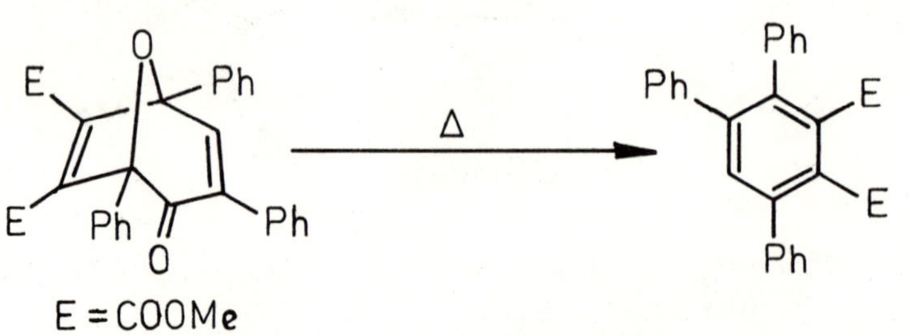

K. T. Potts, A. J. Elliott and M. Sorm,
J. Org. Chem., 37, 3838 (1972).

199.

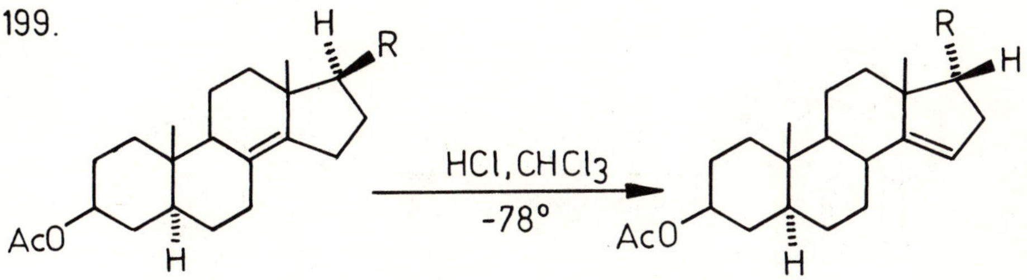

E. Caspi, W. L. Duax, J. F. Griffin, J. P. Moreau and T. A. Wittstruck, J. Org. Chem., 40, 2005 (1975).

200.

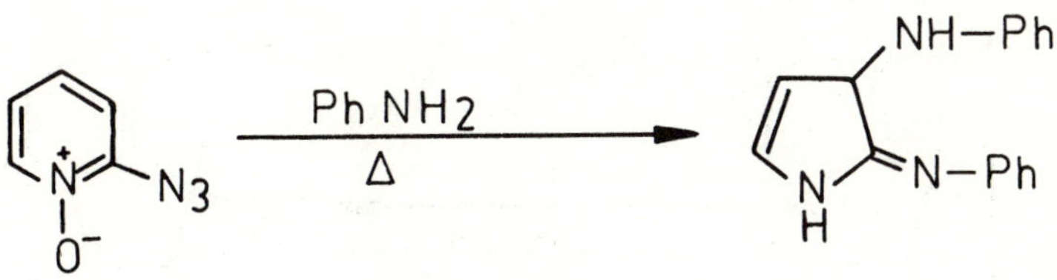

R. A. Abramovitch and B. W. Cue, Jr., J. Org. Chem., 38, 173 (1973).

201.

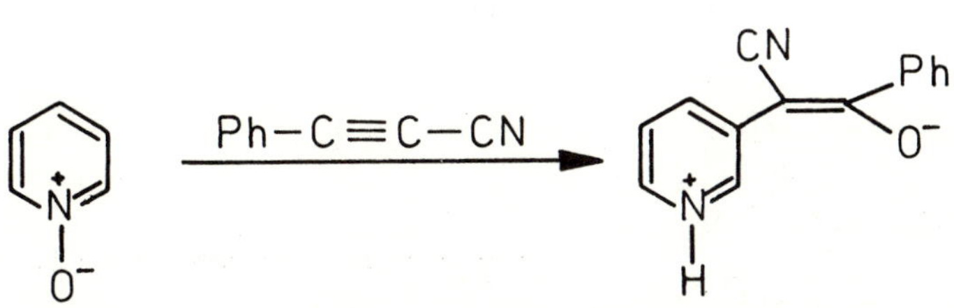

R. A. Abramovitch, G. Grins, R. B. Rogers and I. Shinkai, J. Am. Chem. Soc., 98, 5671 (1976).

202.

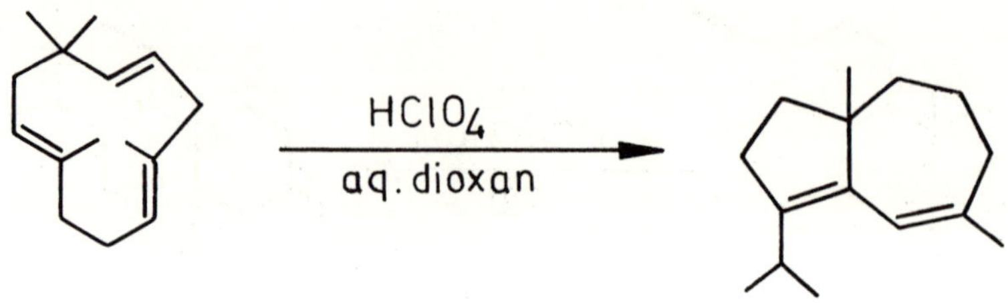

W. G. Dauben, J. P. Hubbell and N. D. Vietmeyer,
J. Org. Chem., 40, 479 (1975).

203.

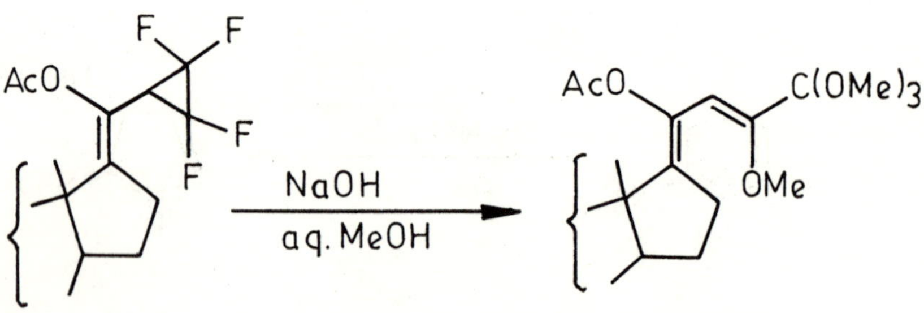

P. Crabbe, E. Velarde, L. Tokes and
M. L. Maddox,
J. Org. Chem., 37, 4003 (1972).

204.

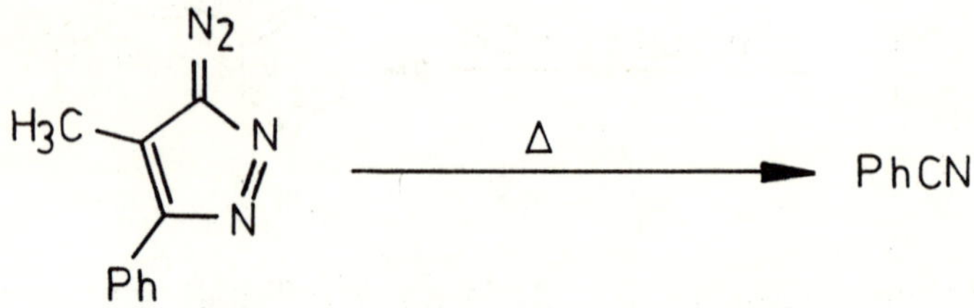

W. L. Magee and H. Shechter,
J. Am. Chem. Soc., 99, 633 (1977).

205.

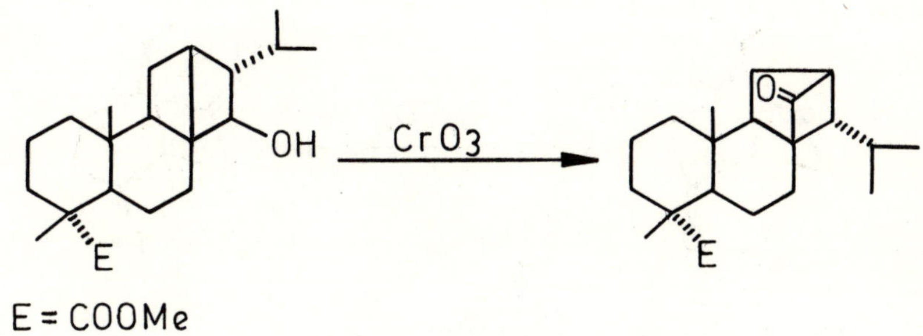

W. Herz, M. Gopal Nair and D. Prakash, J. Org. Chem., 40, 1017 (1975).

206.

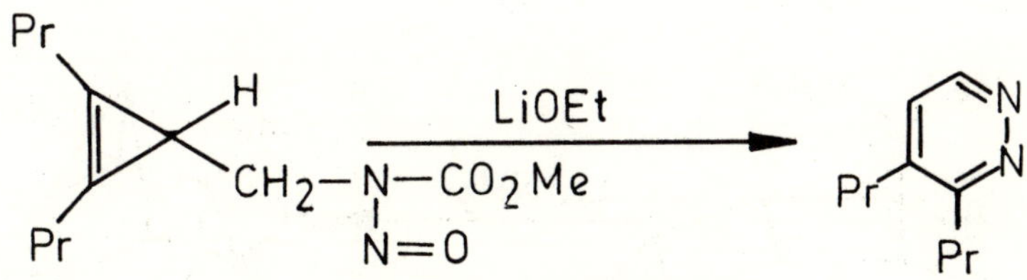

A. E. Feiring and J. Ciabattoni, J. Org. Chem., 37, 3784 (1972).

207.

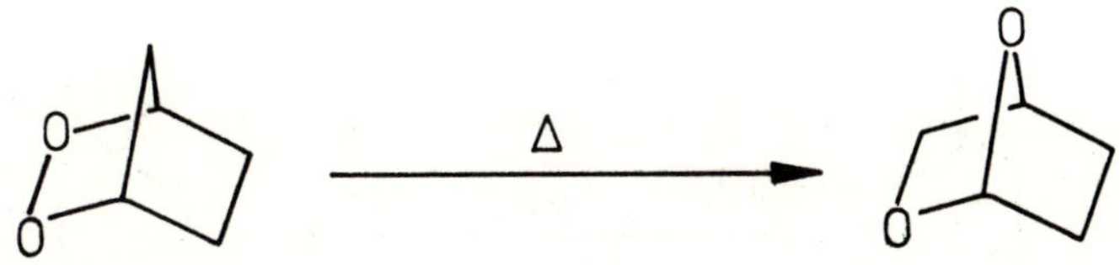

R. G. Salomon, M. F. Salomon, and D.J. Coughlin, J. Am. Chem. Soc., 100, 660 (1978).

208.

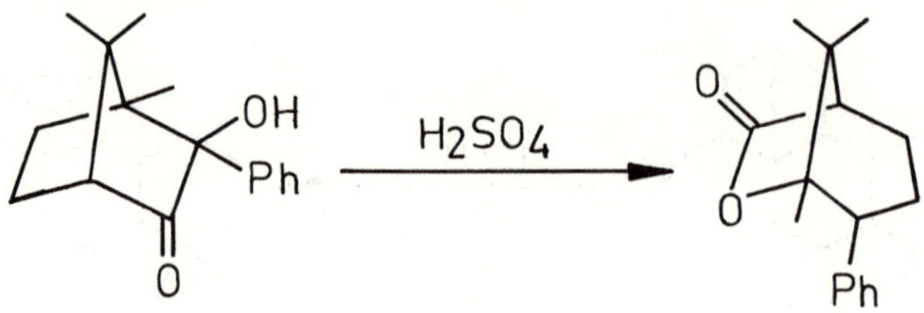

P. Wilder, Jr., and W. Hsieh,
J. Org. Chem., 40, 717 (1975).

209.

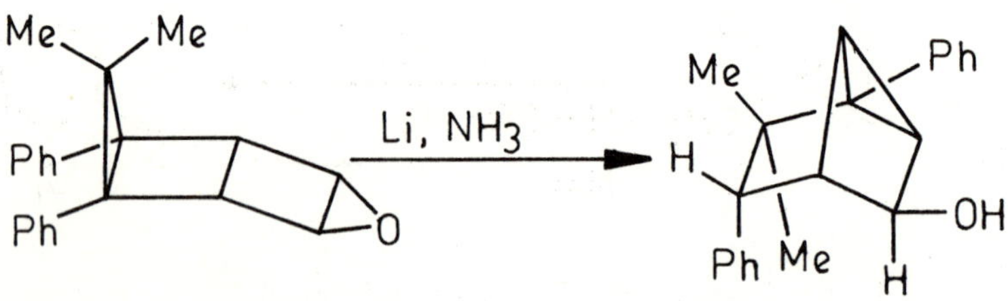

L. A. Paquette, K. H. Fuhr, S. Porter and
J. Clardy,
J. Org. Chem., 39, 467 (1974).

210.

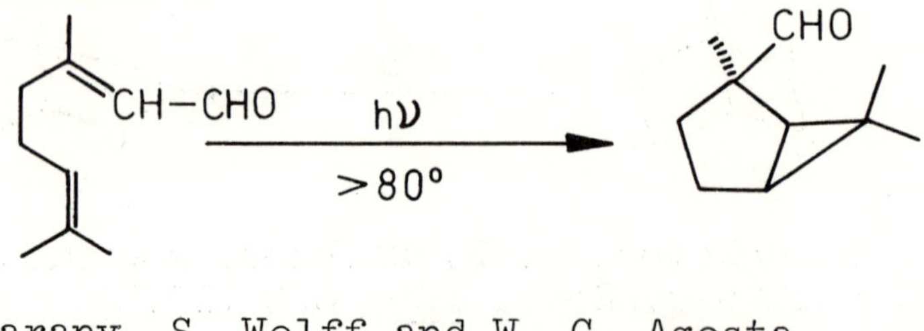

F. Barany, S. Wolff and W. C. Agosta,
J. Am. Chem. Soc., 100, 1946 (1978).

211.

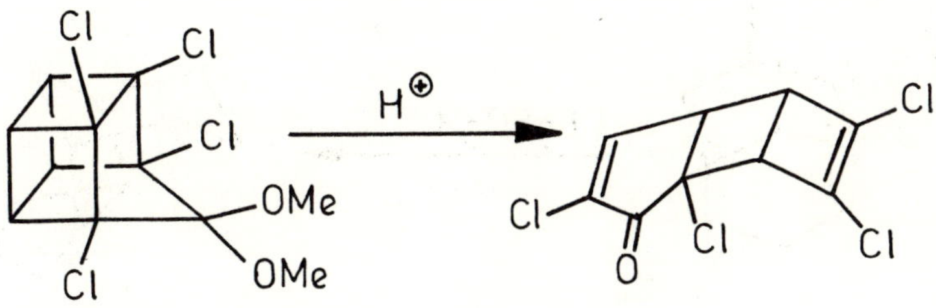

W. G. Dauben and L. N. Reitman,
J. Org. Chem., 40, 841 (1975).

212.

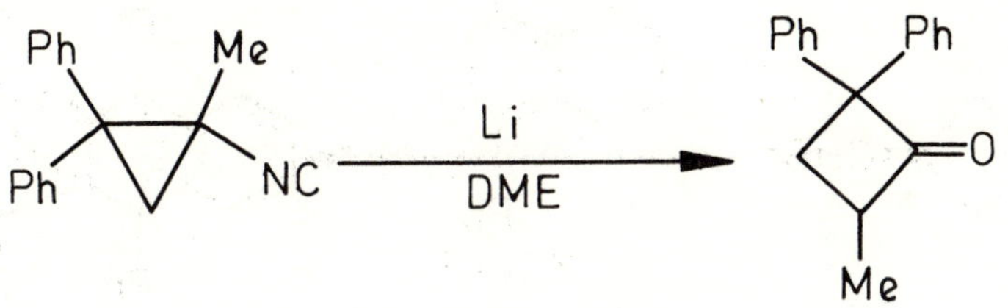

G. E. Niznik and H. M. Walborsky,
J. Org. Chem., 39, 608 (1974).

213.

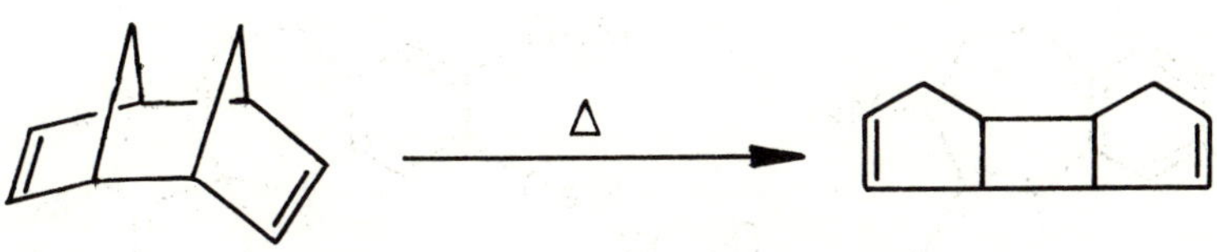

C. W. Doecke, G. Klein and L. A. Paquette,
J. Am. Chem. Soc., 100, 1596 (1978).

214.

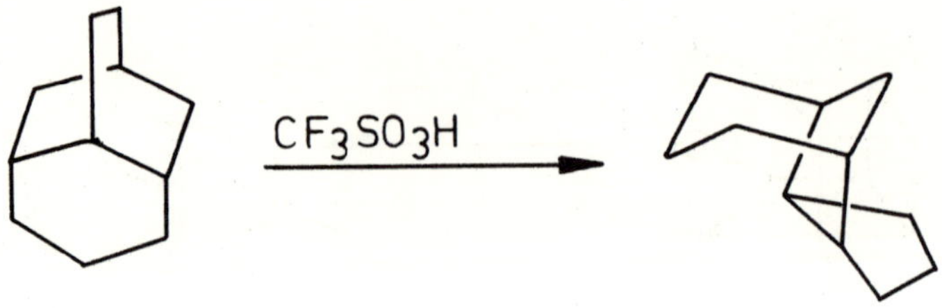

N. Takaishi, Y. Inamoto, K. Tsuchihashi, K. Yashima and K. Aigami, J. Org. Chem., 40, 2929 (1975).

215.

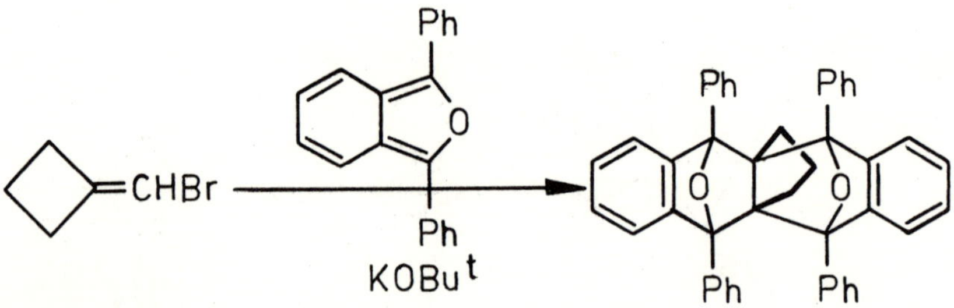

K. L. Erickson, J. Markstein and K. Kim, J. Org. Chem., 36, 1024 (1971).

216.

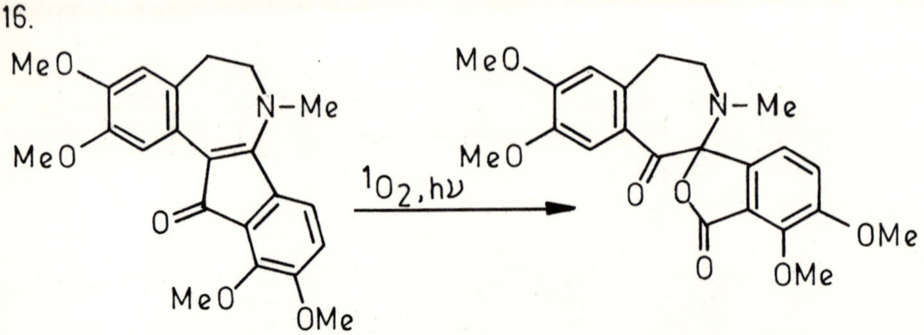

K. Orito, R. H. Manske and R. Rodrigo, J. Am. Chem. Soc., 96, 1944 (1974).

217.

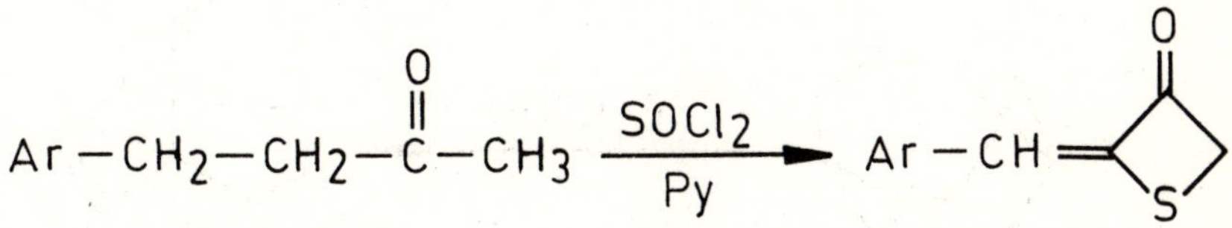

A. J. Arubsack, R. Sehgal, W. Loong and W. E. Slack, J. Org. Chem., 40, 3179 (1975).

218.

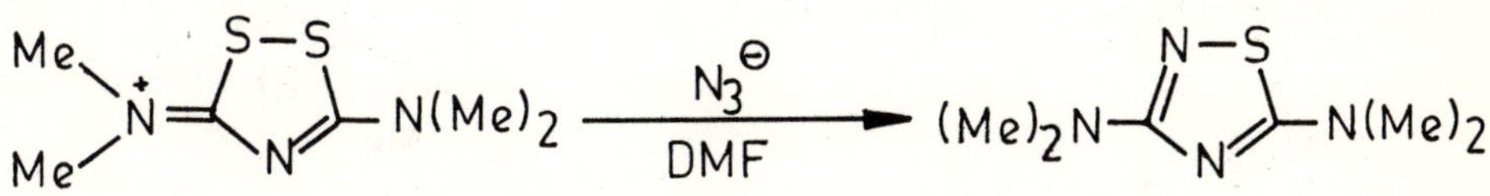

J. E. Oliver, J. Org. Chem., 36, 3465 (1971).

219.

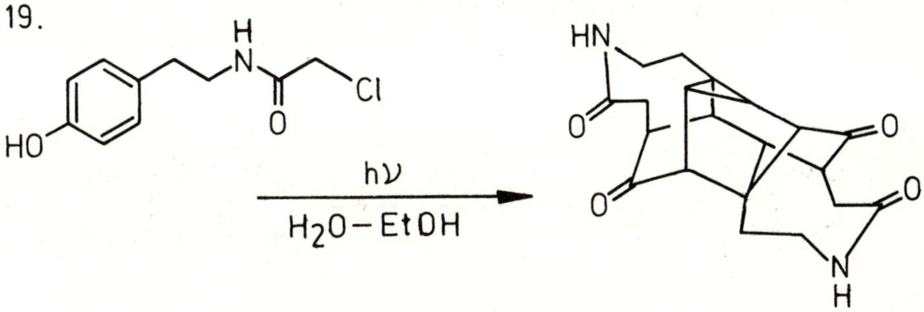

T. Iwakuma, H. Nakai, O. Yonemitsu and B. Witkop, J. Am. Chem. Soc., 96, 2564 (1974).

220.

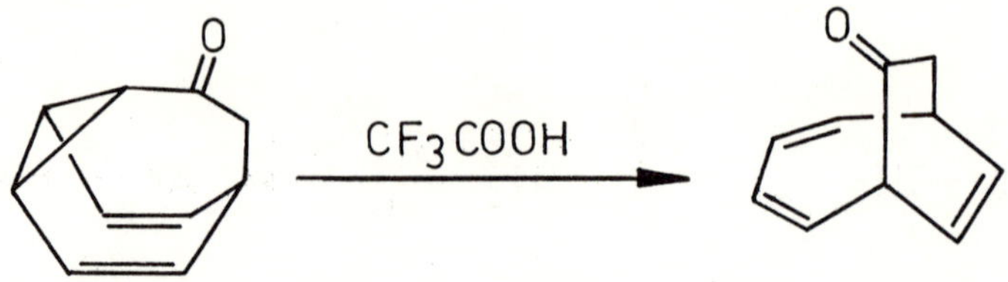

J. B. Press and H. Shechter, J. Org. Chem., 40, 2446 (1975).

221.

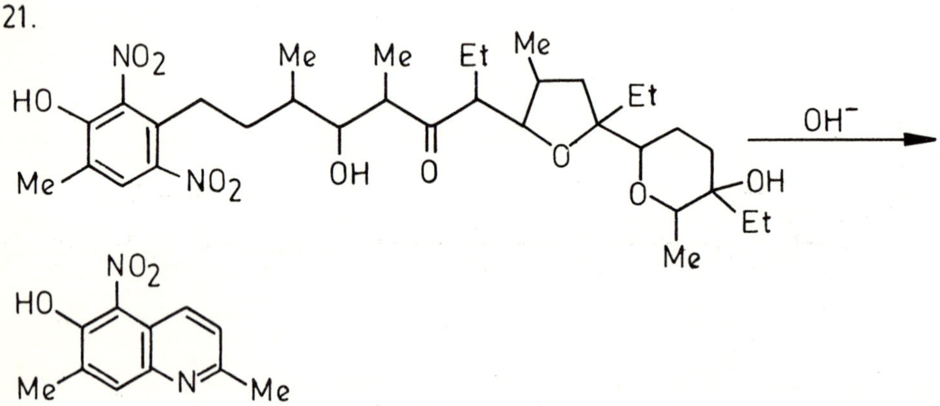

J. W. Westley, J. Schneider, R. H. Evans, Jr., T. Williams, A. D. Batcho and A. Stempel, J. Org. Chem., 36, 3621 (1971).

222.

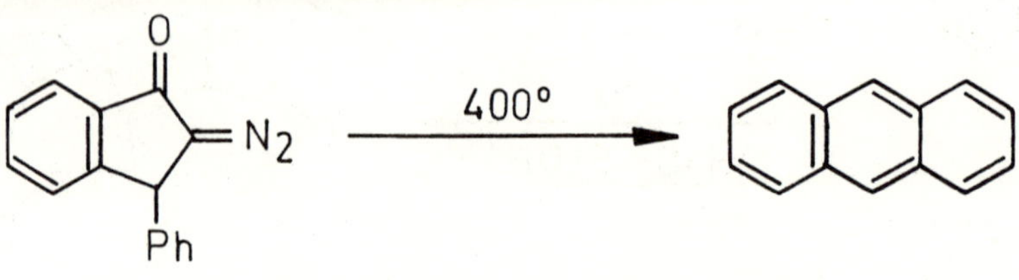

D. C. De Jongh and R. Y. Van Fossen, Tetrahedron, 28, 3603 (1972).

223.

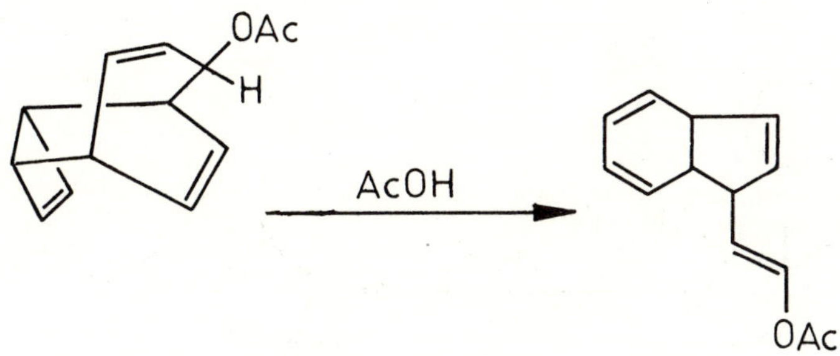

J. T. Groves and C. A. Bernhardt, J. Org. Chem., 40, 2806 (1975).

224.

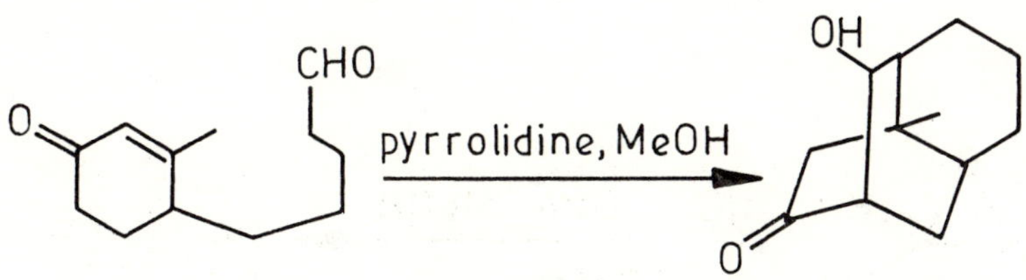

K. Yamada, M. Aratani, Y. Hayakawa, H. Nakamura, H. Nagase and Y. Hirata, J. Org. Chem., 36, 3653 (1971).

225.

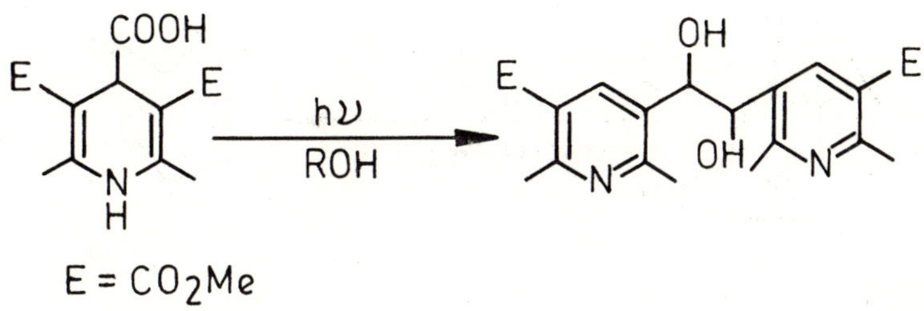

J. F. Biellmann, H. J. Callot and W. R. Pilgrim, Tetrahedron, 28, 5911 (1972).

226.

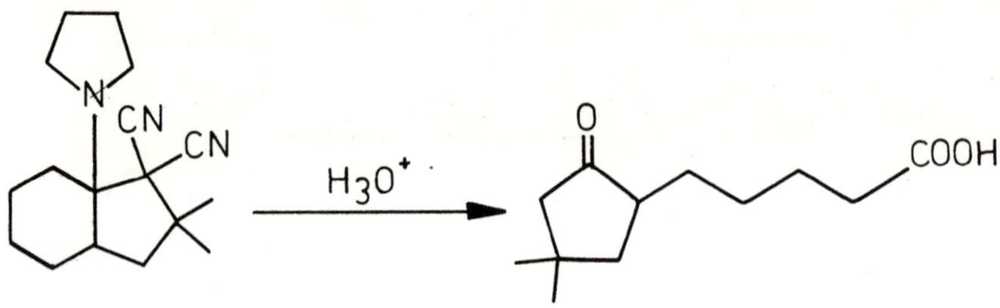

W. F. Berkowitz and S. C. Grenetz,
J. Org. Chem., 41, 10 (1976).

227.

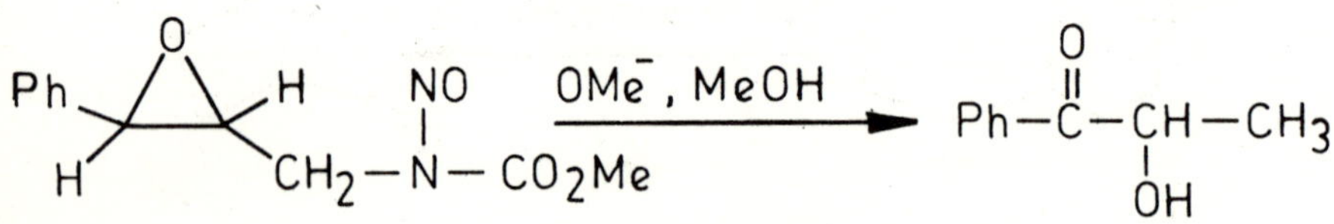

A. Padwa, P. Cimiluca and D. Eastman,
J. Org. Chem., 37, 805 (1972).

228.

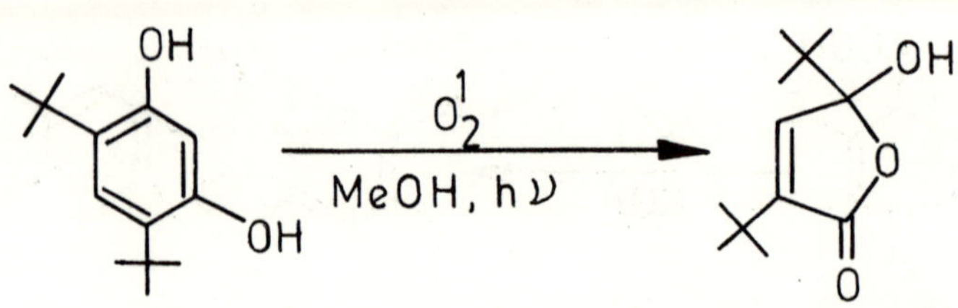

I. Saito, N. Yoshimura, T. Arai, K. Omura,
A. Nishinaga and T. Matsuura,
Tetrahedron, 28, 5131 (1972).

229.

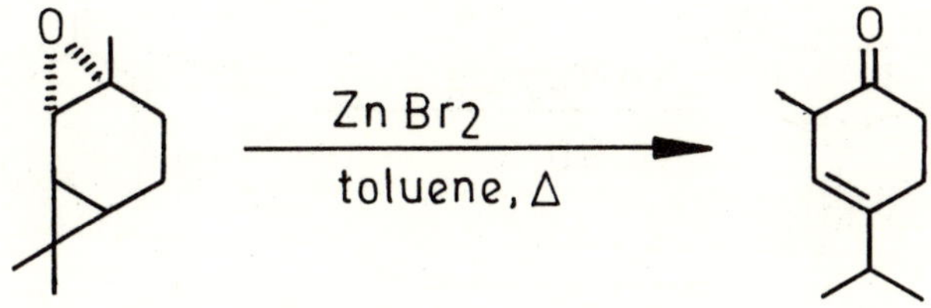

B. C. Clark, Jr., T. C. Chafin, P. L. Lee and G. L. K. Hunter,
J. Org. Chem., 43, 519 (1978).

230.

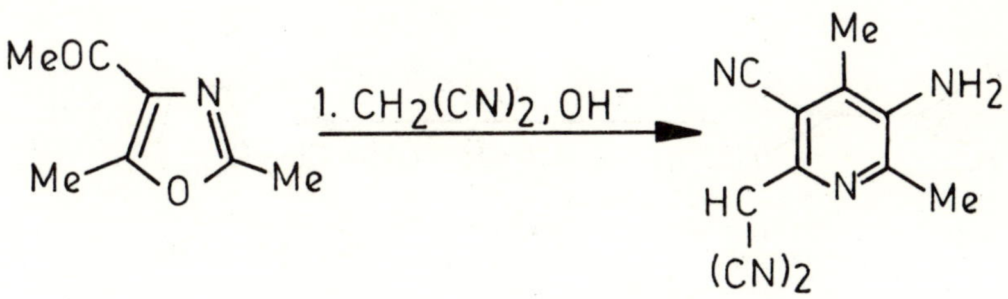

P. B. Ghosh and B. Ternai,
J. Org. Chem., 37, 1047 (1972).

231.

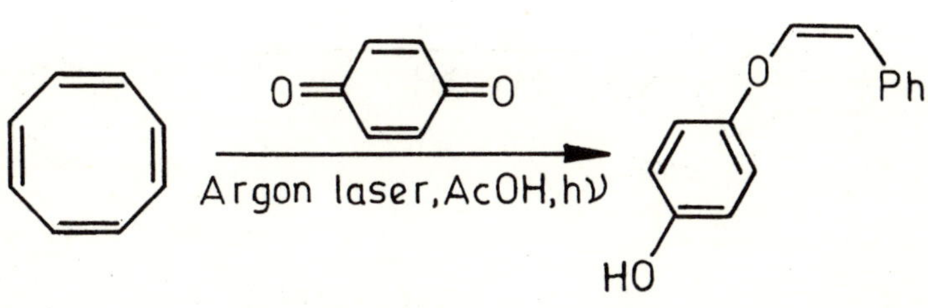

R. M. Wilson, E. J. Gardner, R. C. Elder, R. H. Squire and L. R. Florian,
J. Am. Chem. Soc., 96, 2955 (1974).

232.

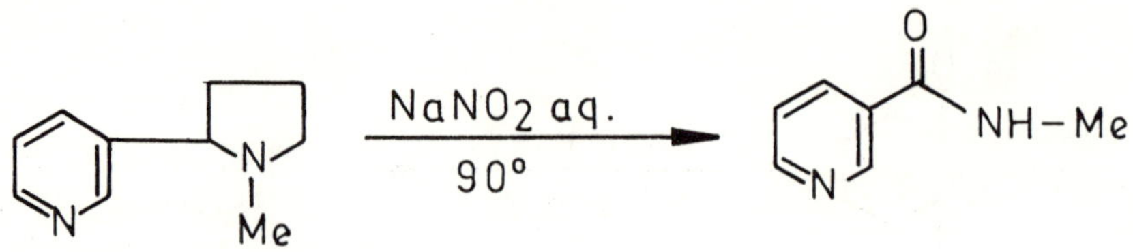

S. S. Hecht, C. B. Cheu, R. M. Ornaf, E. Jacobs, J. D. Adams and D. Hoffmann, J. Org. Chem., 43, 72 (1978).

233.

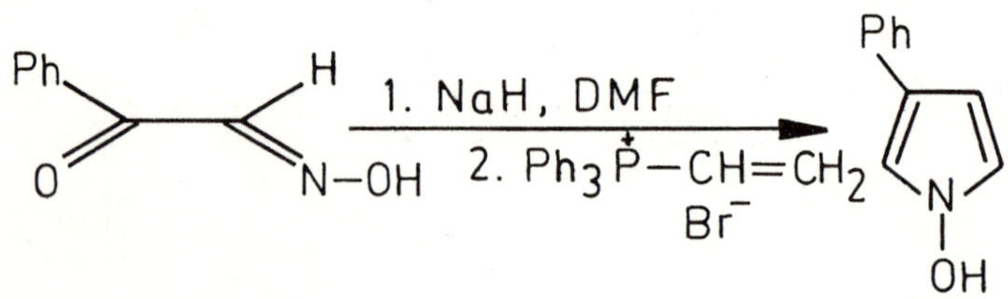

E. E. Schweizer and C. M. Kopay, J. Org. Chem., 37, 1561 (1972).

234.

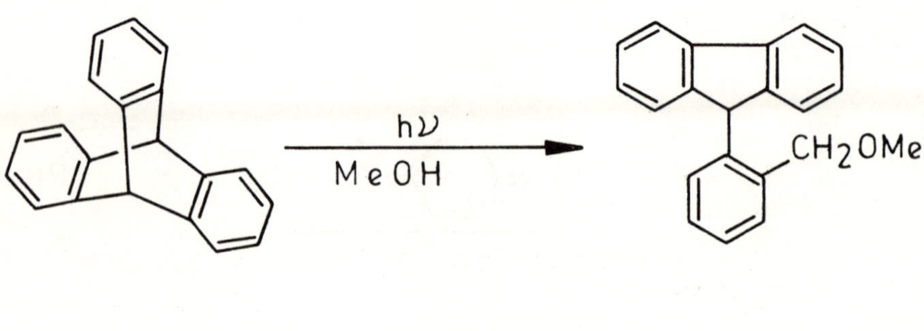

H. Iwamura and K. Yoshimura, J. Am. Chem. Soc., 96, 2652 (1974).

235.

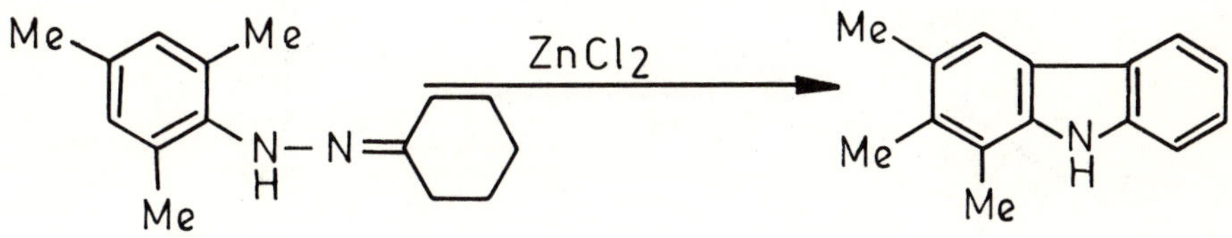

B. Miller and E. R. Matjeka,
Tetrahedron Letters, 131 (1977).

236.

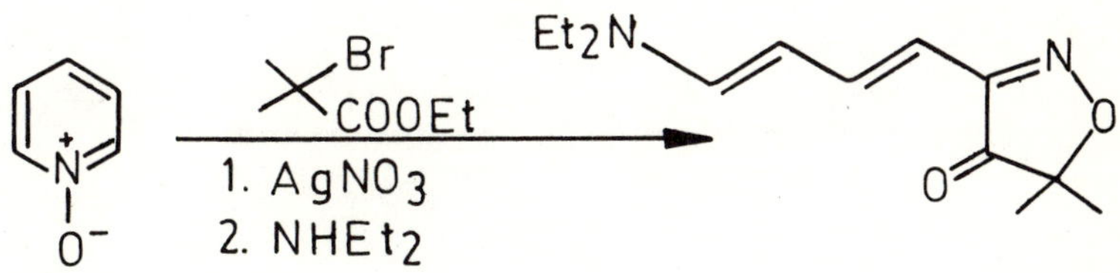

H. Sliwa and A. Tartar,
Tetrahedron Letters, 311 (1977).

237.

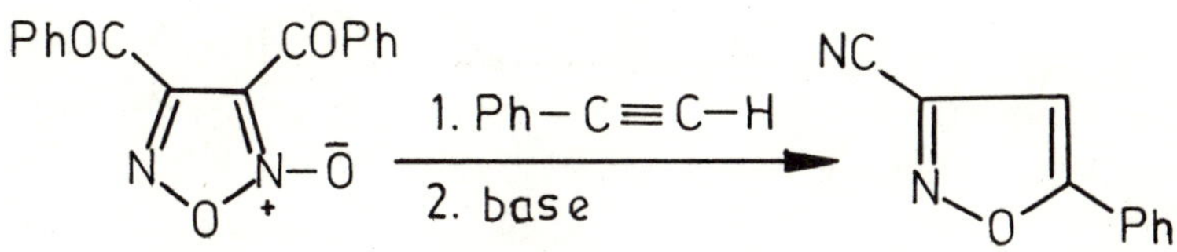

M. Altaf-ur-Rahman, A. J. Boulton and
D. Middleton,
Tetrahedron Letters, 3469 (1972).

238.

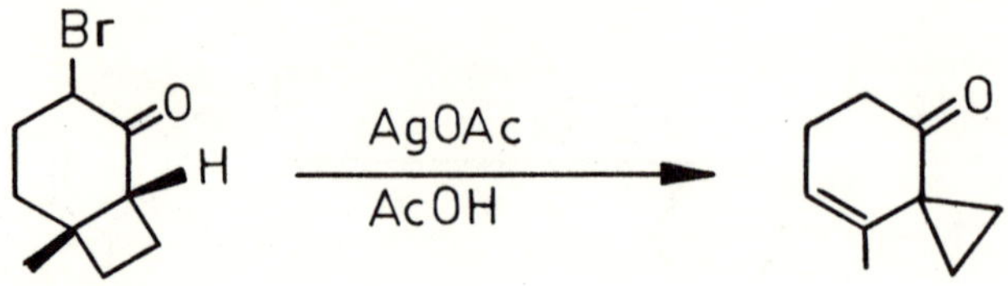

Y. Ohfune, S. Misumi, A. Furusaki,
H. Shirahama and T. Matsumoto,
Tetrahedron Letters, 279 (1977).

239.

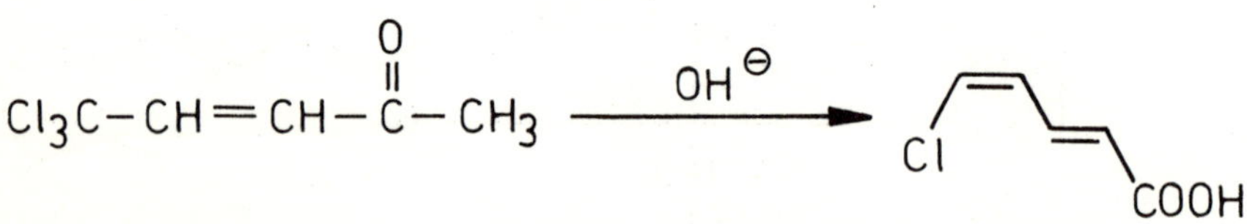

S. Acevado, K. Bowden and M. P. Henry,
Tetrahedron Letters, 4837 (1976).

240.

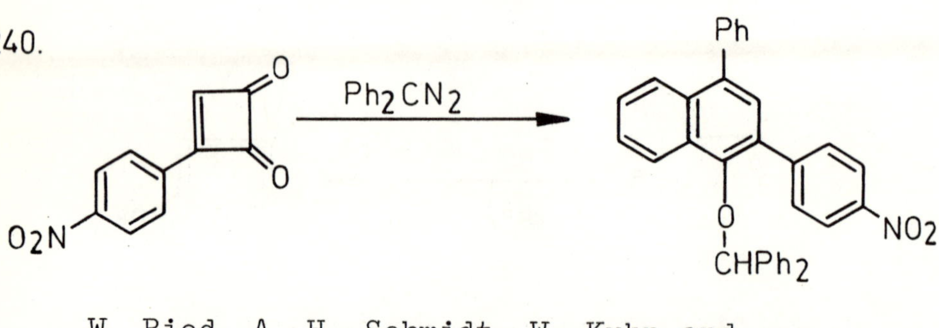

W. Ried, A. H. Schmidt, W. Kuhn and
A. Bierendempfel,
Tetrahedron Letters, 3885 (1972).

241.

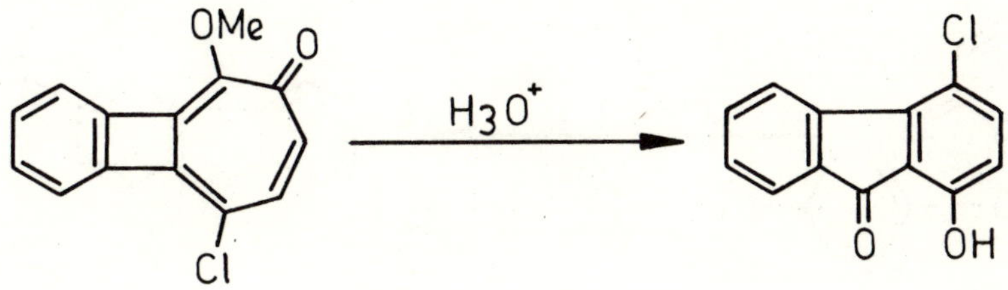

M. Sato, S. Ebine and J. Tsunetsugu, Tetrahedron Letters, 855 (1977).

242.

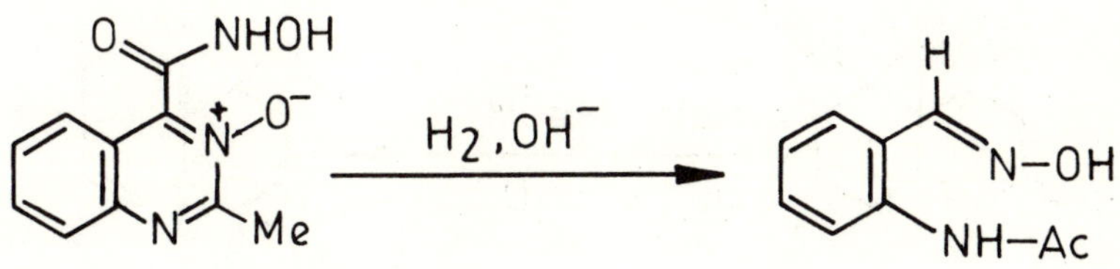

J. Bergman, R. Carlsson and J-O Lindstrom, Tetrahedron Letters, 3611 (1976).

243.

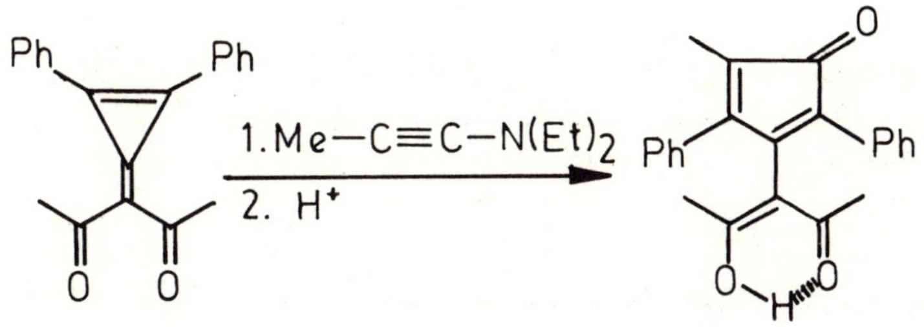

T. Eicher and T. Pfister, Tetrahedron Letters, 3969 (1972).

244.

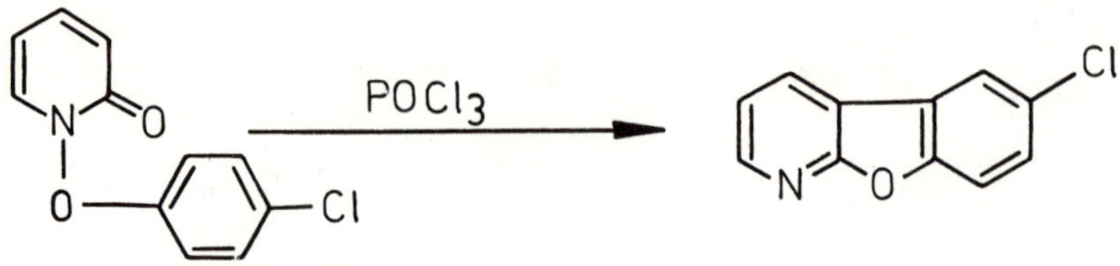

R. A. Abramovitch and M. N. Inbasekaran, Tetrahedron Letters, 1109 (1977).

245.

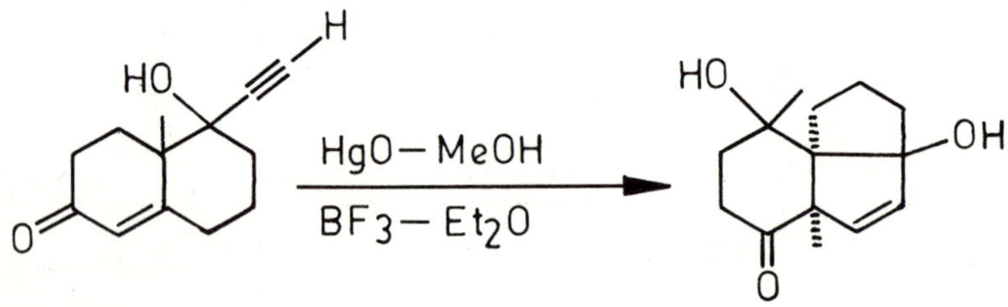

R. Balasubramanian, K. Rajagopalan, K. G. Srinivasan and S. Swaminathan, Tetrahedron Letters, 2607 (1977).

246.

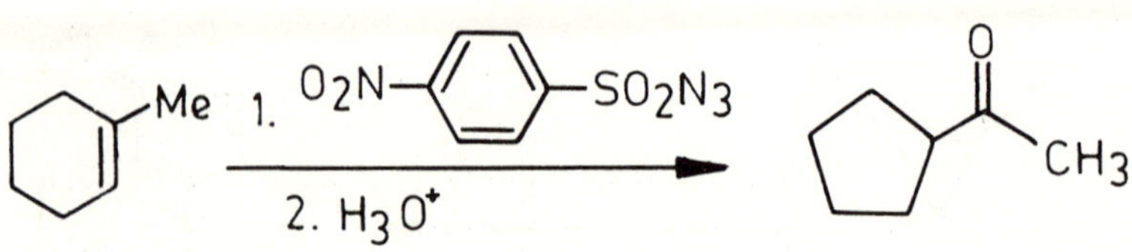

R. A. Abramovitch, G. N. Knaus, M. Pavlin and W. D. Holcomb, J.C.S. Perkin I, 2169 (1974).

247.

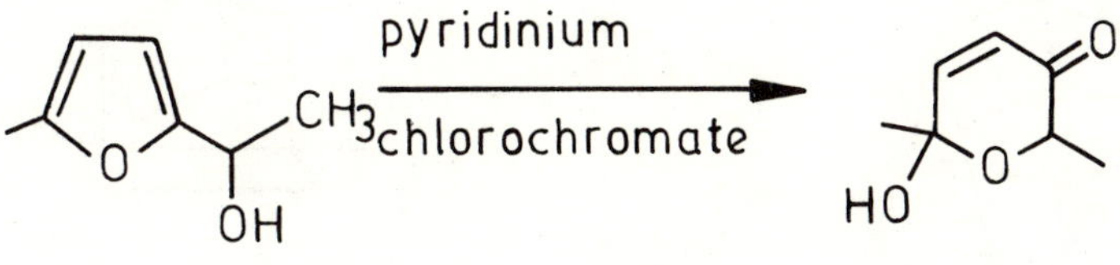

G. Piancatelli, A. Scettri and M. D'Auria, Tetrahedron Letters, 2199 (1977).

248.

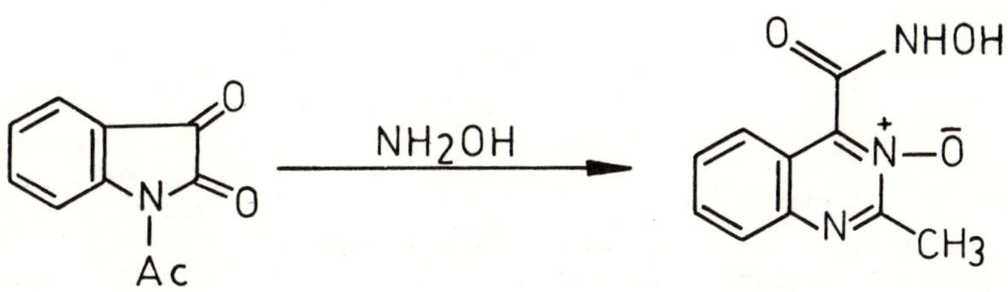

J. Bergman, R. Carlsson and J-O Lindstrom, Tetrahedron Letters, 3615 (1976).

249.

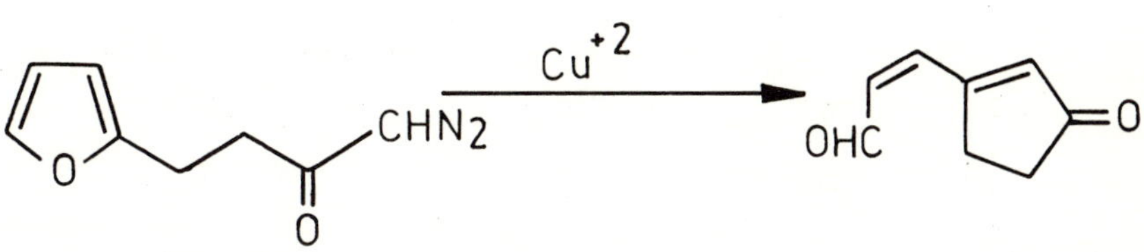

M. N. Nwaji and O. S. Onyiriuka, Tetrahedron Letters, 2255 (1974).

250

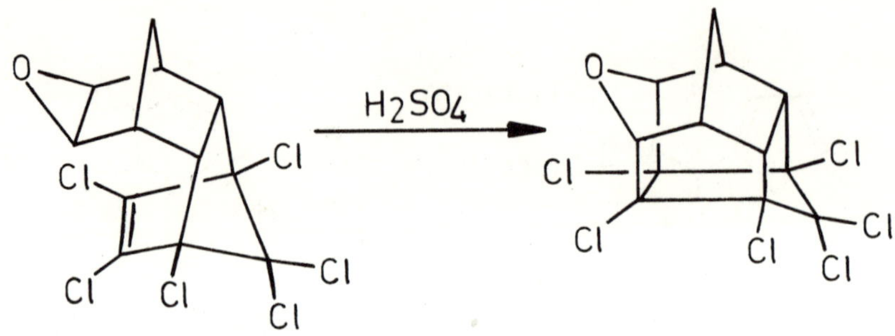

J. W. Apsimon, K. Yamasaki, A. Fruchier and A. S. Y. Chau,
Tetrahedron Letters, 3677 (1977).

251.

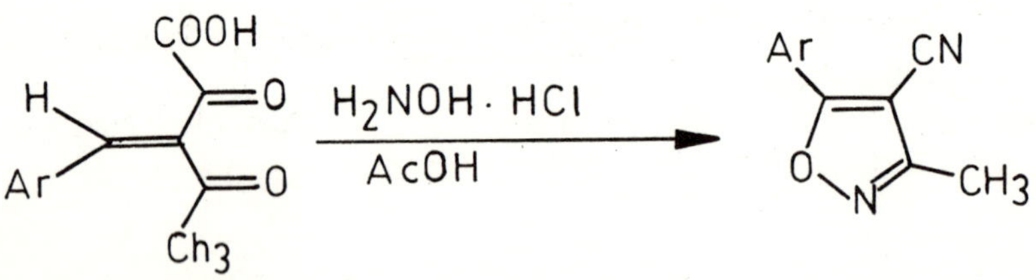

C. W. Rees, R. C. Storr and P. J. Whittle,
Tetrahedron Letters, 3931 (1976).

252.

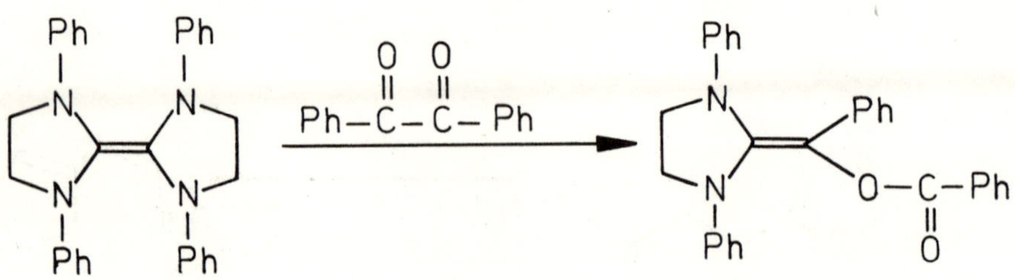

B. Lachmann, H. Steinmans and H-W. Wanzlick,
Tetrahedron 27, 4085 (1971).

253.

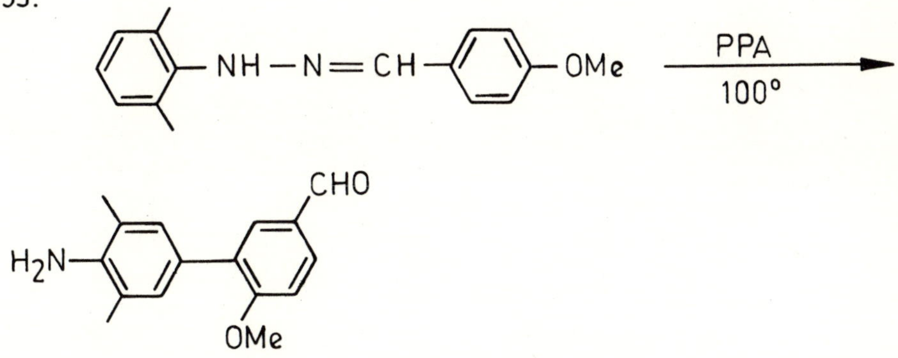

R. Fusco and F. Sannicolo,
Tetrahedron Letters, 3163 (1977).

254.

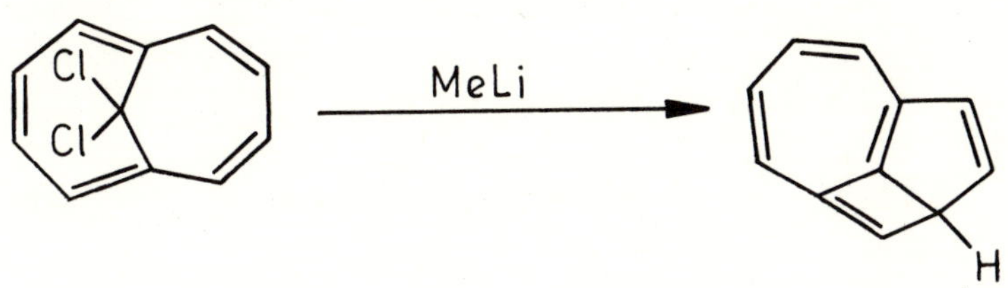

J. B. Carlton and R. H. Levin,
Tetrahedron Letters, 3761 (1976).

255.

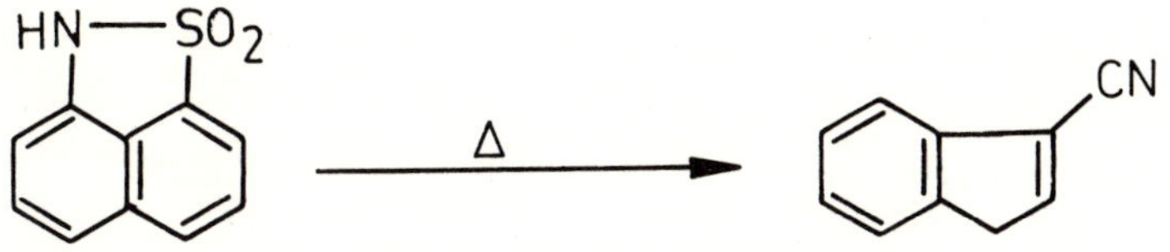

D. C. De Jongh and G. N. Evenson,
J. Org. Chem., 37, 2152 (1972).

256.

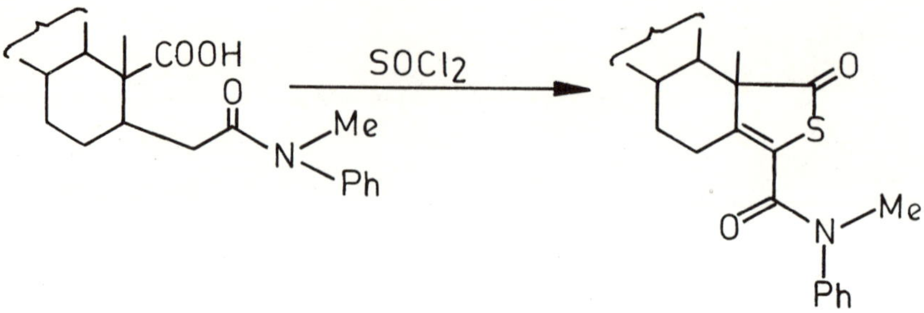

K. Oka and S. Hara,
Tetrahedron Letters, 3059 (1977).

257.

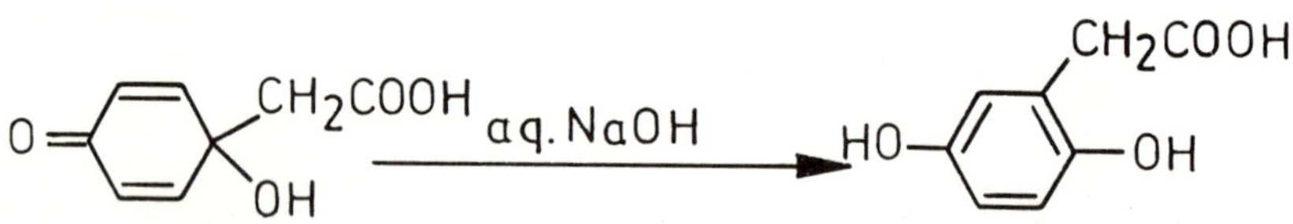

I. Saito, M. Yamane, H. Shimazu, T. Matsuura and H. J. Cahnmann,
Tetrahedron Letters, 641 (1975).

258.

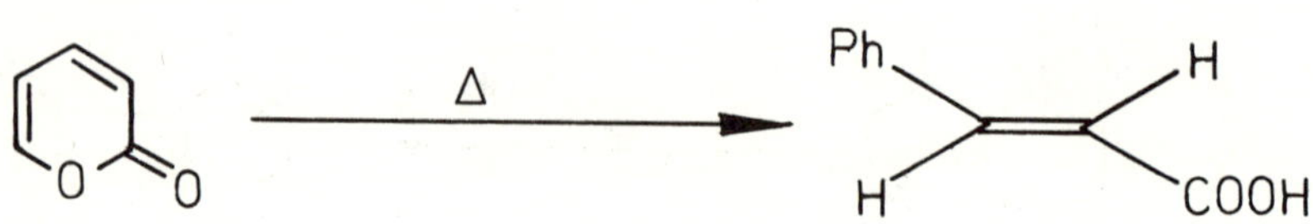

D. L. White and D. Seyferth,
J. Org. Chem., <u>37</u>, 3545 (1972).

259.

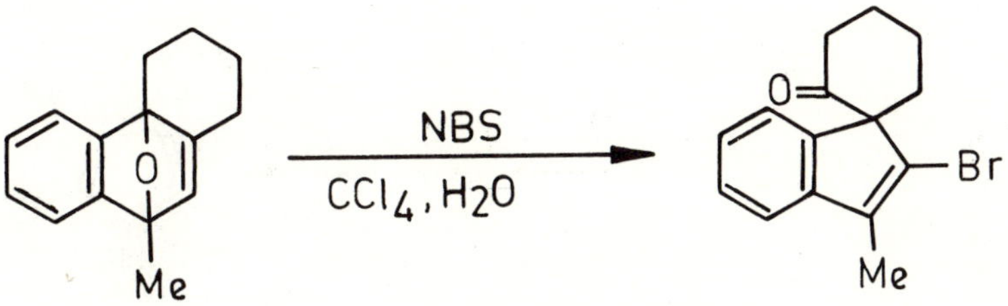

W. Tochtermann, H. Timm and J. Diekmann, Tetrahedron Letters, 4311 (1977).

260.

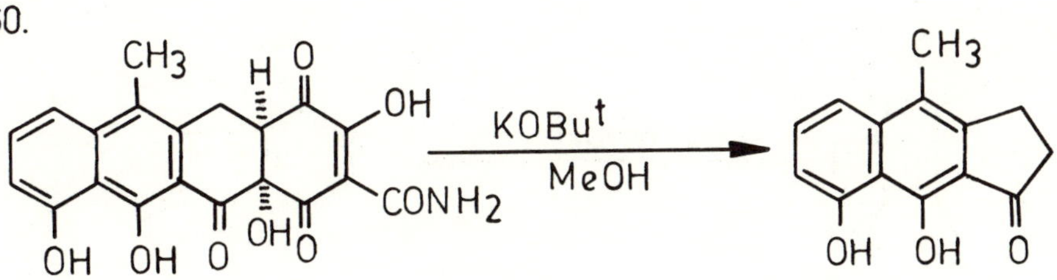

A. I. Scott, E. Yamaguchi and S. K. Chung, Tetrahedron Letters, 1369 (1975).

261.

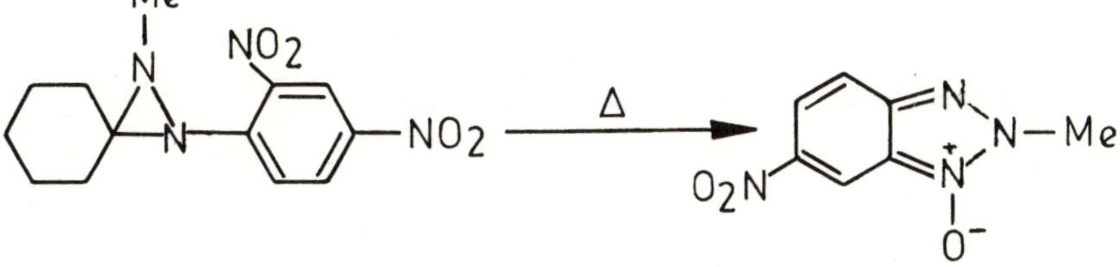

H. W. Heine, P. G. Williard and T. R. Hoye, J. Org. Chem., 37, 2980 (1972).

262.

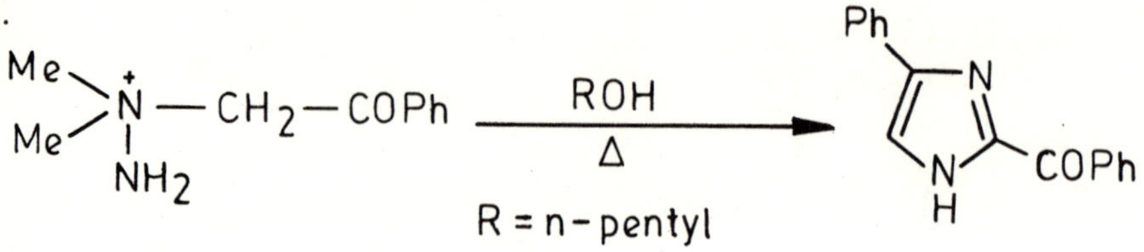

M. Koga and J-P. Anselme,
Chem. Comm., 53 (1973).

263.

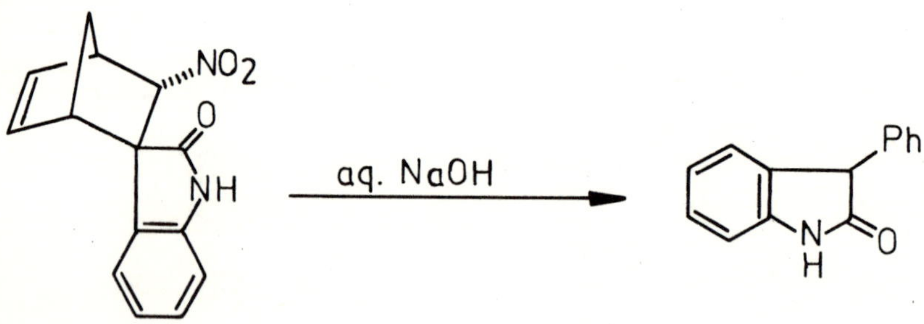

D. R. Long and C. G. Richards,
Tetrahedron Letters, 1603 (1975).

264.

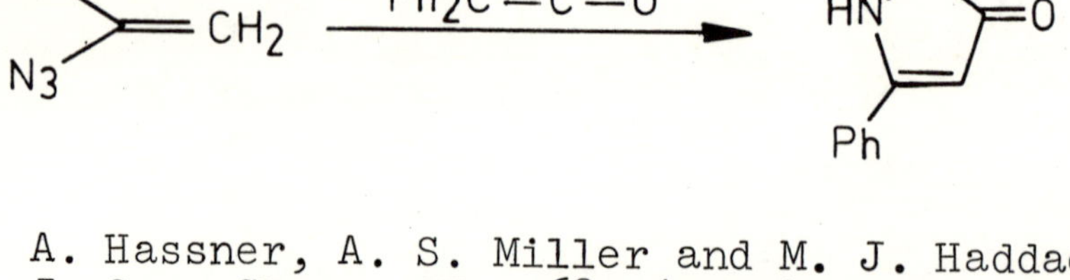

A. Hassner, A. S. Miller and M. J. Haddadin,
J. Org. Chem., 37, 2682 (1972).

265.

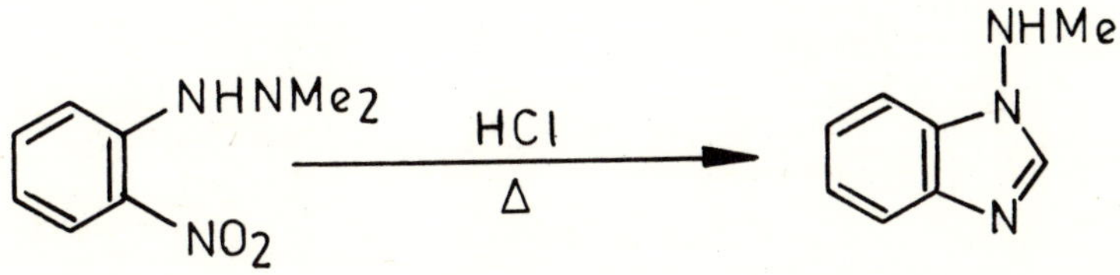

D. W. S. Latham, O. M. Cohn and H. Suschitzky, Chem. Comm., 41 (1973).

266.

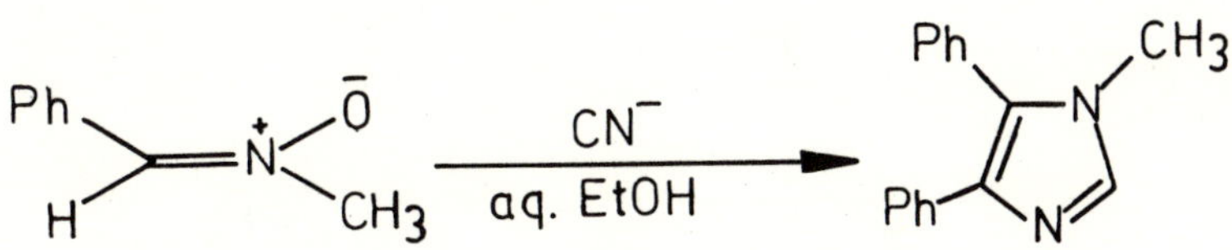

N. G. Clark and E. Cawkill, Tetrahedron Letters, 2717 (1975).

267.

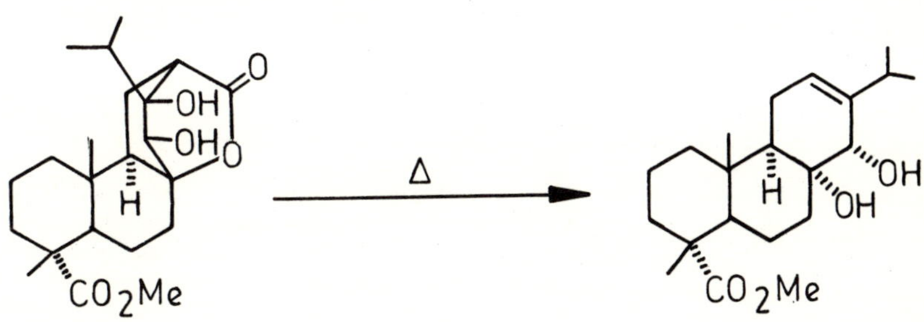

W. Herz and V. Baburao, J. Org. Chem., 36, 3899 (1971).

268.

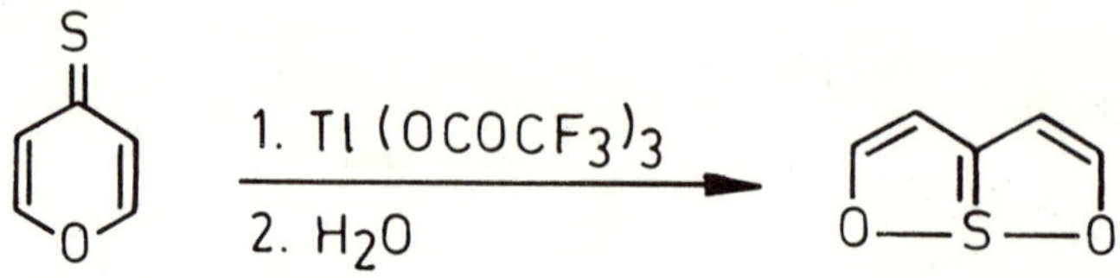

D. H. Reid and R. G. Webster,
Chem. Comm., 1283 (1972).

269.

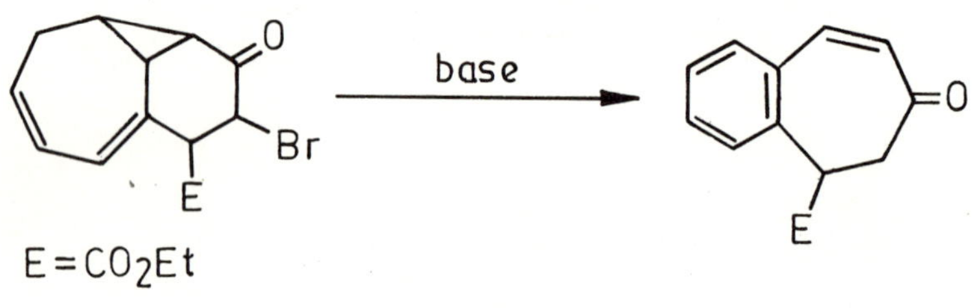

E. Vedejs and W. R. Wilber,
Tetrahedron Letters, 2679 (1975).

270.

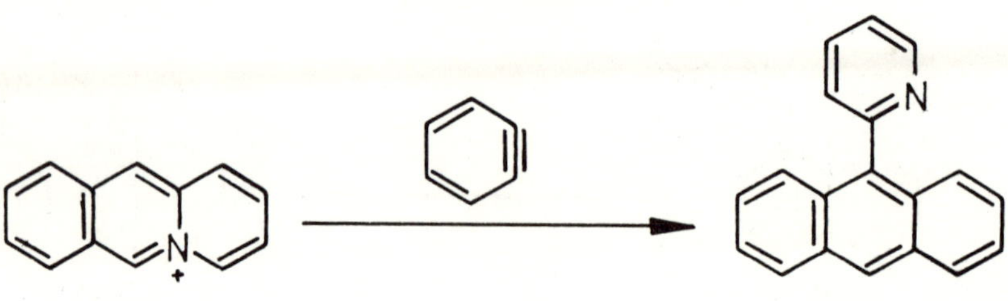

D. L. Fields,
J. Org. Chem., 36, 3002 (1971).

271.

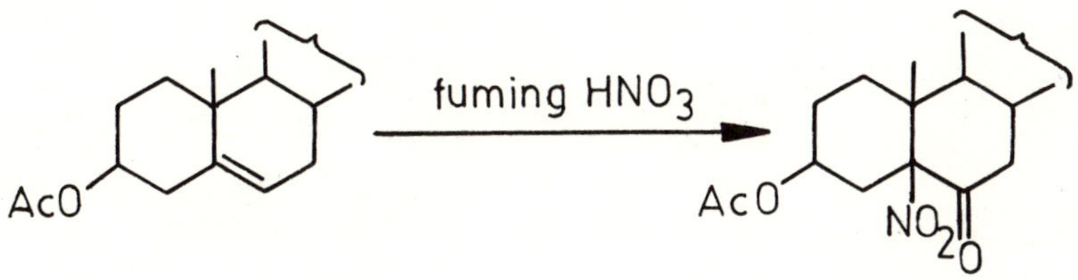

C. R. Eck and B. Green,
Chem. Comm., 537 (1972).

272.

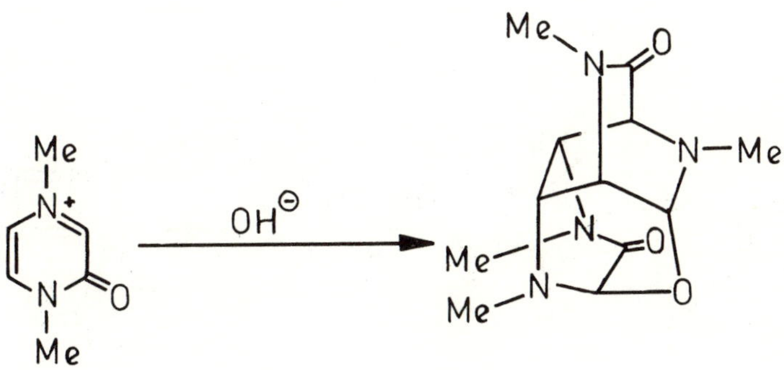

G. W. Reader and J. Rokach,
Tetrahedron Letters, 17 (1976).

273.

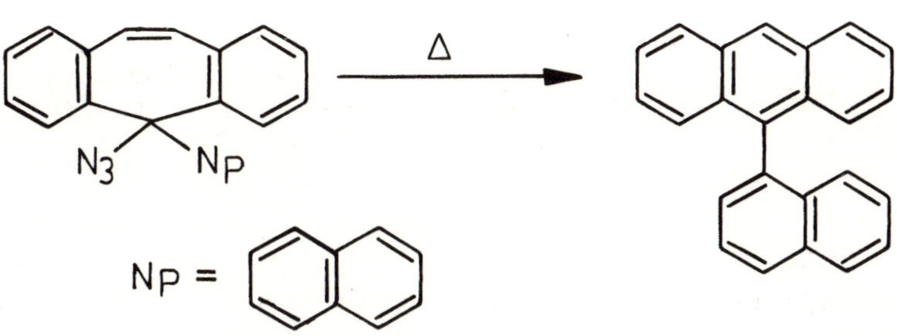

J. J. Looker,
J. Org. Chem., 36, 1045 (1971).

274.

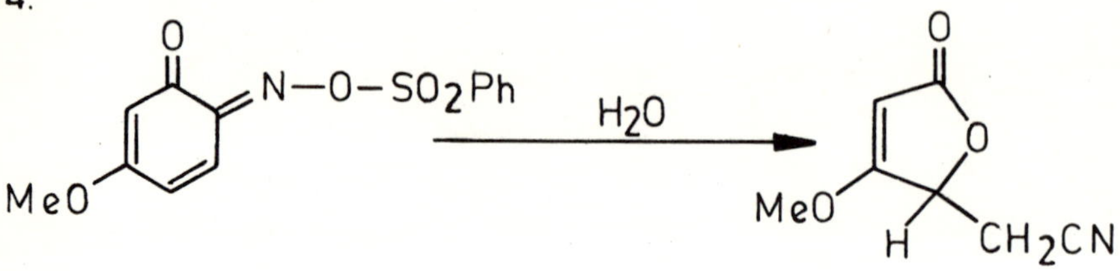

H. Gaskin, D. L. Swallow, P. J. Taylor and M. J. Rix,
Chem. Comm., 547 (1972).

275.

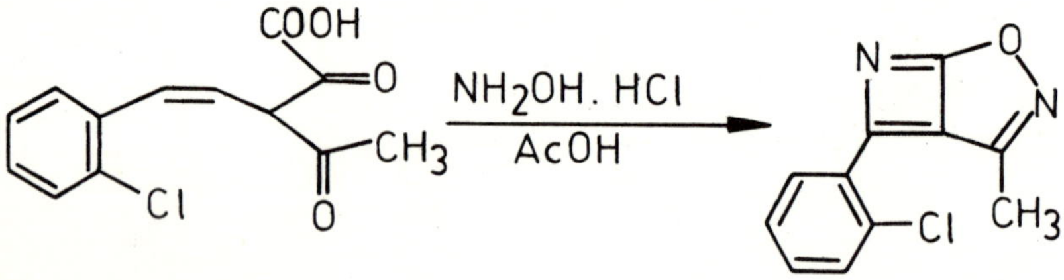

T. Kurihara and M. Mori,
Tetrahedron Letters, 1825 (1976).

276.

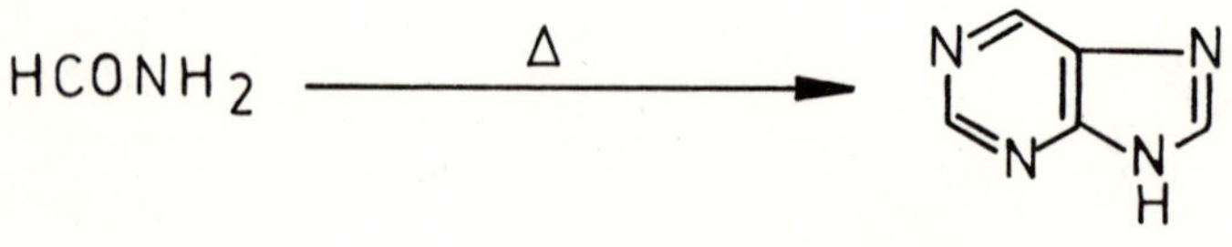

H. Yamada, M. Hirobe, K. Higashiyama, H. Takahashi and K. T. Suzuki,
Tetrahedron Letters, 4039 (1978).

277.

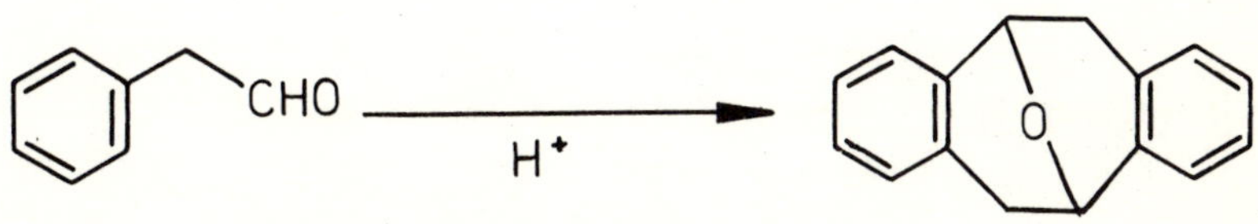

J. Kagan, S-Y. Chen, D. A. Agdeppa, Jr., W. H. Watson and V. Zabel, Tetrahedron Letters, 4469 (1977).

278.

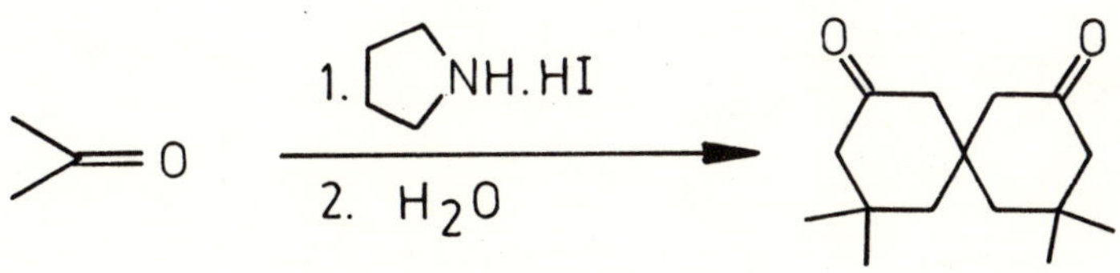

M. Miocque, M. D. d'Engenieres and O. Lafont, Tetrahedron Letters, 2133 (1976).

279.

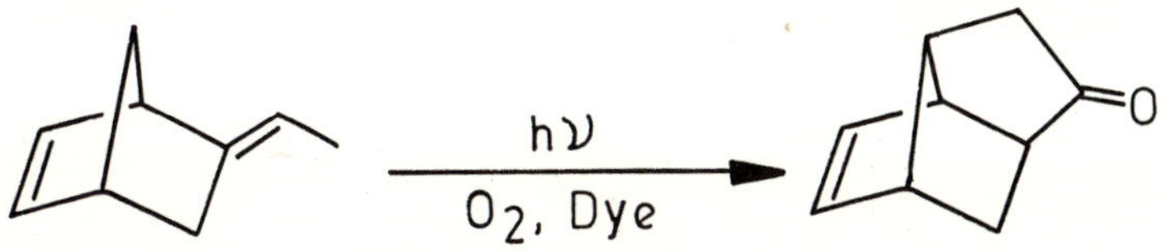

W. R. Adams and D. J. Trecker, Tetrahedron, 28, 2361 (1972).

280.

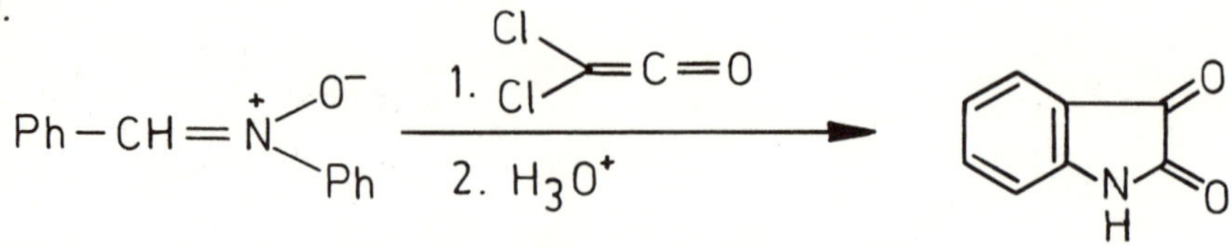

A. D. Baker, D. Wong, S. Lo, M. Bloch, G. Horozoglu, N. L. Goldman, R. Engel and D. C. Liotta, Tetrahedron Letters, 215 (1978).

281.

L. A. Paquette and R. T. Taylor, Tetrahedron Letters, 2745 (1976).

282.

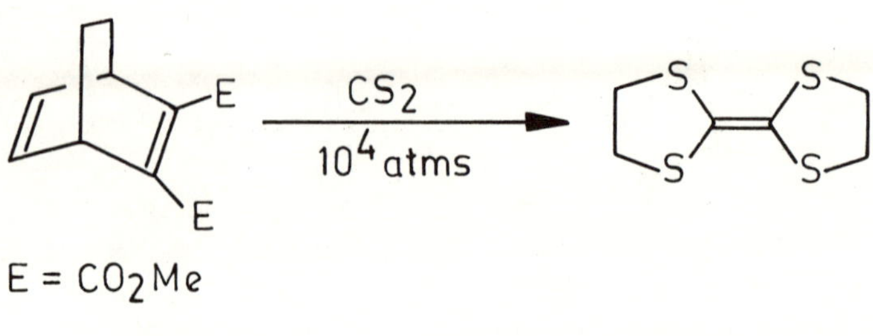

H. Plieninger, C. C. Heuck and R. Buhler, Tetrahedron, 28, 73 (1972).

283.

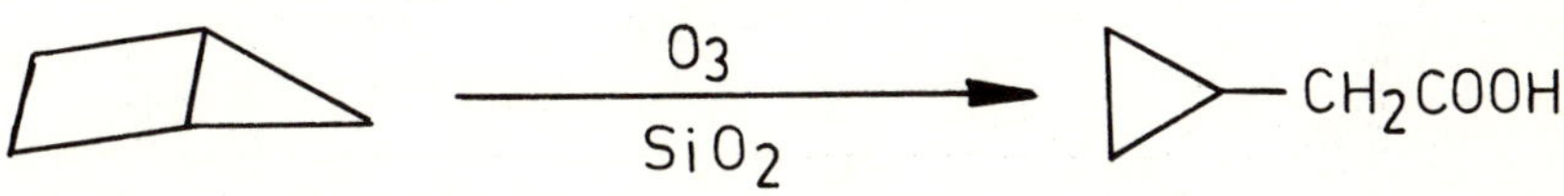

T. Preuss, E. Proksch and A. de-Meijere,
Tetrahedron Letters, 833 (1978).

284.

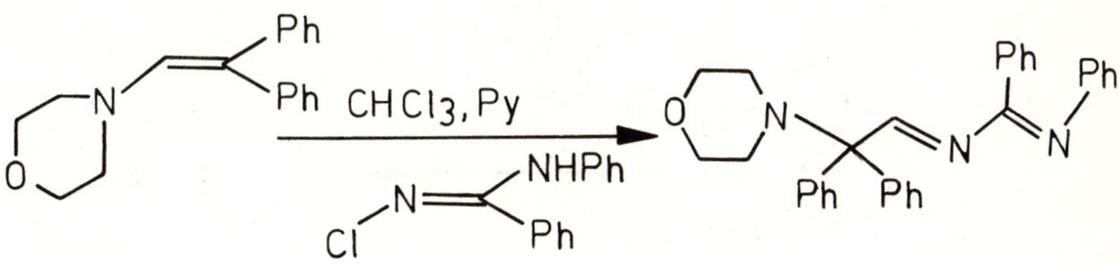

D. Pocar, R. Stradi and B. Gioia,
Tetrahedron Letters, 1839 (1976).

285.

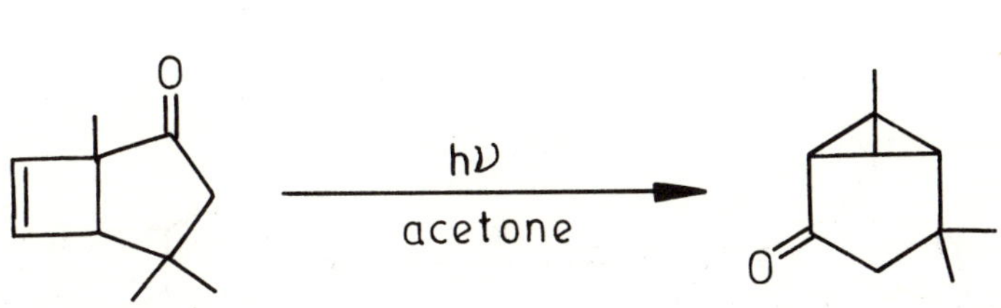

J. Ipaktschi,
Ber., 105, 1996 (1972).

286.

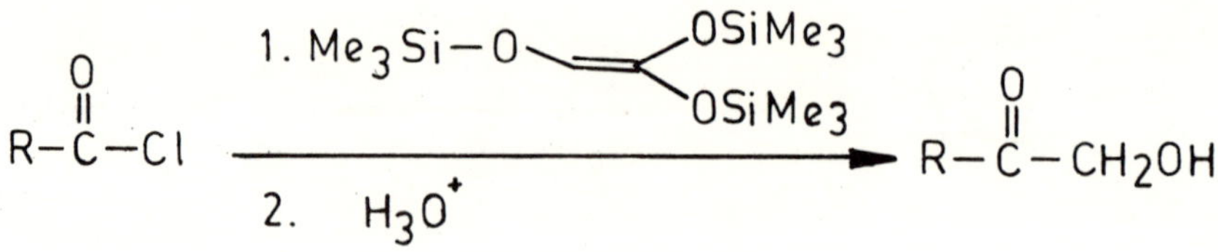

A. Wissner,
Tetrahedron Letters, 2749 (1978).

287.

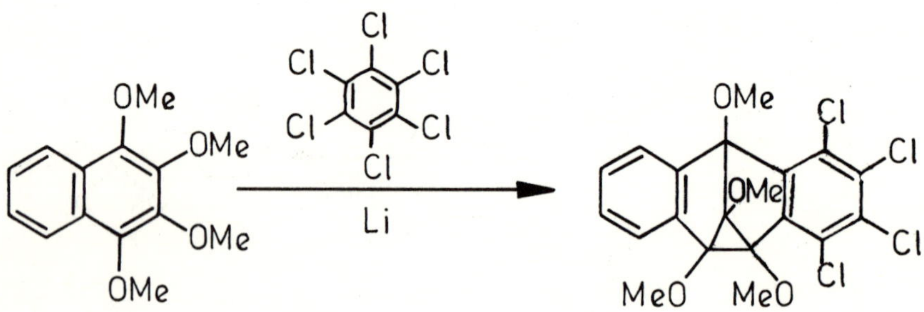

F. Serratosa and P. Sola,
Tetrahedron Letters, 821 (1973).

288.

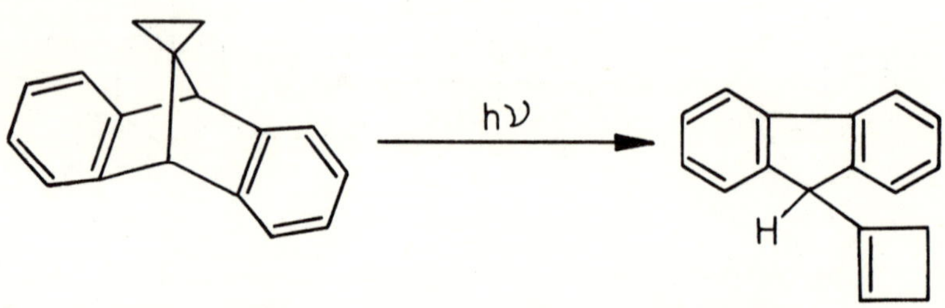

J. Ipaktschi,
Ber., 105, 1989 (1972).

289.

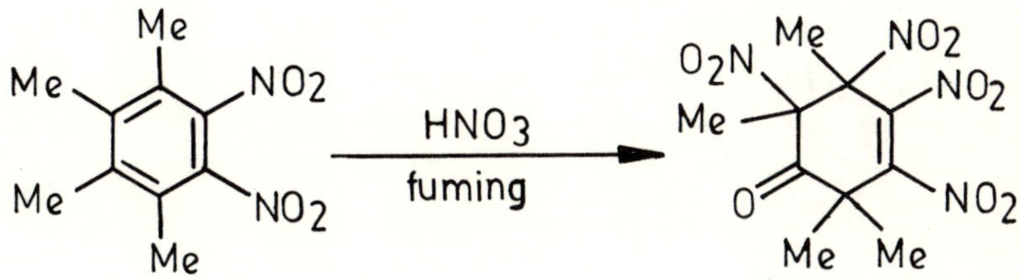

H. Suzuki and K. Nakamura,
Chem. Comm., 340 (1972).

290.

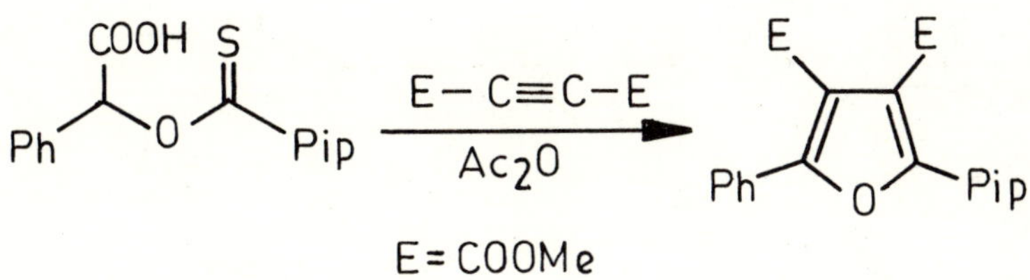

H. Gotthardt, M. C. Weisshuhn and K. Dorhofer,
Angew Chem. Int. Ed. Eng., 14, 422 (1975).

291.

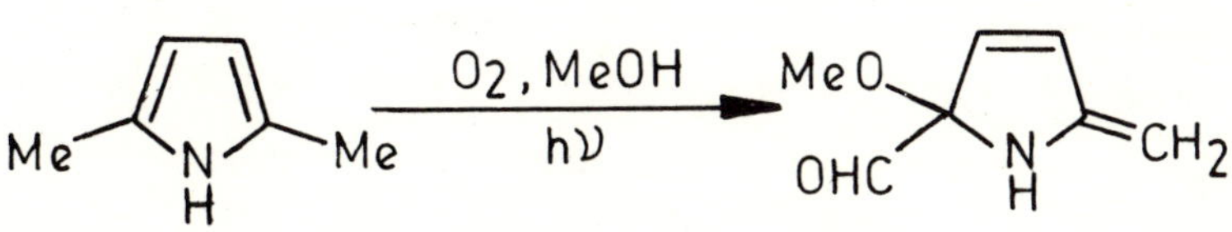

L. K. Low and D. A. Lightner,
Chem. Comm., 116 (1972).

292.

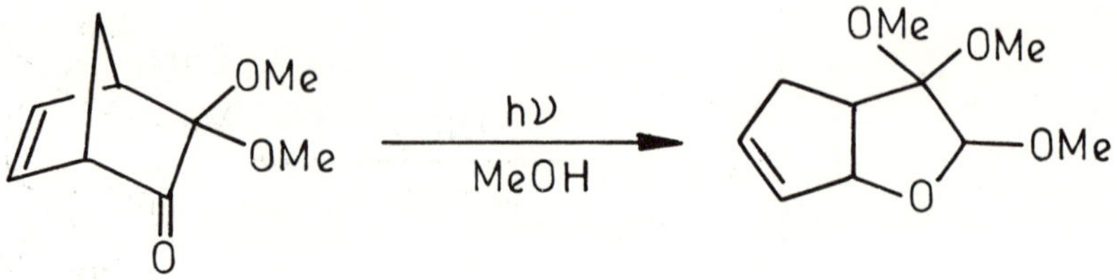

H-D. Scharf and W. Kusters,
Ber., 104, 3016 (1971).

293.

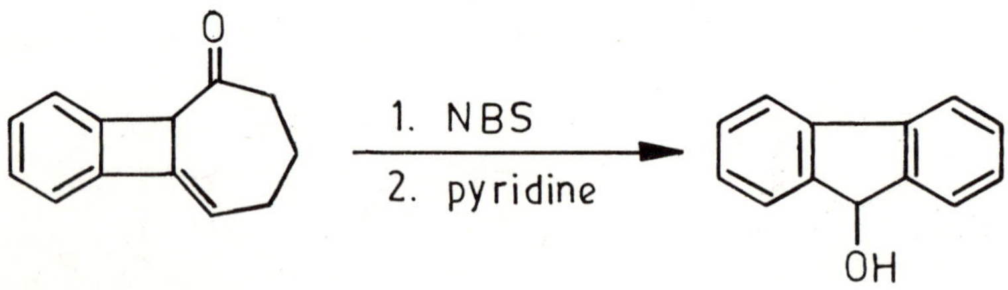

L. Lombardo and D. Wege,
Tetrahedron Letters, 115 (1975).

294.

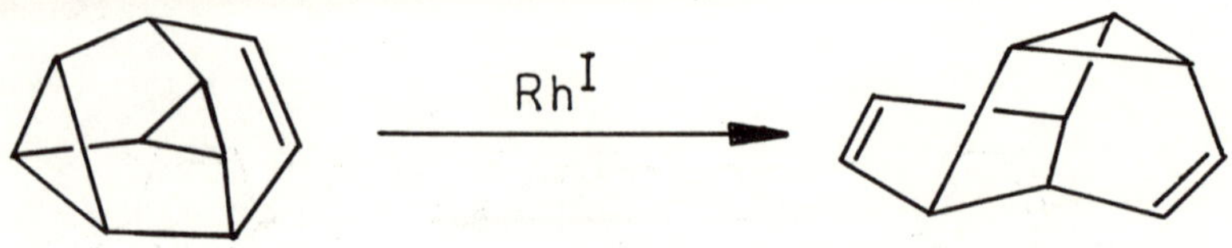

A. deMeijere and L-U. Meyer,
Tetrahedron Letters, 1849 (1974).

295.

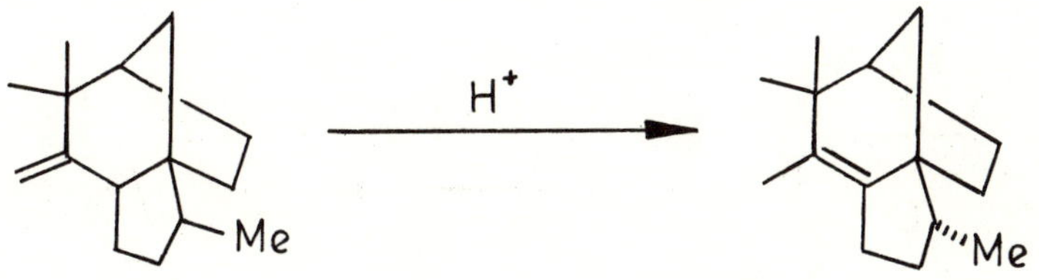

N. H. Andersen, S. E. Smith and Y. Ohta, Chem. Comm., 447 (1973).

296.

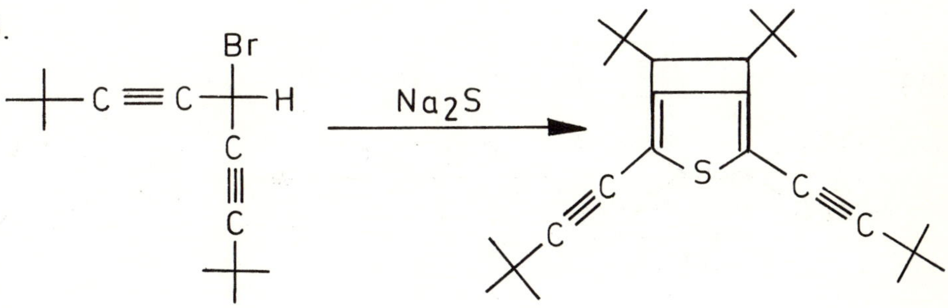

H. Hauptmann, Tetrahedron Letters, 3589 (1974).

297.

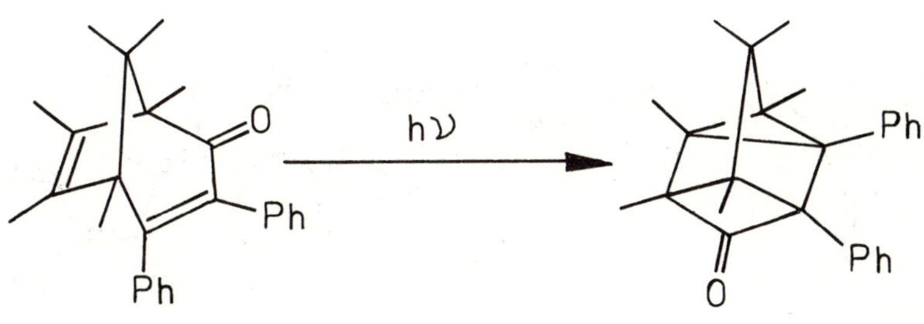

H. Hart and G. M. Love, J. Am. Chem. Soc., 93, 6266 (1971).

298.

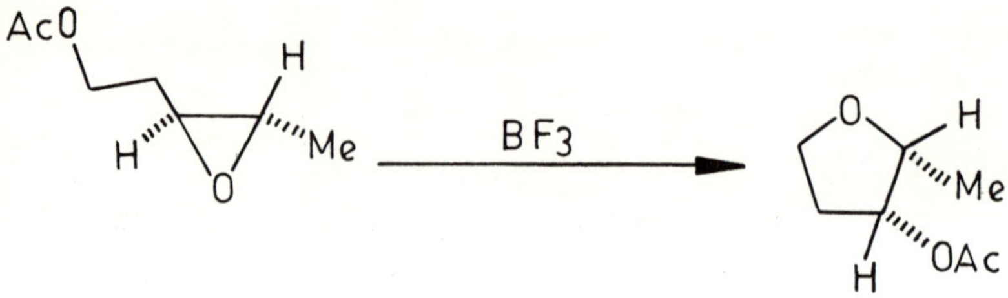

J. M. Coxon, M. P. Hartshorn and W. H. Swallow, Chem. Comm., 261 (1973).

299.

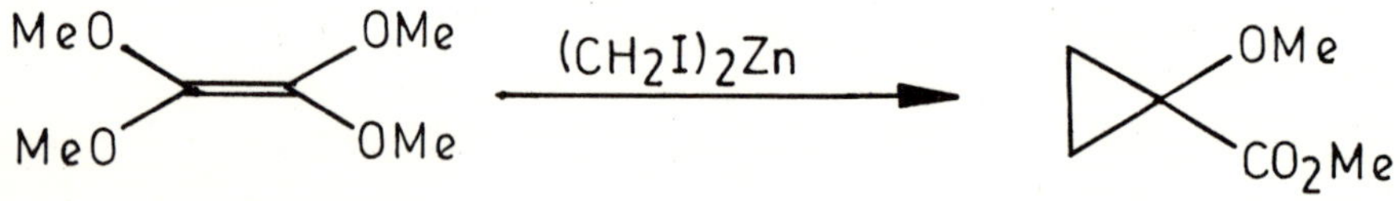

R. W. Hoffmann, U. Bressel and G. Muhl, Ber., 105, 2104 (1972).

300.

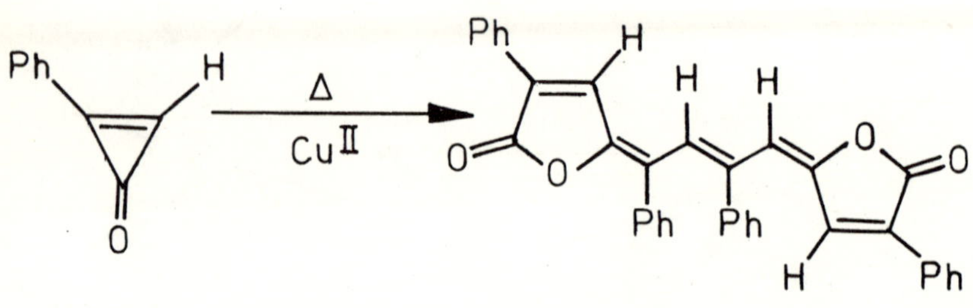

T. Eicher and N. Pelz, Tetrahedron Letters, 1631 (1974).

301.

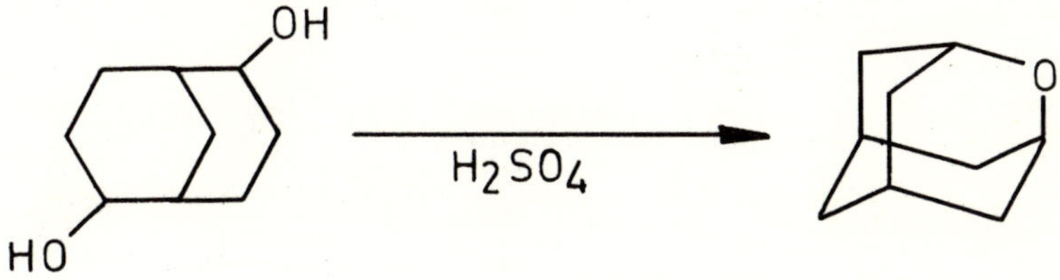

N. V. Averina and N. S. Zefirov, Chem. Comm., 197 (1973).

302.

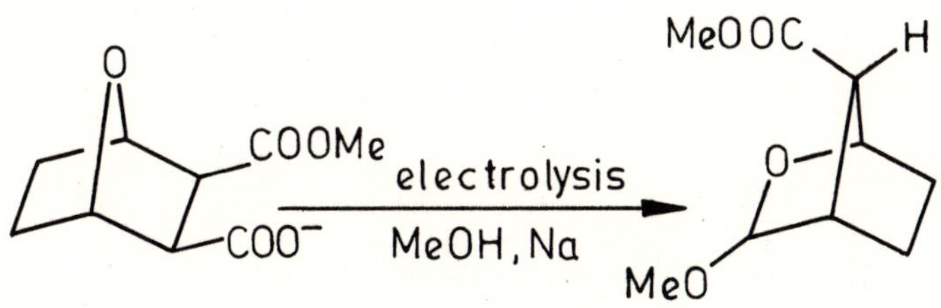

T. Akiyama, T. Fujii, H. Ishiwari, T. Imagawa and M. Kawanisi, Tetrahedron Letters, 2165 (1978).

303.

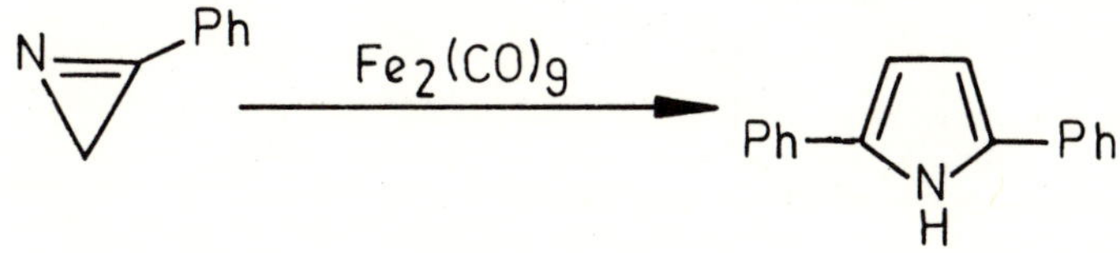

H. Alper and J. E. Prickett, Chem. Comm., 191 (1976).

304.

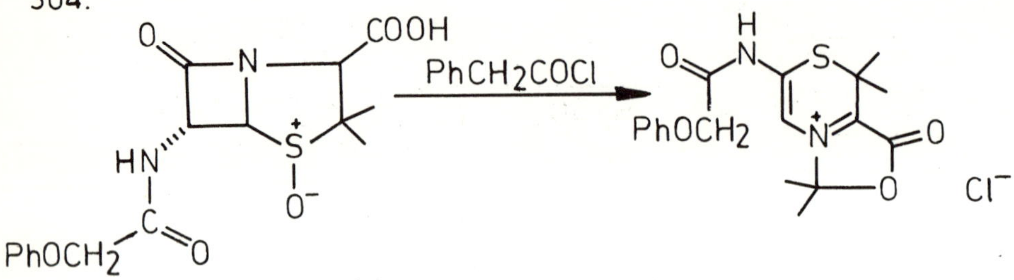

R. Thomas and D. J. Williams, Chem. Comm., 226 (1973).

305.

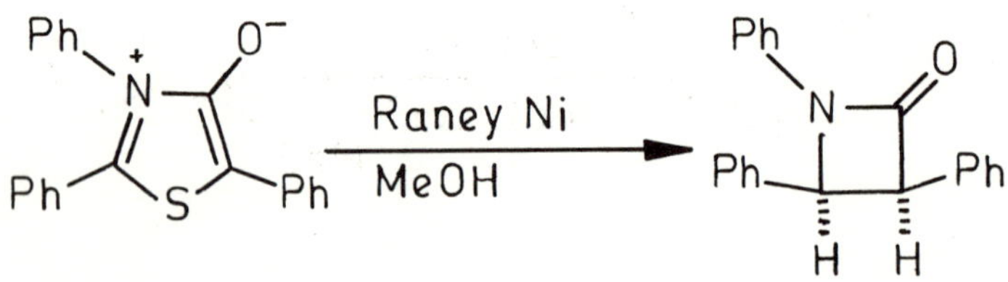

T. Sheradsky and D. Zbaida, Tetrahedron Letters, 2037 (1978).

306.

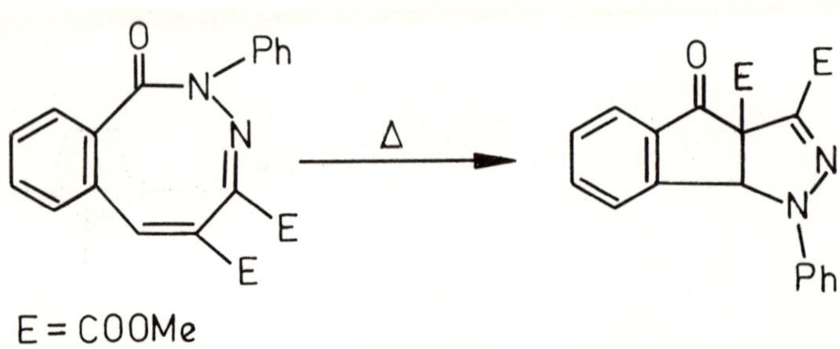

N. Dennis, A. R. Katritzky, E. Lunt, M. Ramaiah, R. L. Harlow and S. H. Simonsen, Tetrahedron Letters, 1569 (1976).

307.

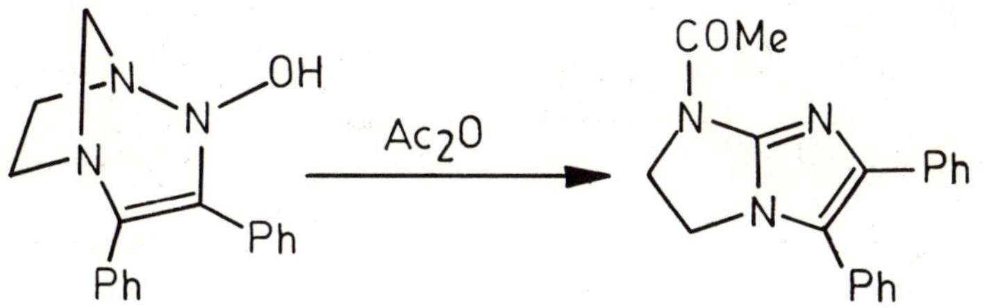

D. L. Trepanier, S. Wang and C. E. Moppett, Chem. Comm., 642 (1973).

308.

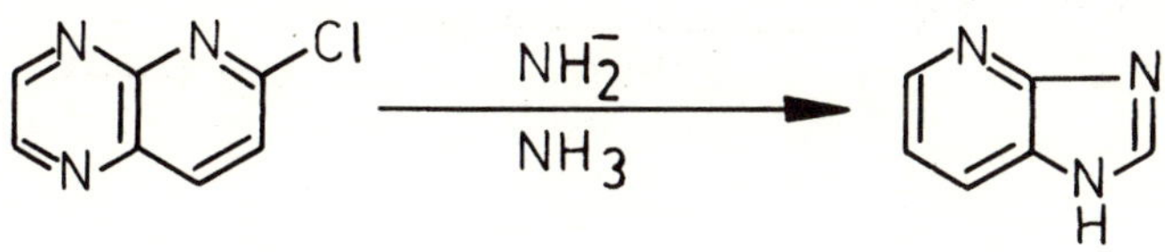

A. Nagel and H. C. van der Plas, Tetrahedron Letters, 2021 (1978).

309.

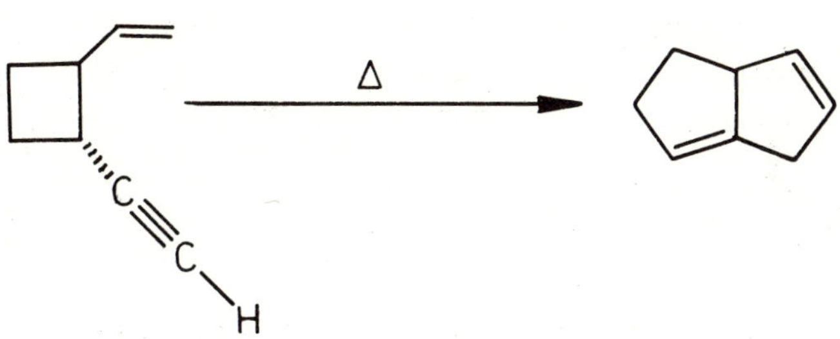

L. Eisenhuth and H. Hopf, Tetrahedron Letters, 1265 (1976).

310.

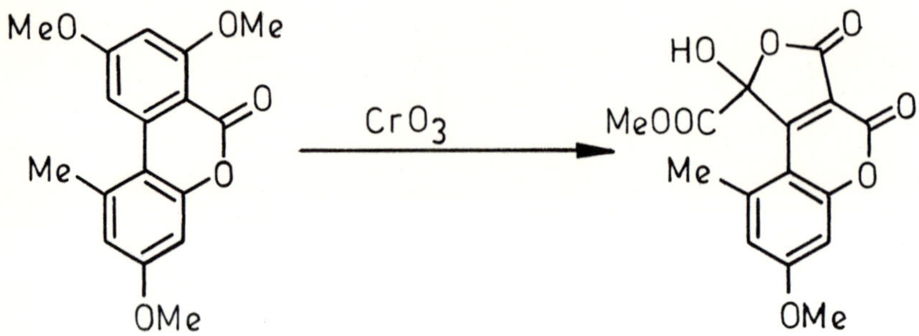

M. F. C. Ladd and D. C. Povey, Chem. Comm., 333 (1973).

311.

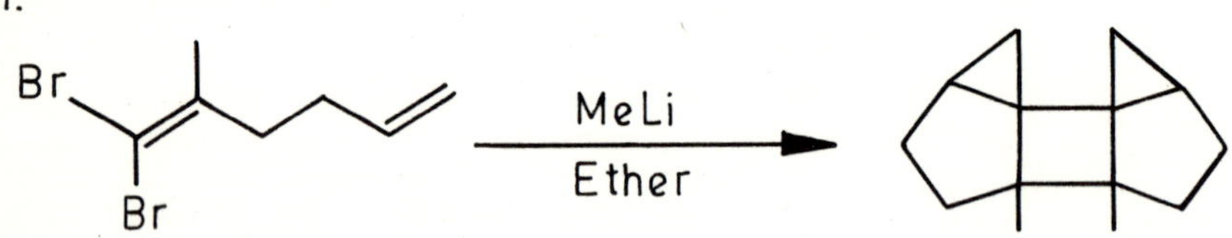

M. Rule and J. A. Berson, Tetrahedron Letters, 3191 (1978).

312.

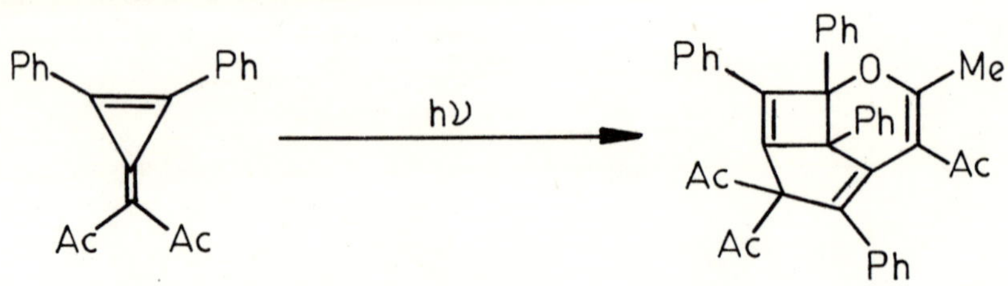

T. Eicher, R. Graf and G. Adiwidjaja, Tetrahedron Letters, 4243 (1975).

313.

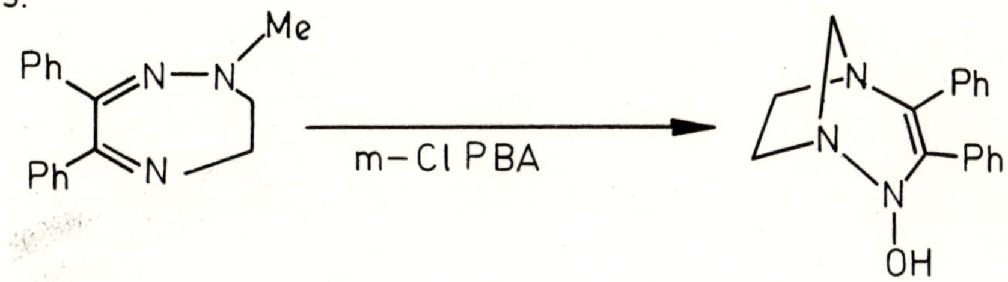

D. L. Trepanier and S. Wang, Chem. Comm., 642 (1973).

314.

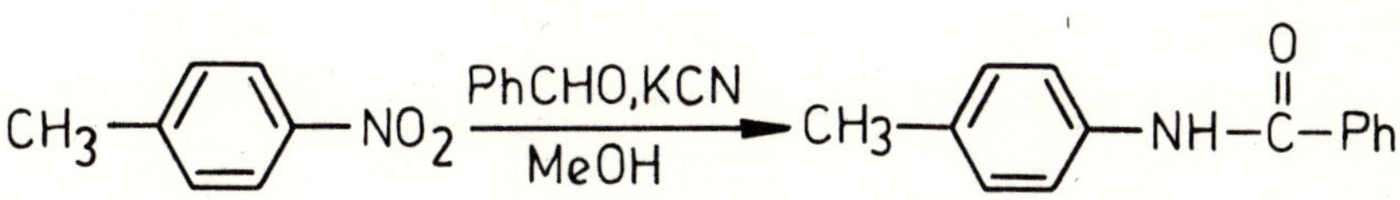

J. Castells, M. M-Manas and F. Pujol, Tetrahedron Letters, 385 (1978).

315.

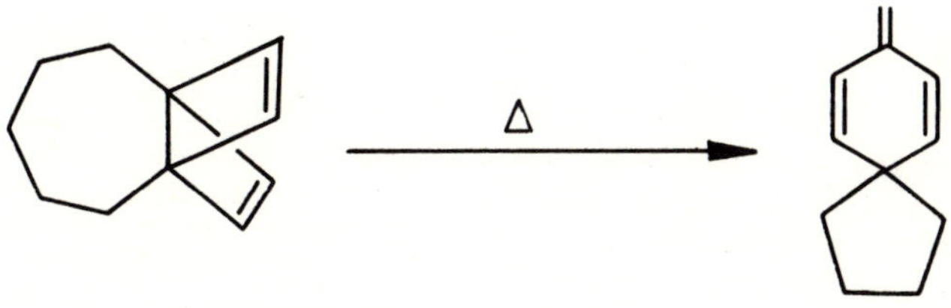

J. W. Van Straten, I. J. Landheer, W. H. de Wolf and F. Bickelhaupt, Tetrahedron Letters, 4499 (1975).

316.

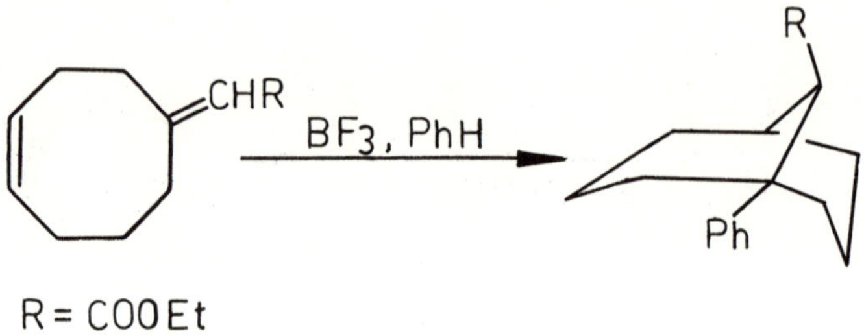

R. S. Atkinson and R. H. Green, Chem. Comm., 890 (1973).

317.

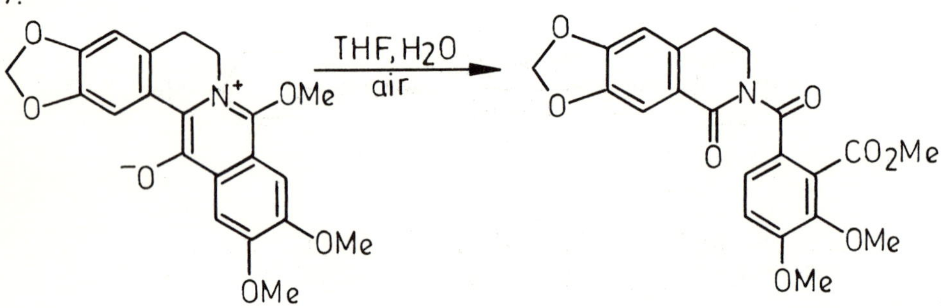

J. L. Moniot, A. Rahman, H. A. Rahman and M. Shamma, Tetrahedron Letters, 3787 (1977).

318.

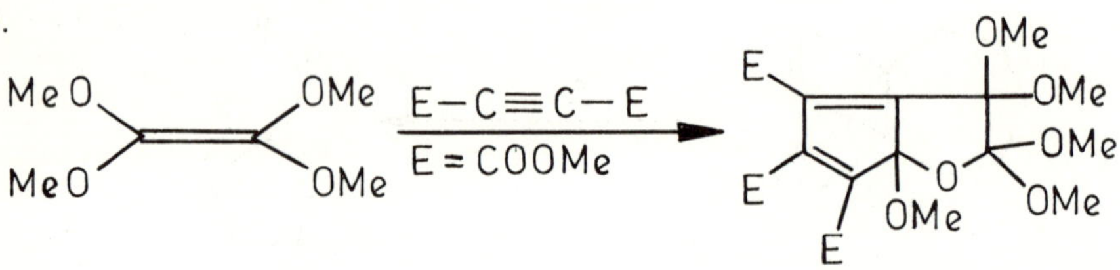

R. W. Hoffmann, J. Gehlhaus, G. Steinbach and H. J. Lindner, Ber., 106, 1759 (1973).

319.

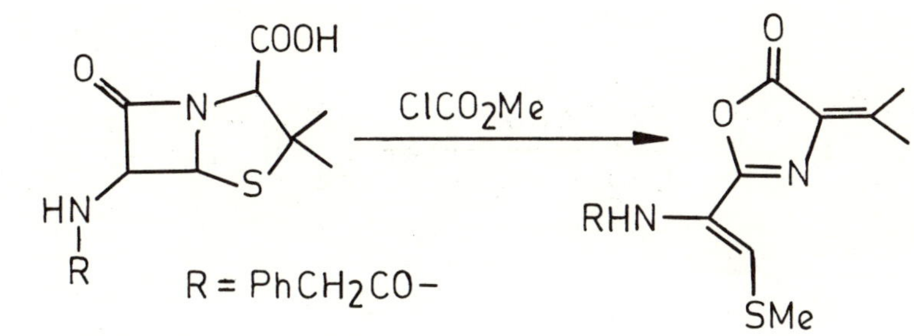

C. J. Veal and D. W. Young, Chem. Comm., 266 (1974).

320.

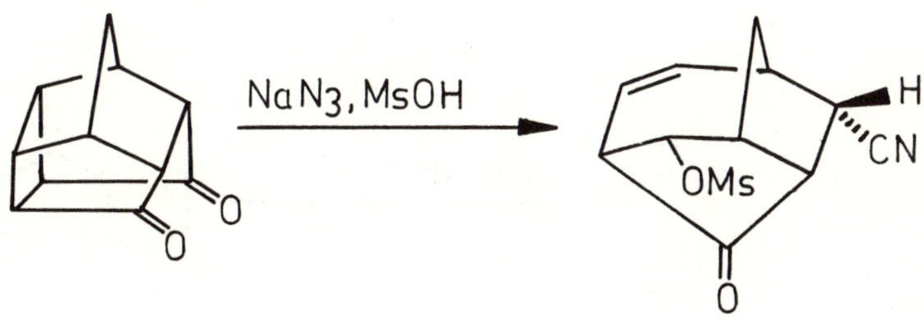

G. Mehta, P. Ghosh, B. Chaudhury, V. K. Singh, R. Usha, K. I. Varughese and K. Venkatesan, Tetrahedron Letters, 4109 (1977).

321.

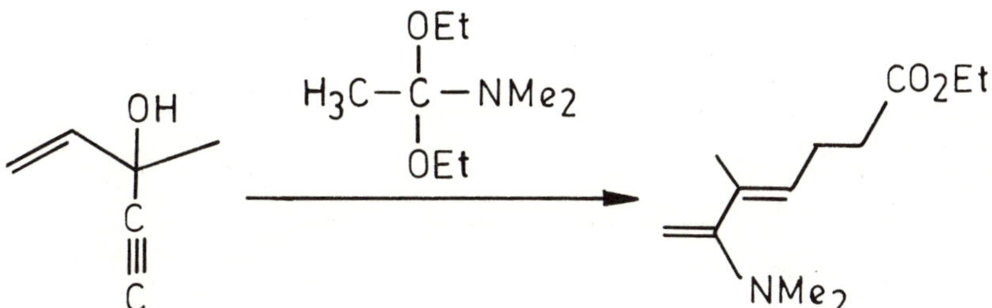

K. A. Parker and R. W. Kosley Jr., Tetrahedron Letters, 3039 (1975).

322.

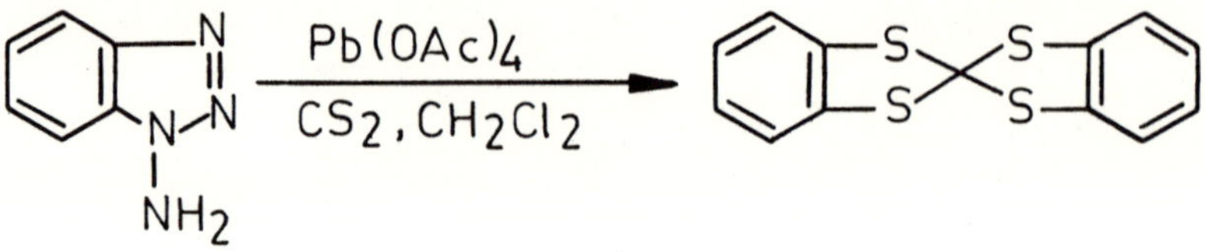

J. Nakayama,
Chem. Comm., 166 (1974).

323.

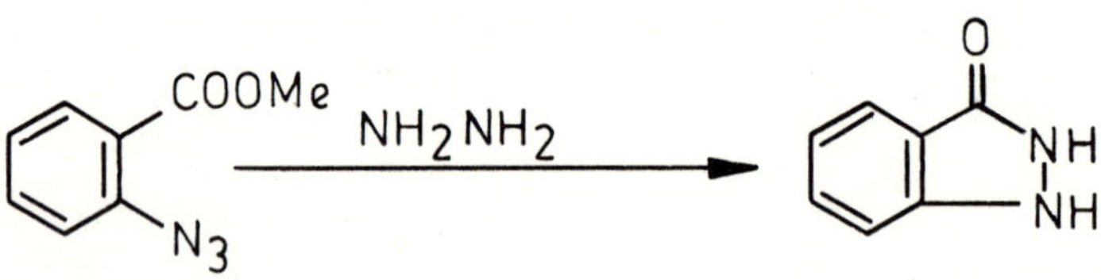

T. M. Paterson, R. K. Smalley and
H. Suschitzky,
Tetrahedron Letters, 3973 (1977).

324.

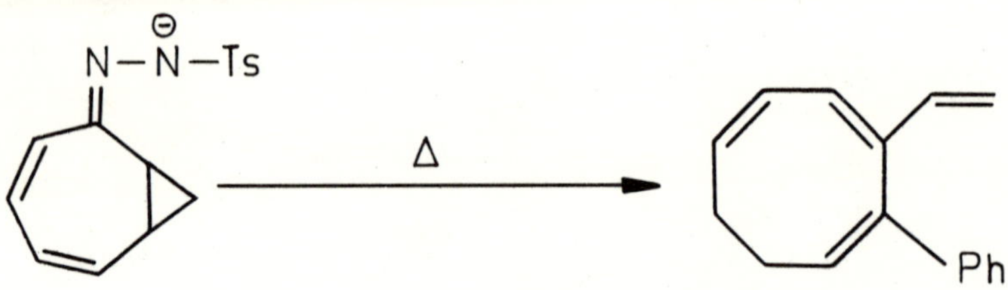

M. Oda, Y. Ito and Y. Kitahara,
Tetrahedron Letters, 2587 (1975).

325.

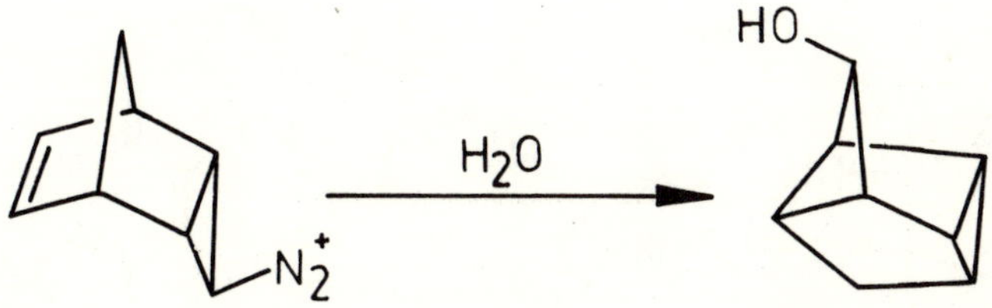

A. V. K. Jones, N. Nakamura and S. Masamune, Chem. Comm., 109 (1974).

326.

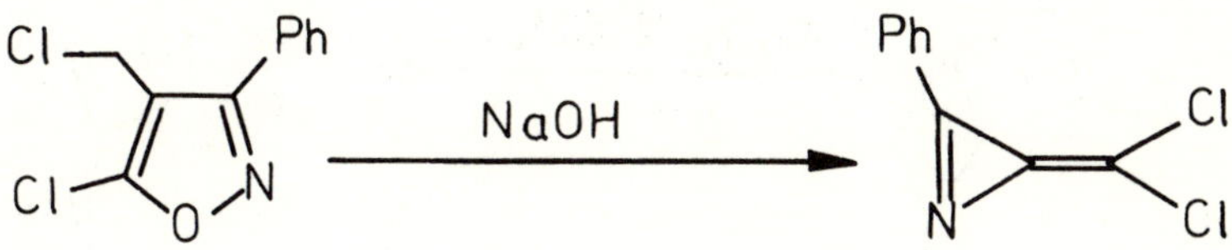

R. Krishna, M. R. Kallury and P. S. Uma Devi, Tetrahedron Letters, 3655 (1977).

327.

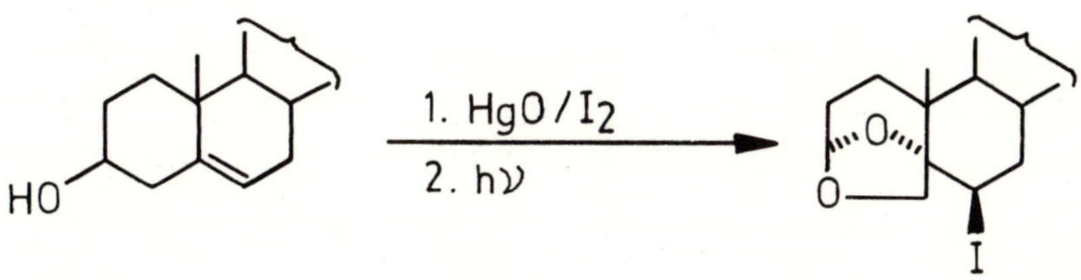

H. Suginome, A. Furusaki, K. Kato and T. Matsumoto, Tetrahedron Letters, 2757 (1975).

328.

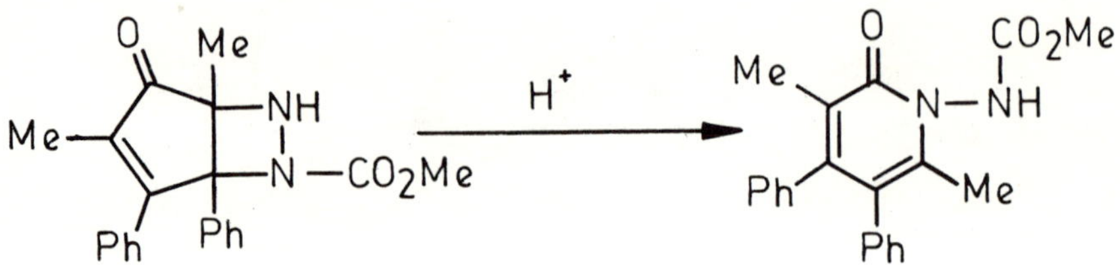

D. Mackay and L. L. Wong,
Chem. Comm., 621 (1974).

329.

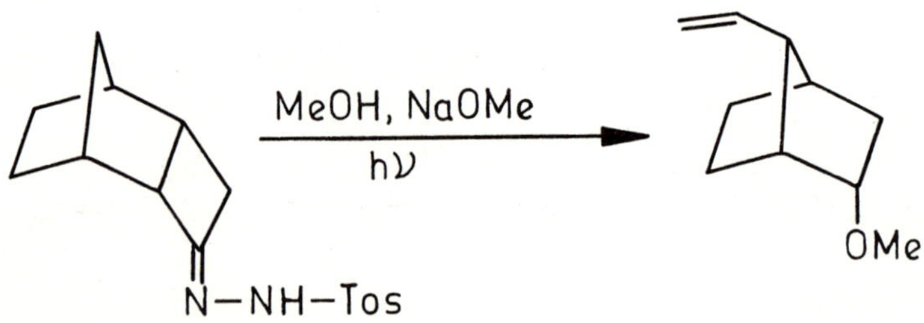

R. D. Miller,
Tetrahedron Letters, 3309 (1977).

330.

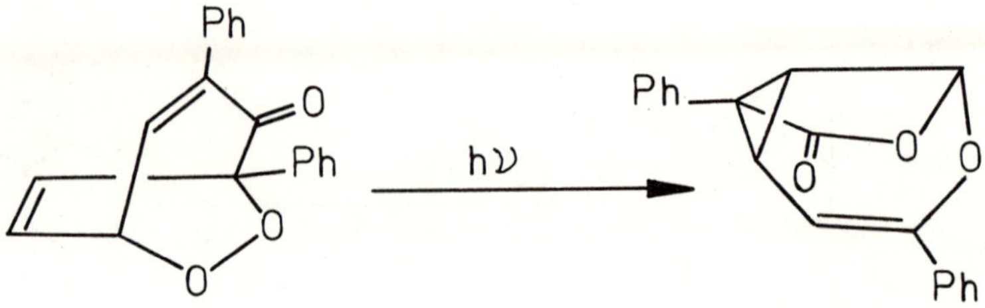

T. Tezuka, R. Miyamoto, M. Nagayama and
T. Mukai,
Tetrahedron Letters, 327 (1975).

331.

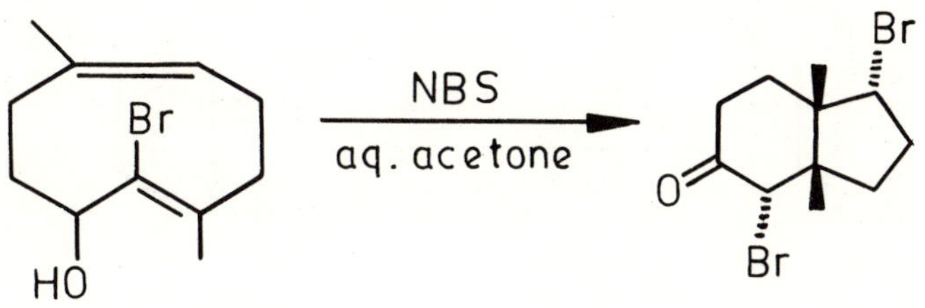

W. Heggie and J. K. Sutherland, Chem. Comm., 596 (1974).

332.

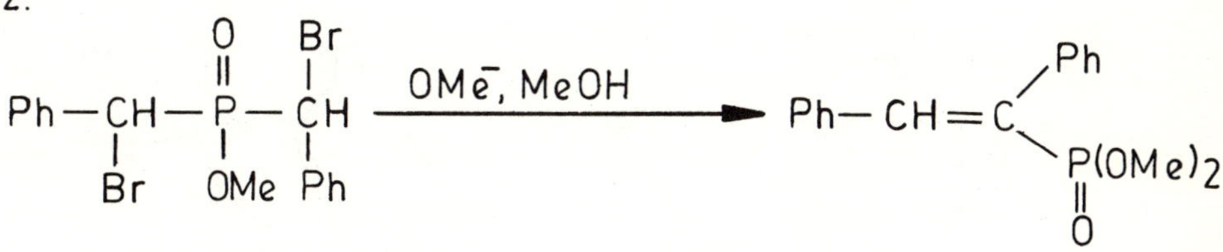

P. Burns, G. Capozzi and P. Haake, Tetrahedron Letters, 925 (1972).

333.

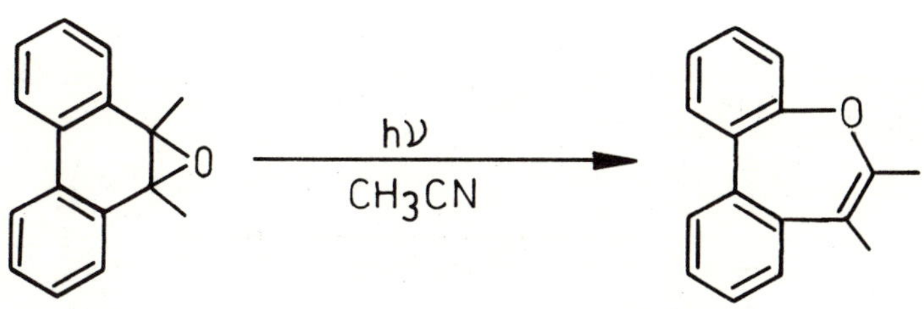

K. Ishikawa, H. C. Charles and G. W. Griffin, Tetrahedron Letters, 427 (1977).

334.

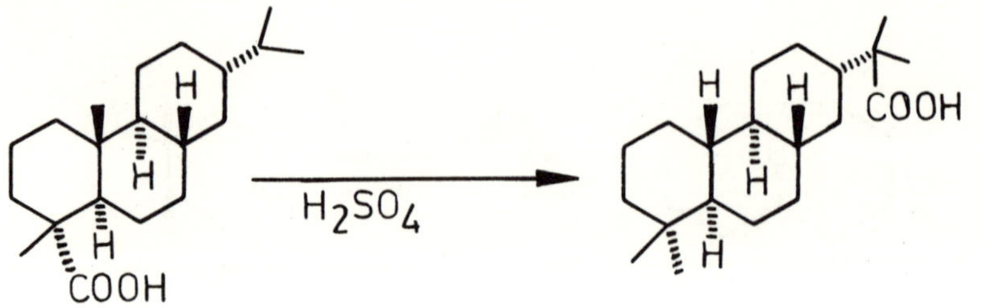

B. E. Cross, M. R. Firth and R. E. Markwell, Chem. Comm., 930 (1974).

335.

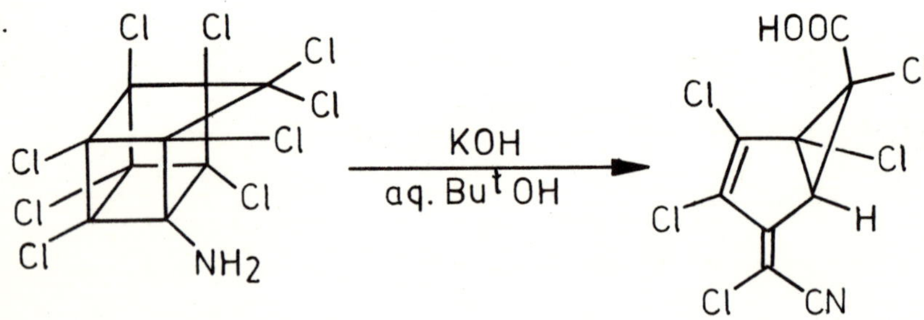

K. V. Scherer, Jr., Tetrahedron Letters, 2077 (1972).

336.

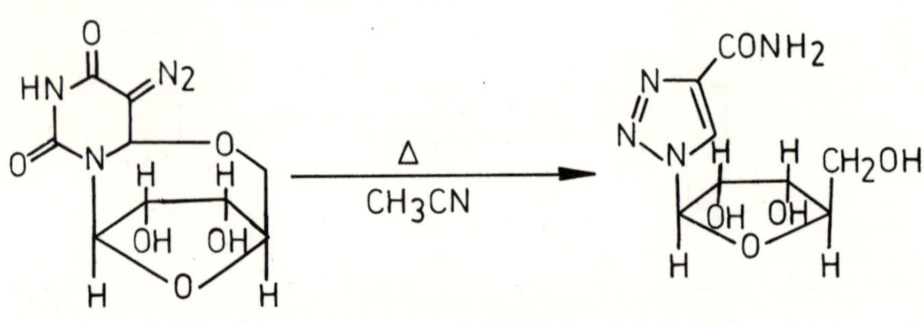

T. C. Thurber and L. B. Townsend, J. Am. Chem. Soc., 95, 3081 (1973).

337.

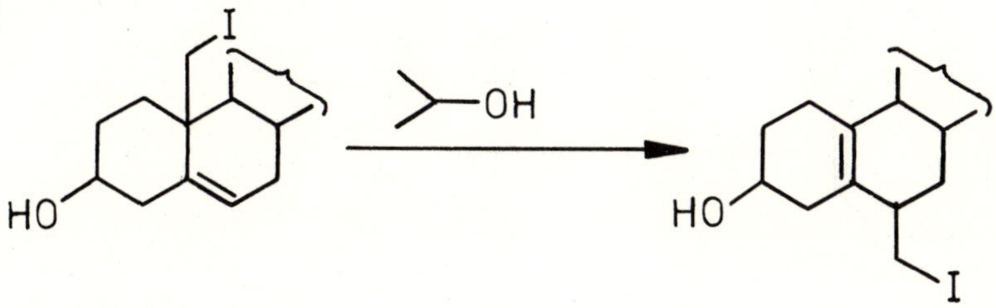

M. Kojima, M. Maeda, H. Ogawa, K. Nitta, and T. Ito,
Chem. Comm., 47 (1975).

338.

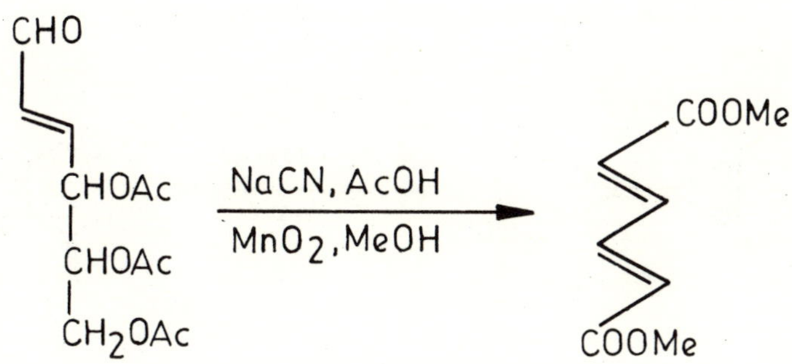

S. Y-K. Tam and B. F. Reid,
Tetrahedron Letters, 3151 (1972).

339.

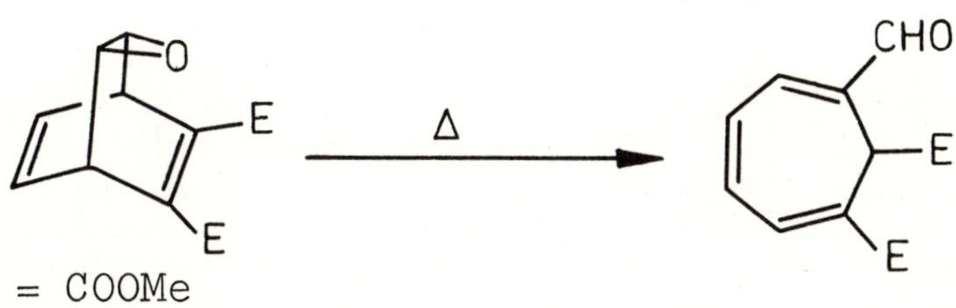

E = COOMe

E. Lewars and G. Morrison,
Tetrahedron Letters, 501 (1977).

340.

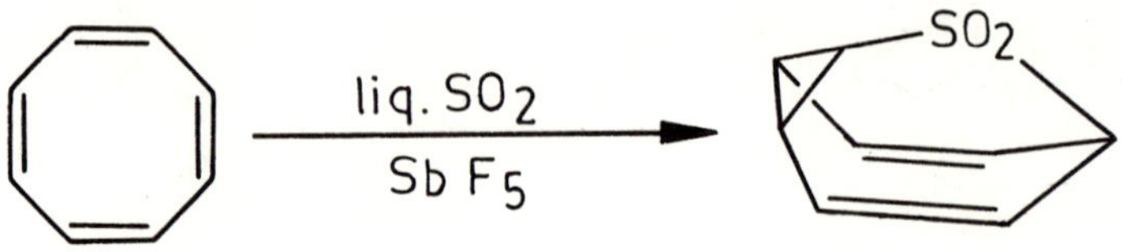

L. A. Paquette, U. Jacobsson and M. Oku, Chem. Comm., 115 (1975).

341.

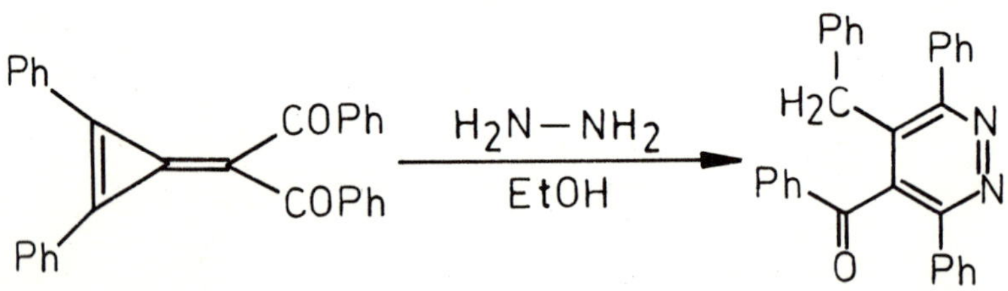

S. S. Hecht, Tetrahedron Letters, 3731 (1972).

342.

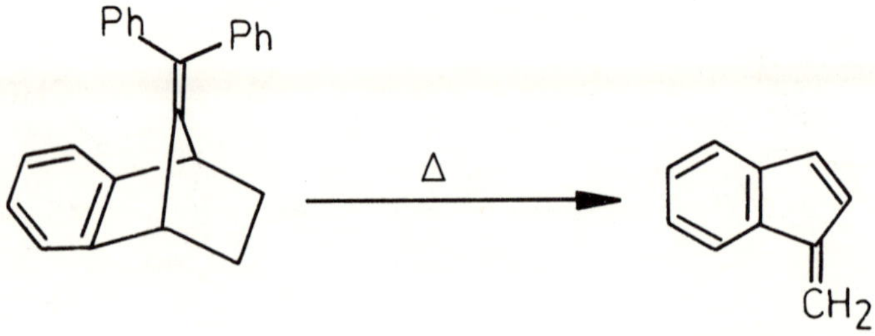

R. N. Warrener, K. I. Gell and M. N. Padden-Row, Tetrahedron Letters, 53 (1977).

343.

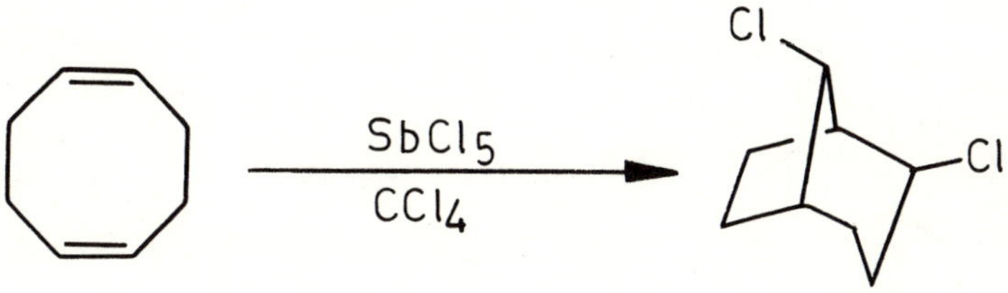

S. Uemura, A. Onoe and M. Okano, Chem. Gomm., 210 (1975).

344.

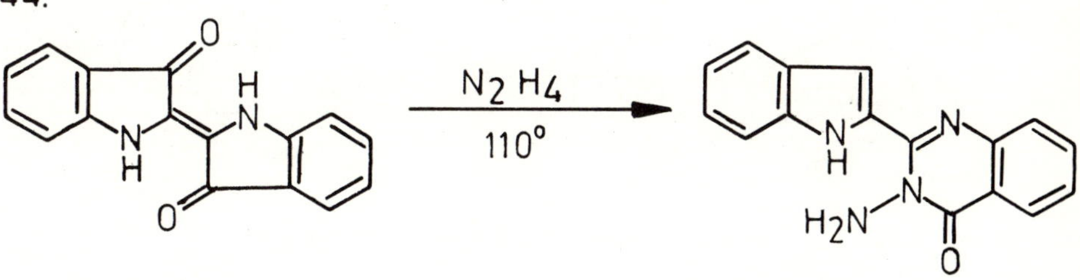

J. Bergman, B. Egestad and N. Eklund, Tetrahedron Letters, 3147 (1978).

345.

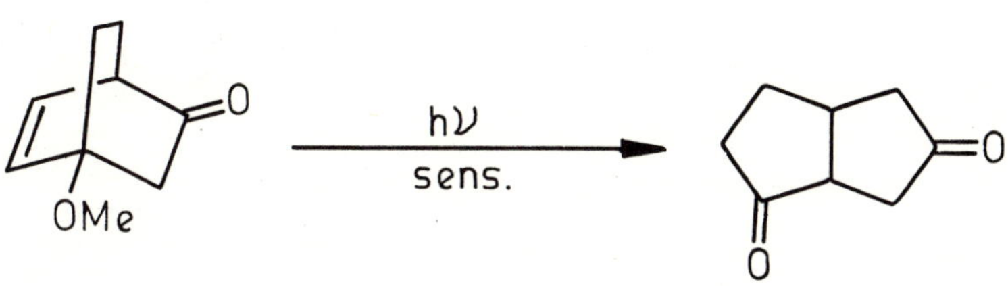

S. D. Parker and N. A. J. Rogers, Tetrahedron Letters, 4389 (1976).

346.

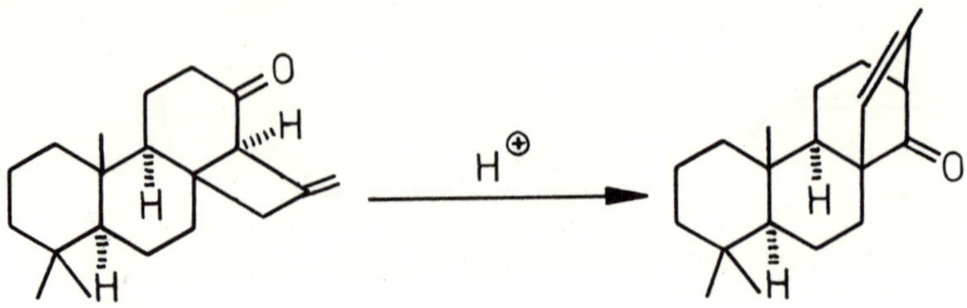

D. K. M. Duc, M. Fetizon and S. Lazare, Chem. Comm., 282 (1975).

347.

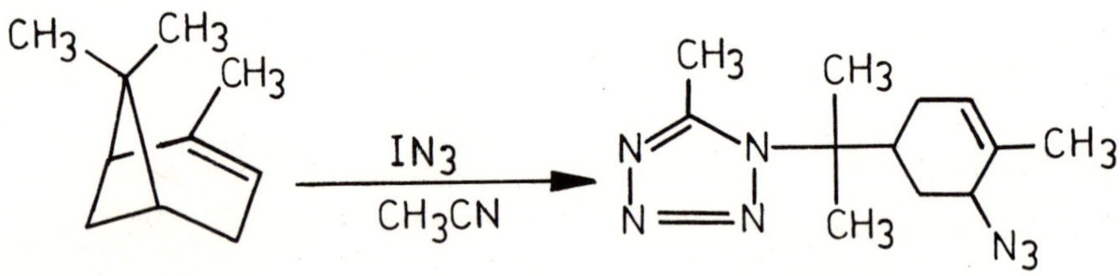

S. Ranganathan, D. Ranganathan and A. K. Mehrotra, Tetrahedron Letters, 2265 (1973).

348.

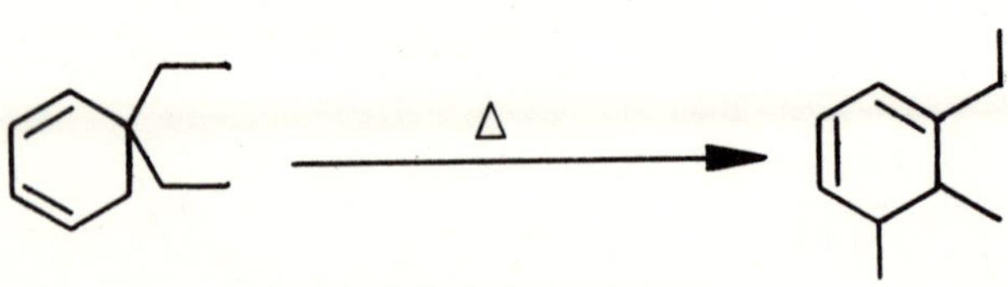

P. Schiess and R. Dinkel, Tetrahedron Letters, 2503 (1975).

349.

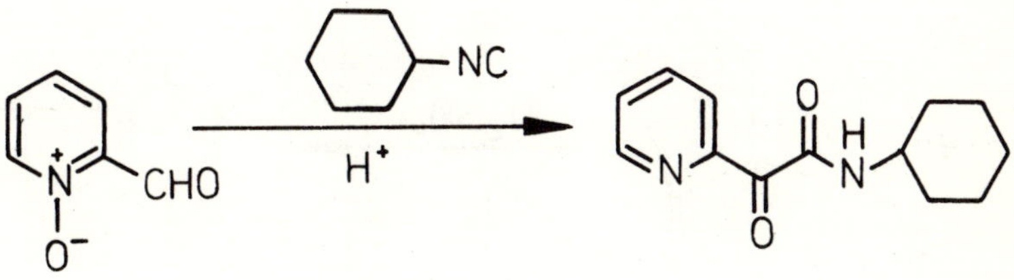

Y. Mizuno and J. Kobayashi, Chem. Comm., 308 (1975).

350.

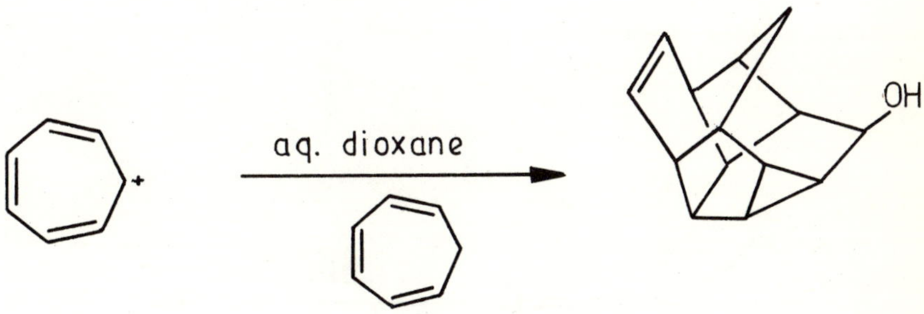

S. Ito, A. Mori, I. Saito, K. Sakan, H. Ishiyama and K. Sasaki, Tetrahedron Letters, 2737 (1973).

351.

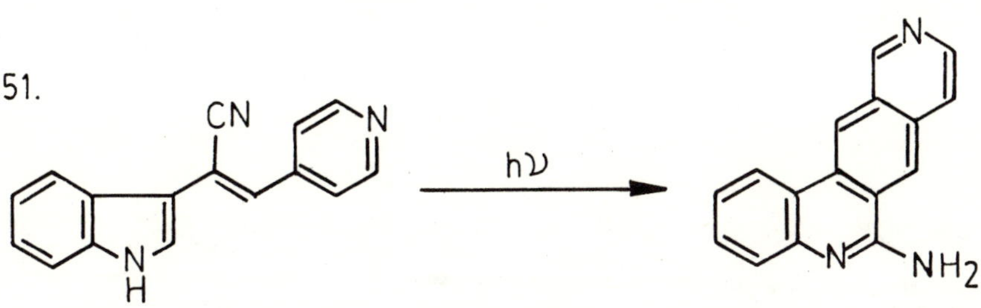

C. Riche, A. Chiaroni, H. Doucerain, R. Bessélievre and C. Thal, Tetrahedron Letters, 4567 (1975).

352.

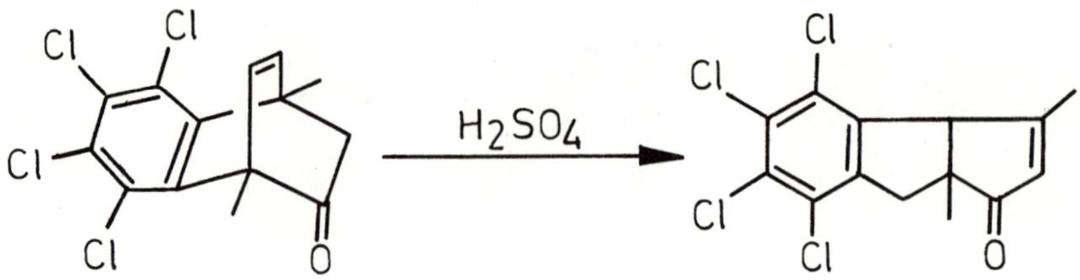

N. J. Hales and H. Heaney,
Chem. Comm., 83 (1975).

353.

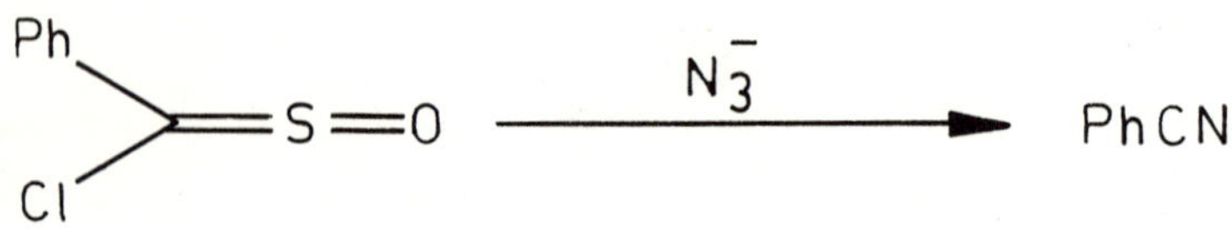

A. Holm and L. Carlsen,
Tetrahedron Letters, 3202 (1973).

354.

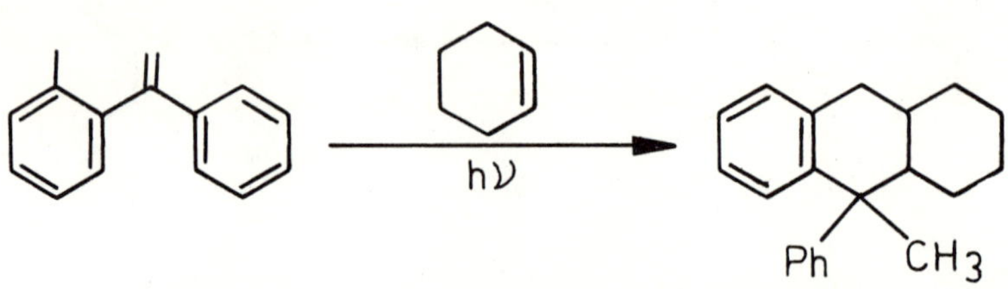

J. M. Hornback,
Tetrahedron Letters, 3389 (1976).

355.

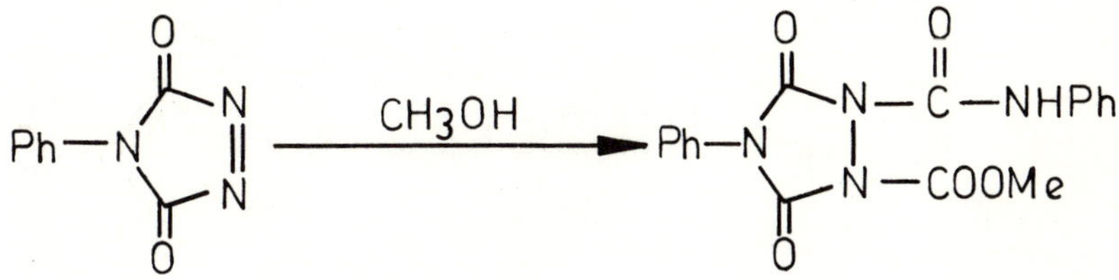

L. H. Dao and D. Mackay,
Chem. Comm., 326 (1976).

356.

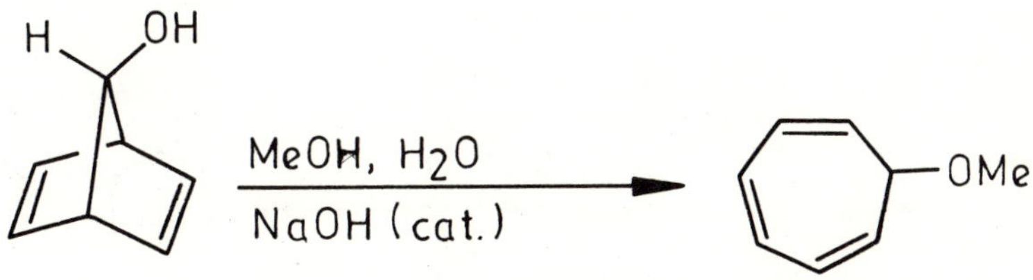

B. Franzus, W. C. Baird, Jr., R. E. Felty,
J. C. Smith and M. L. Scheinbaum,
Tetrahedron Letters, 295 (1971).

357.

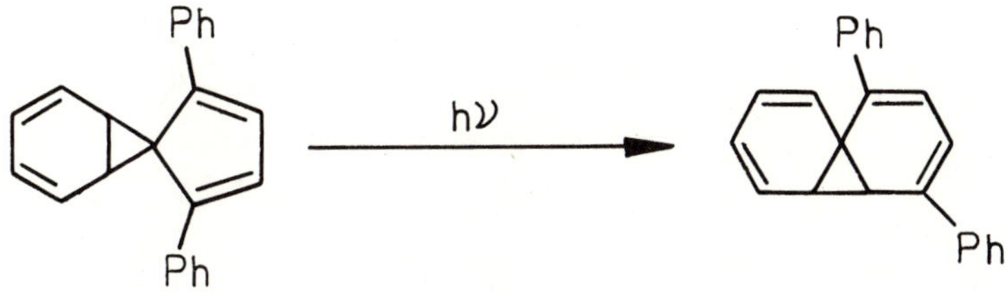

K-H. Pauly and H. Durr,
Tetrahedron Letters, 3649 (1976).

358.

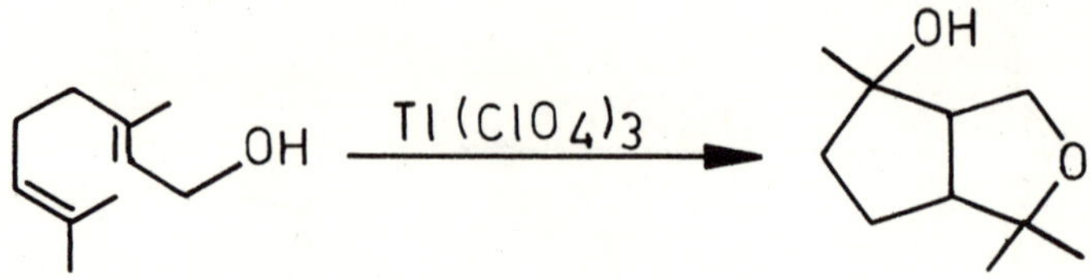

Y. Yamada, H. Sanjoh and K. Iguchi, Chem. Comm., 997 (1976).

359.

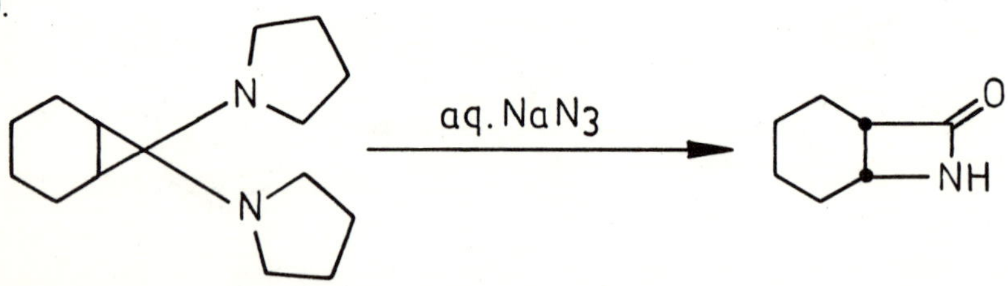

H. H. Wasserman and M. S. Baird, Tetrahedron Letters, 3721 (1971).

360.

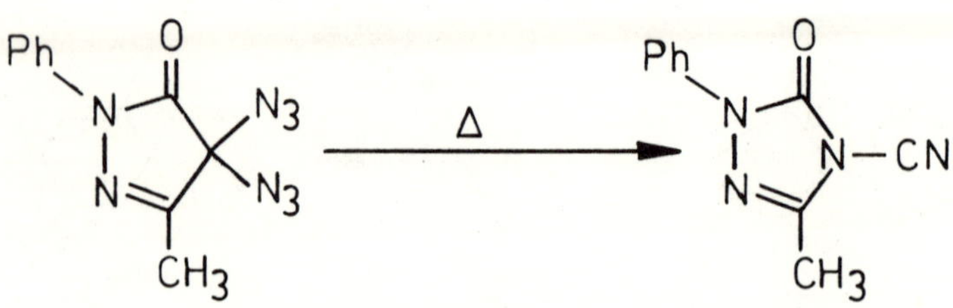

G. Landen and H. W. Moore, Tetrahedron Letters, 2513 (1976).

361.

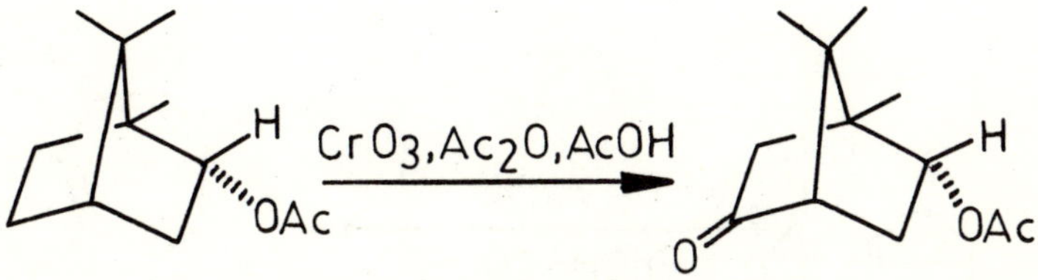

M. S. Allen, N. Darby, P. Salisbury and T. Money,
Chem. Comm., 358 (1977).

362.

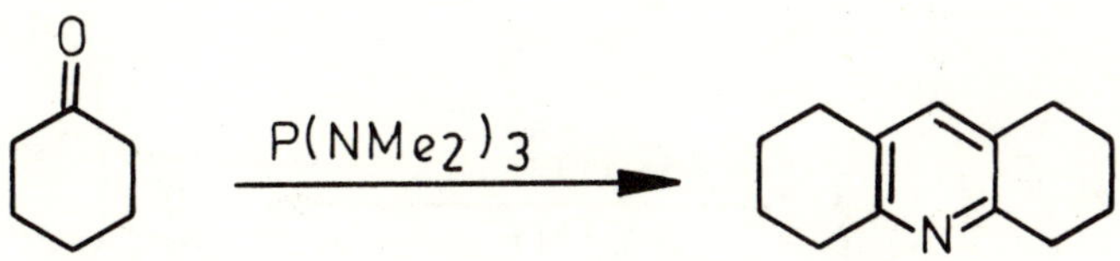

R. S. Monson, D. N. Priest and J. C. Ullrey,
Tetrahedron Letters, 929 (1972).

363.

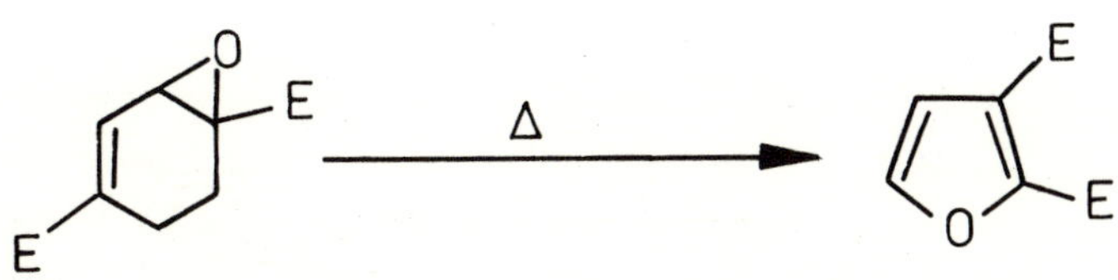

E = CO_2Me

W. Eberbach and J. C. Carre,
Tetrahedron Letters, 3299 (1976).

364.

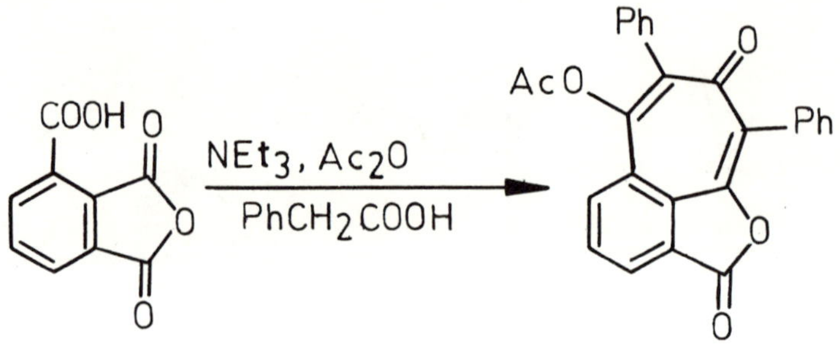

A. A. Freer and C. J. Gilmore,
Chem. Comm., 296 (1977).

365.

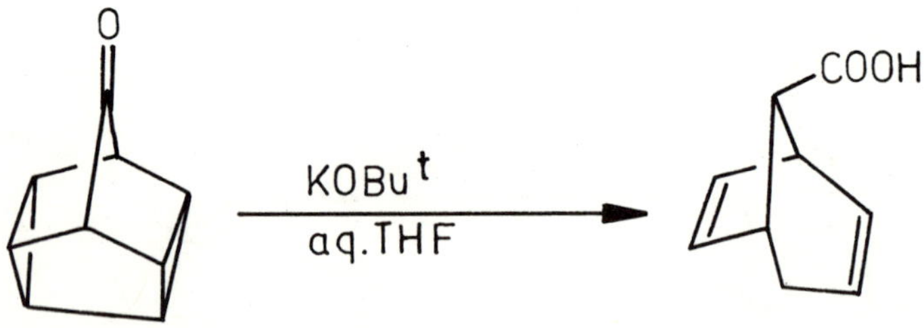

W. G. Dauben and R. J. Twieg,
Tetrahedron Letters, 531 (1974).

366.

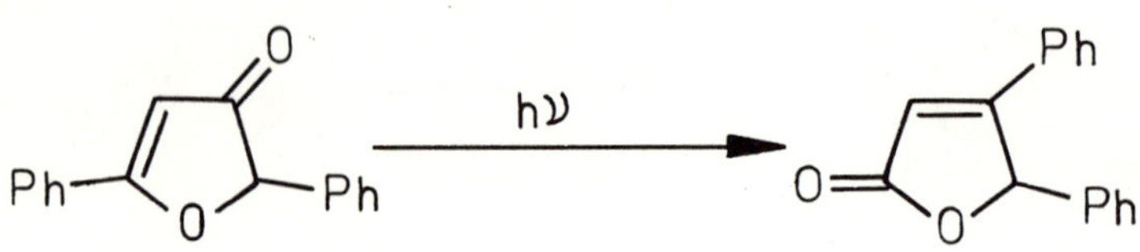

A. Padwa, A. Ku and E. Sato,
Tetrahedron Letters, 2409 (1976).

367.

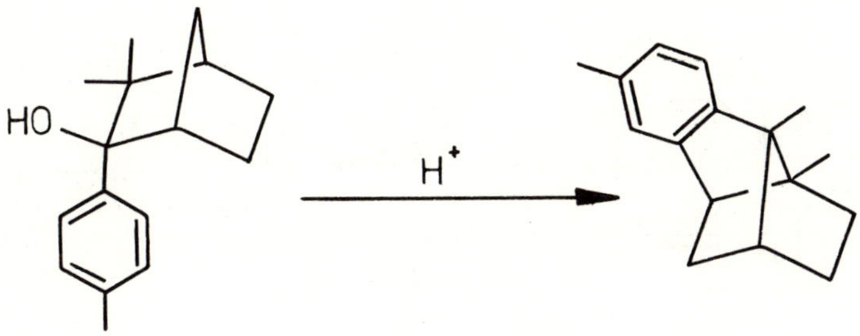

J. M. Coxon, P. M. Pojer, W. T. Robinson and P. J. Steel, Chem. Comm., 111 (1978).

368.

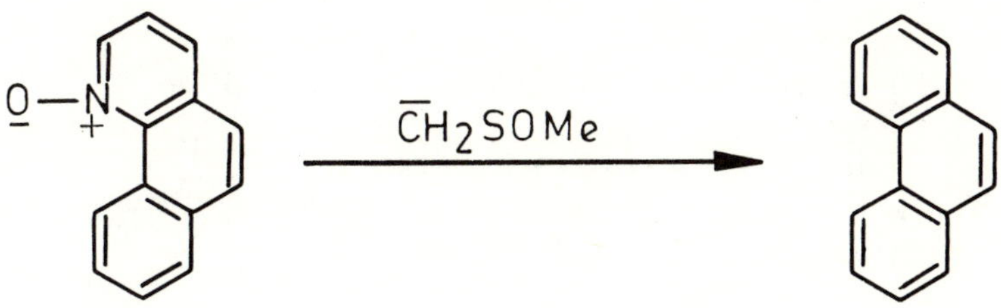

Y. Hamada and I. Takeuchi, Tetrahedron Letters, 495 (1974).

369.

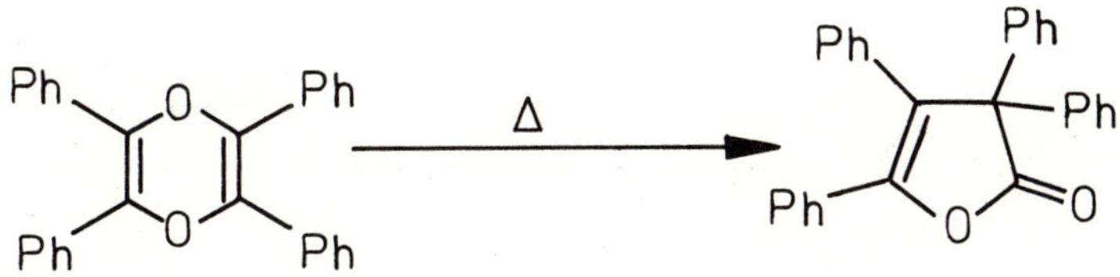

S. Lahiri, V. Dabral and M. V. George, Tetrahedron Letters, 2259 (1976).

370.

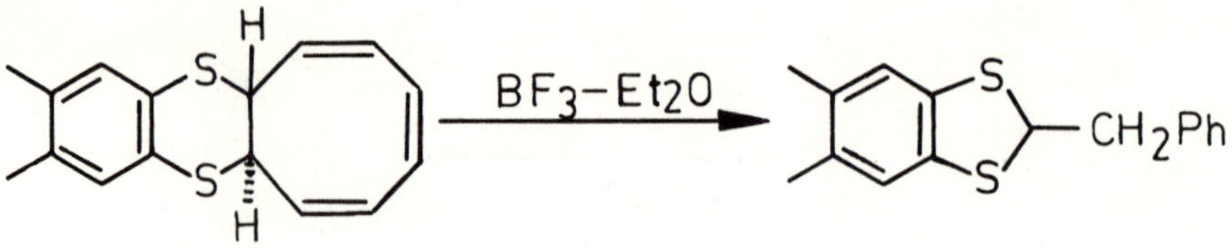

L. Moegel, W. Schroth and B. Werner,
Chem. Comm., 57 (1978).

371.

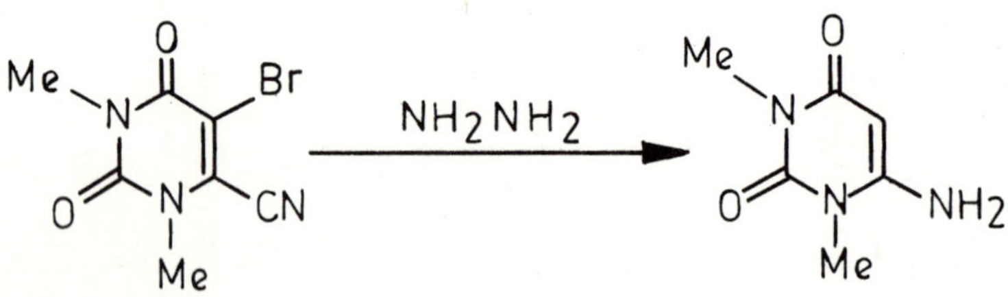

S. Senda, K. Hirota and T. Asao,
Tetrahedron Letters, 2647 (1973).

372.

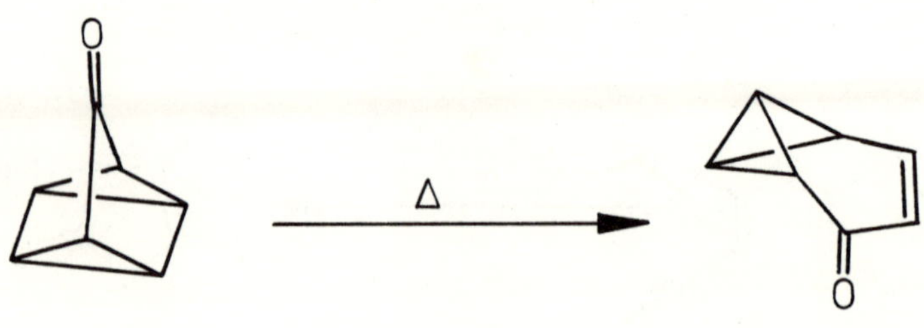

H. Prinzbach, H. Babsch and H. Fritz,
Tetrahedron Letters, 2129 (1976).

373.

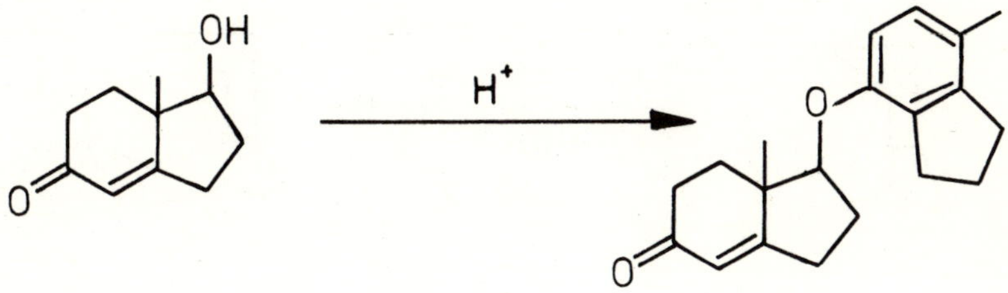

J. B. Jones, J. D. Leman and P. W. Marr, Can. J. Chem., 49, 1604 (1971).

374.

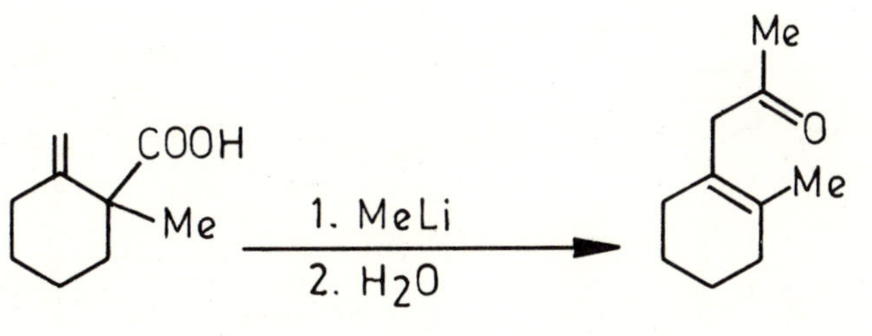

J. C. Dalton and H-F. Chan, Tetrahedron Letters, 3145 (1973).

375.

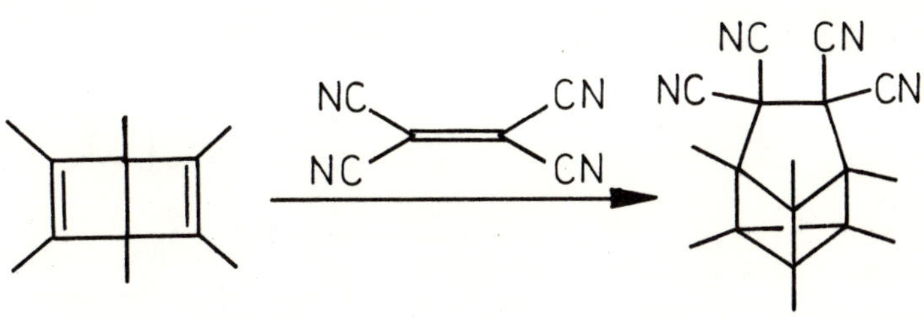

H. Iwamura and Y. Tanabe, Tetrahedron Letters, 1987 (1976).

376.

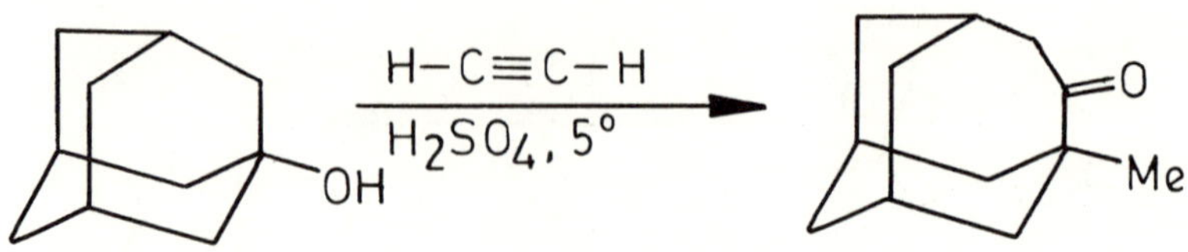

K. Bott,
Ann., 766, 51 (1972).

377.

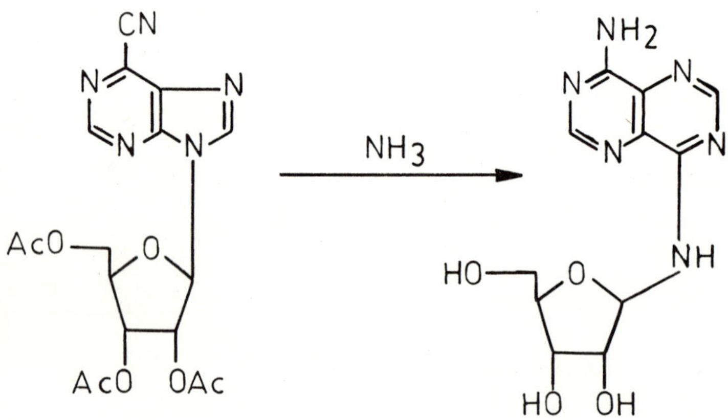

R. J. Rousseau, R. W. Mancuso, G. P. Kreishman and R. K. Robins,
Tetrahedron Letters, 3099 (1973).

378.

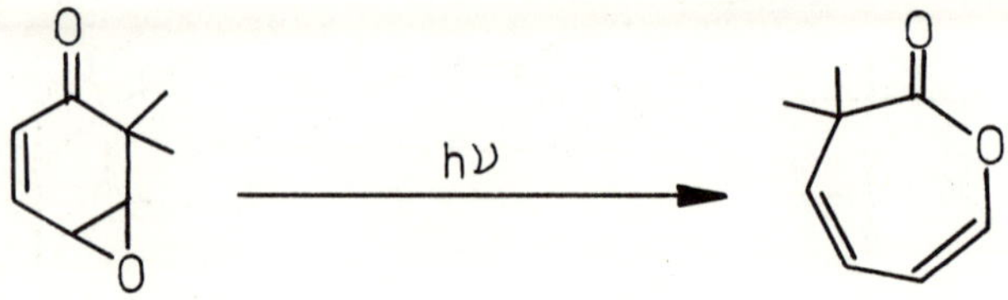

H. Hart, C-T. Peng and E. Shih,
Tetrahedron Letters, 1641 (1977).

379.

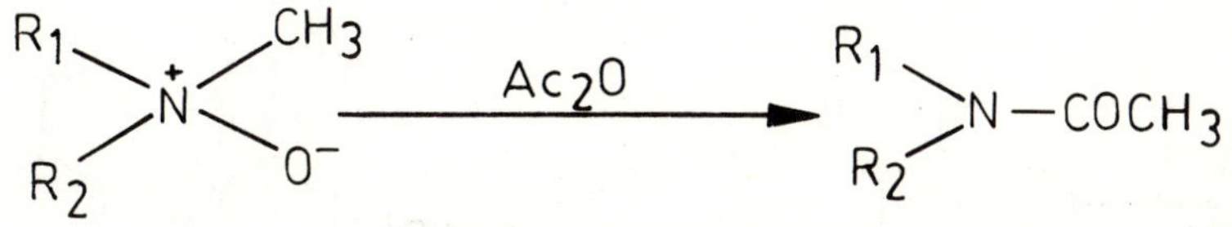

H. Volz and L. Ruchti,
Ann., 763, 184 (1972).

380.

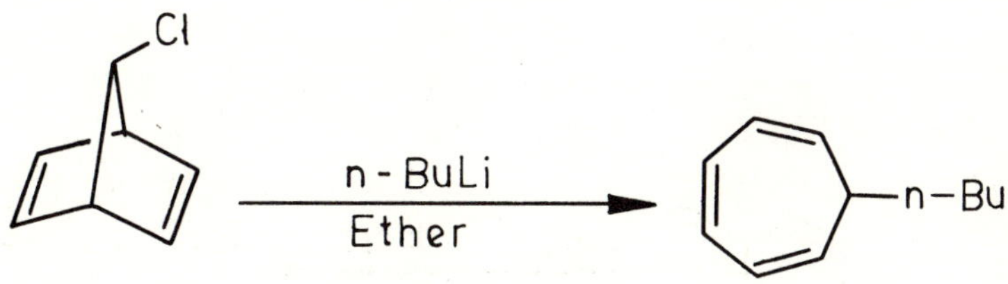

S-I. Murahashi, K-I. Hino, Y. Maeda and
I. Moritani,
Tetrahedron Letters, 3005 (1973).

381.

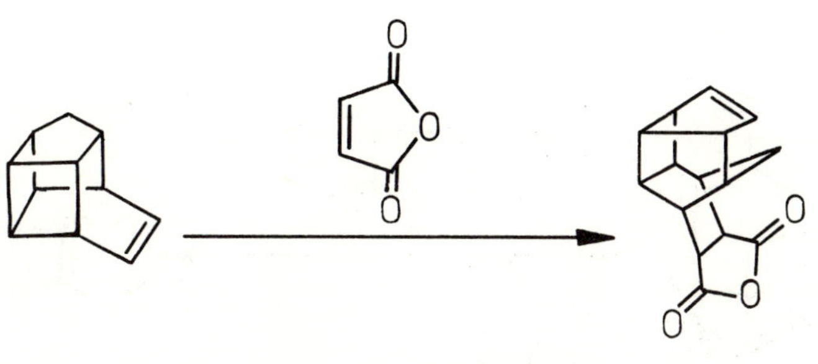

W. Mauer and W. Grimme,
Tetrahedron Letters, 1835 (1976).

382.

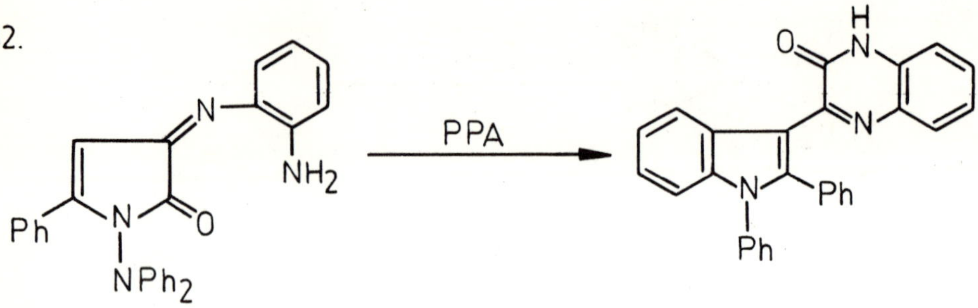

G. Kollenz,
Ann., 762, 23 (1972).

383.

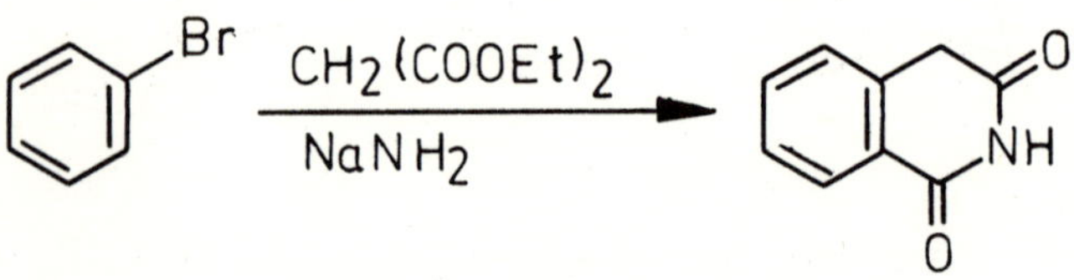

M. Guyot and D. Molho,
Tetrahedron Letters, 3433 (1973).

384.

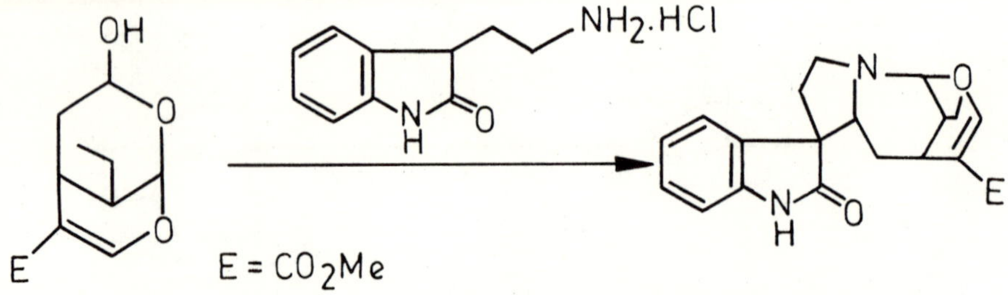

R. T. Brown, C. L. Chapple and R. Platt,
Tetrahedron Letters, 1401 (1976).

385.

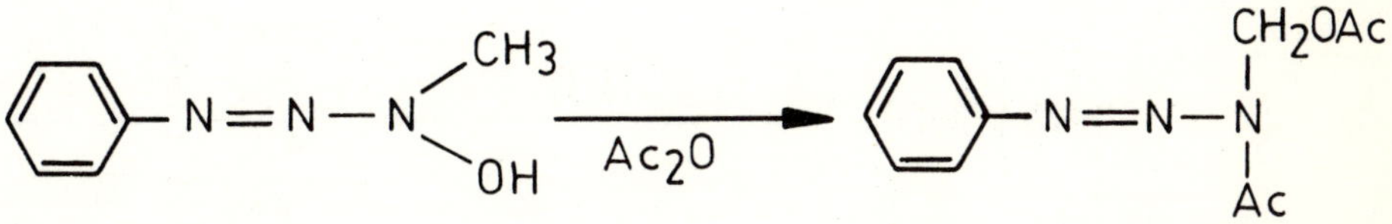

K. Freter, F. Hess and K. Grozinger, Ann., 811 (1973).

386.

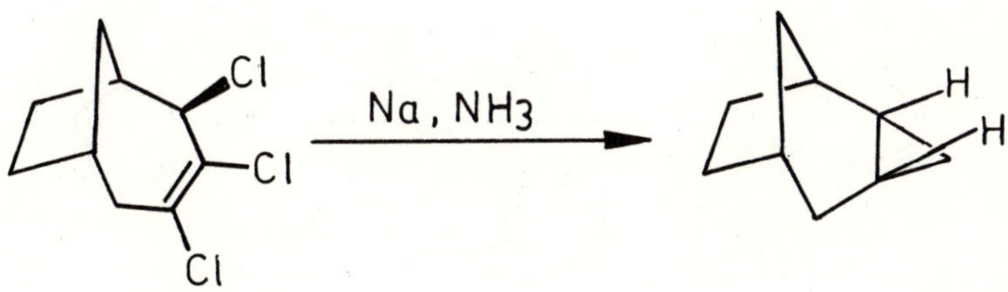

C. W. Jefford and F. Delay, Tetrahedron Letters, 3639 (1973).

387.

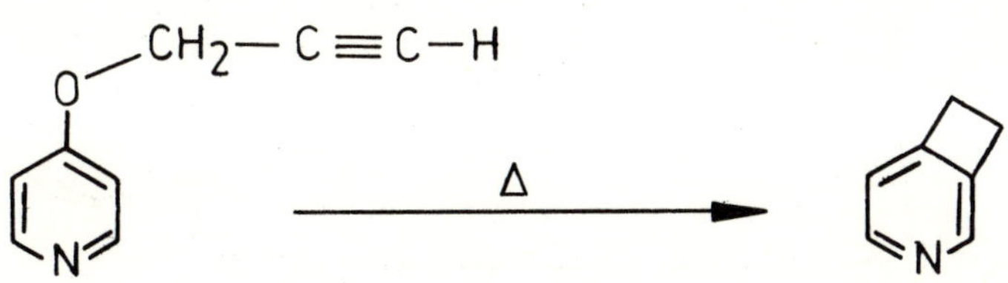

J. M. Riemann and W. S. Trahanovsky, Tetrahedron Letters, 1867 (1977).

388.

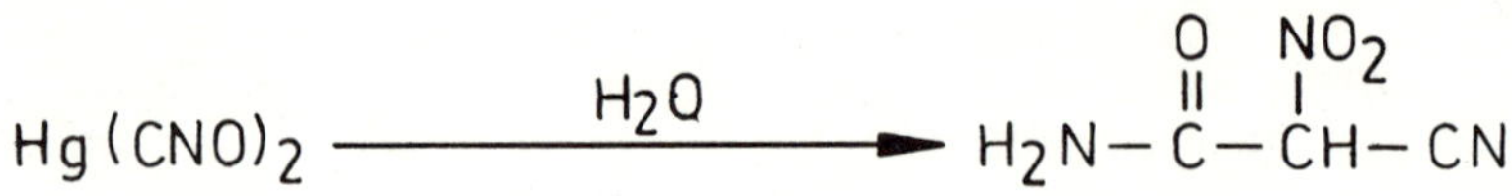

C. Grundmann, R. K. Bansal and P. O. Osmanski, Ann., 898 (1973).

389.

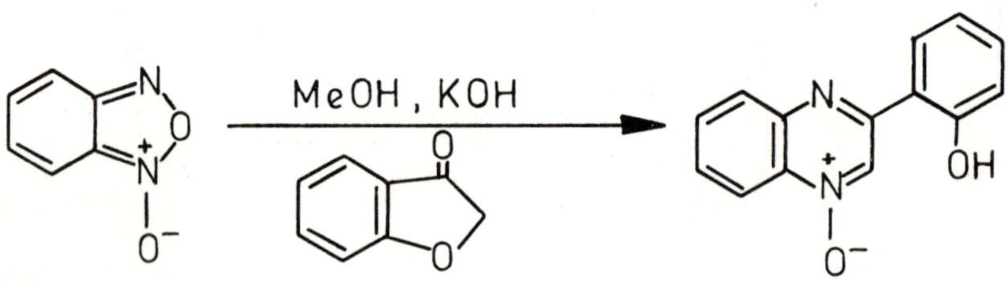

J-J. Zamet, M. J. Haddadin and C. H. Issidorides, J.C.S. Perkin I, 1687 (1974).

390.

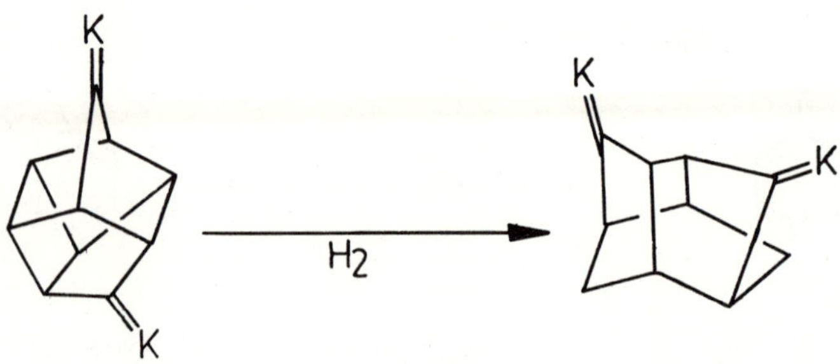

K = Ketal

D. Bosse and A. de Meijere, Tetrahedron Letters, 1155 (1977).

391.

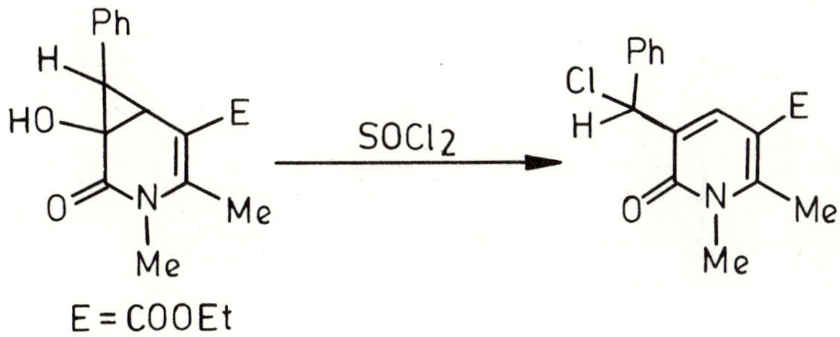

W. Reid and F. Batz,
Angew. Chem. Int. Ed. Engl., 10, 735 (1971).

392.

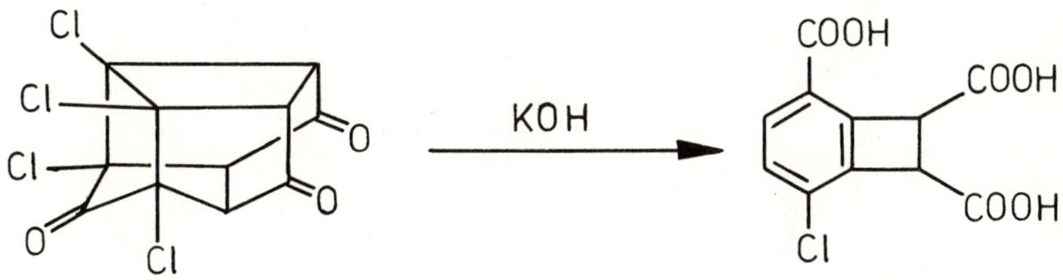

A. P. Marchand and T-C. Chou,
J.C.S. Perkin I, 1948 (1973).

393.

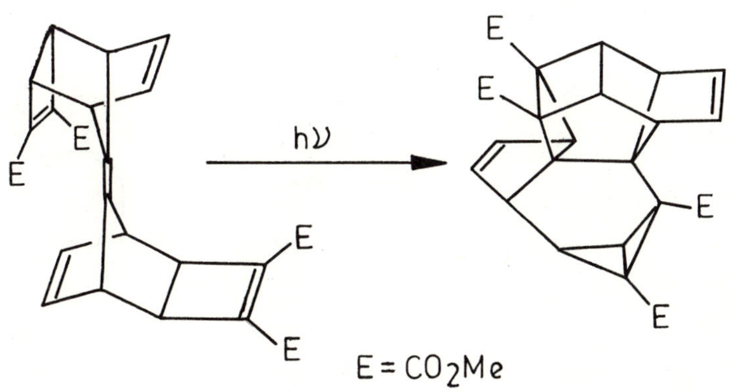

H. Prinzbach, K-H. Lehr, H. Babsch and H. Fritz,
Tetrahedron Letters, 4199 (1977).

394.

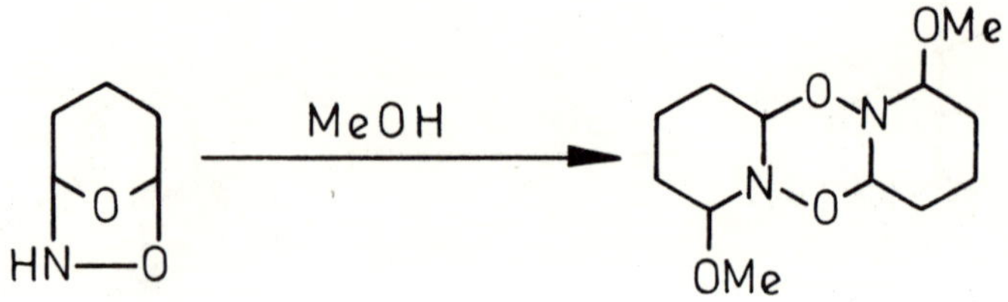

G. Eikelmann, W. Heimberger, G. Nonnenmacher and W. Weigert,
Angew. Chem., 83, 922 (1971).

395.

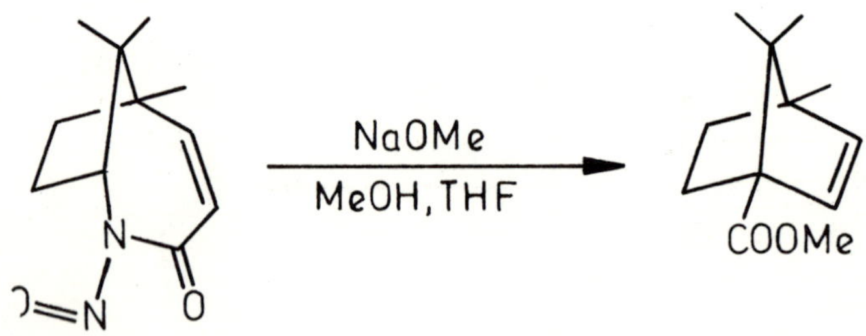

E. H. Billett and I. Fleming,
J. C. S. Perkin I, 1658 (1973).

396.

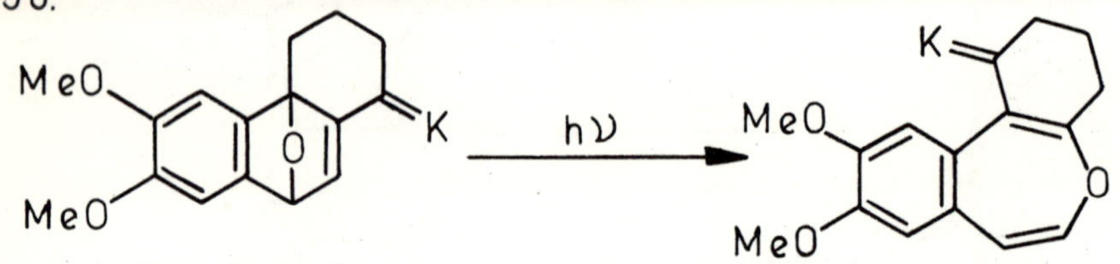

K = Ketal

W. Tochtermann, H. Timm and J. Diekmann,
Tetrahedron Letters, 4311 (1977).

397.

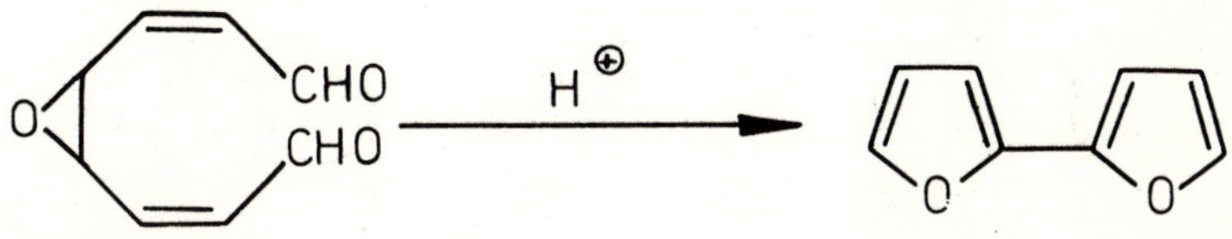

I. Ernest,
Angew. Chem. Int. Ed. Engl., 15, 207 (1976).

398.

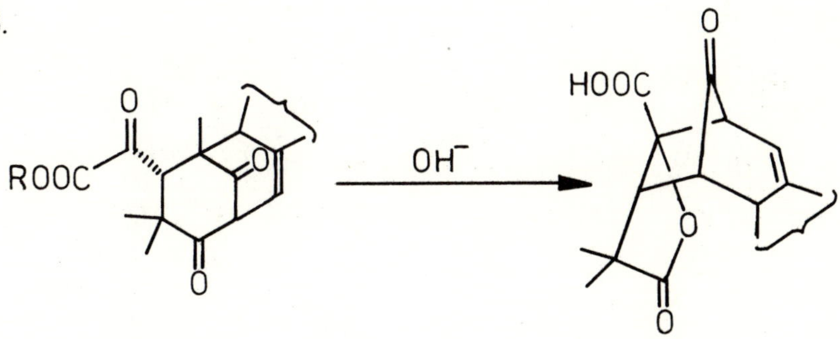

J. D. Connolly, R. Henderson, R. McCrindle,
K. H. Overton and N. S. Bhacca,
J.C.S. Perkin I, 865 (1973).

399.

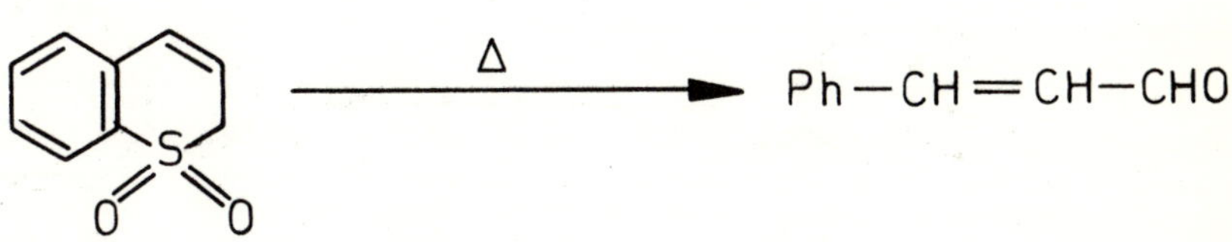

J. D. Finlay, C. R. Hall and D. J. H. Smith,
Tetrahedron Letters, 1149 (1977).

400.

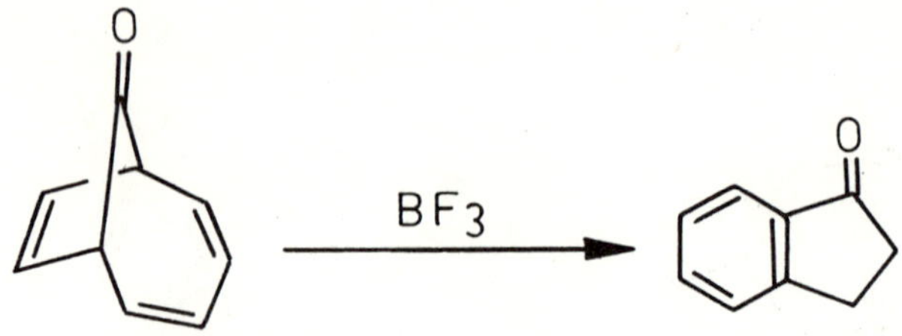

T. A. Antkowiak, D. C. Sanders, G. B. Trimitsis, J. B. Press and H. Shechter, J. Am. Chem. Soc., 94, 5366 (1972).

401.

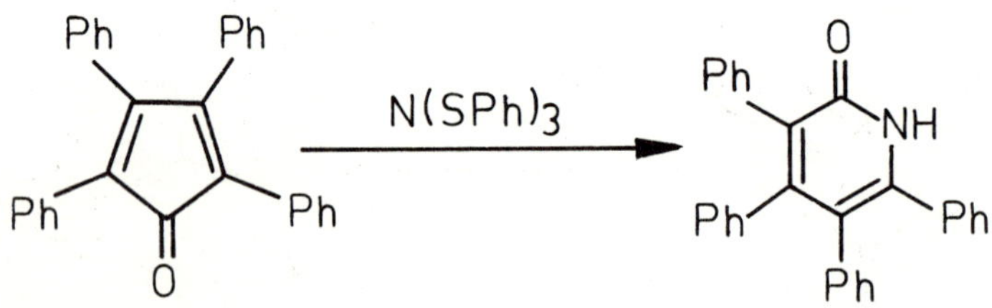

D. H. R. Barton, I. A. Blair, P. D. Magnus and R. K. Norris, J.C.S. Perkin I, 1037 (1973).

402.

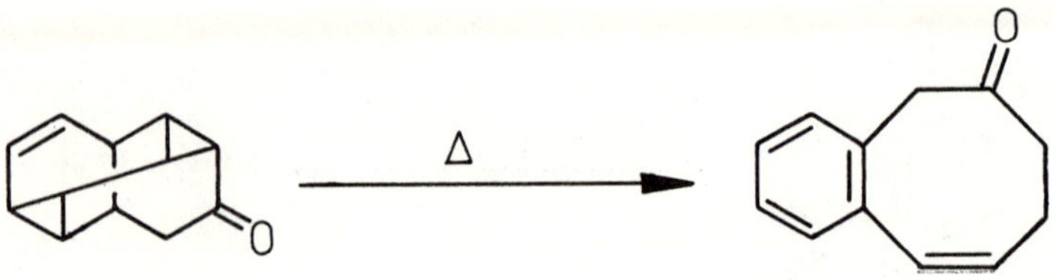

T. Miyashi, H. Kawamoto and T. Mukai, Tetrahedron Letters, 4623 (1977).

403.

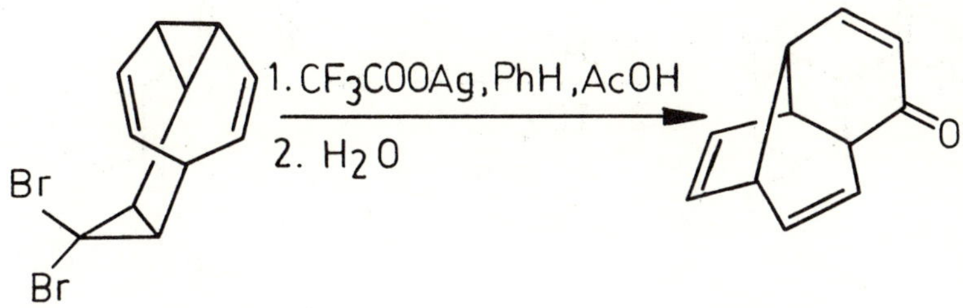

J. T. Groves, and B. S. Packard,
J. Am. Chem. Soc., 94, 3252 (1972).

404.

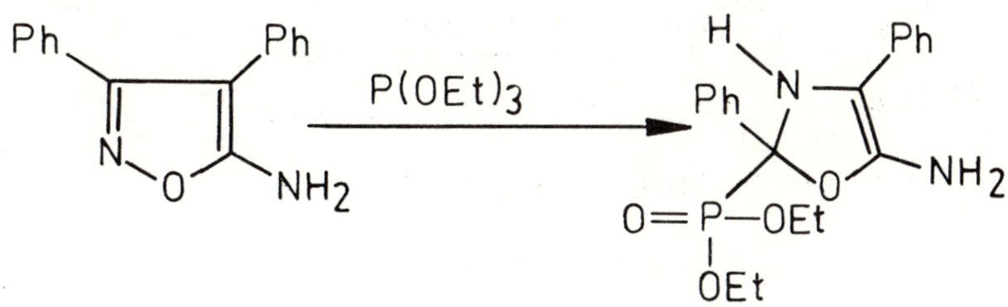

T. Nishiwaki and T. Saito,
J. Chem. Soc. (C), 3021 (1971).

405.

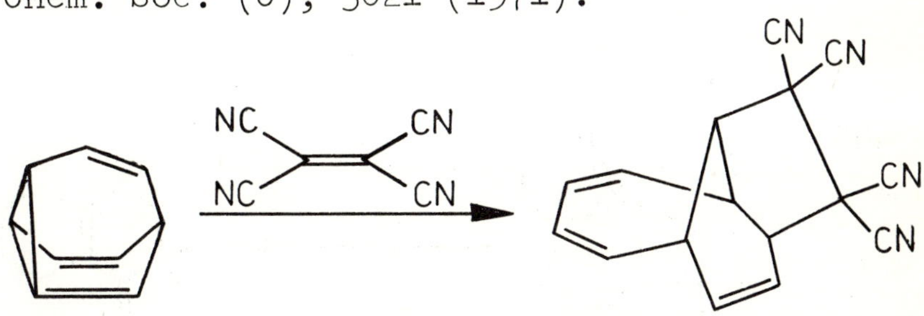

P. Cernuschi, C. DeMicheli and R. Gandolfi,
Tetrahedron Letters, 3667 (1977).

406.

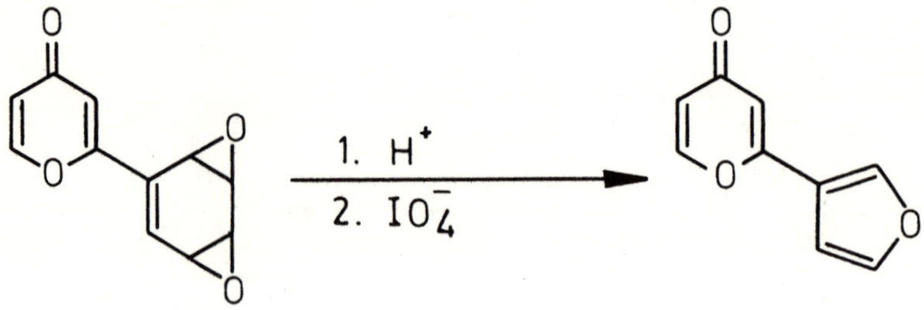

D. B. Borders, P. Shu and J. E. Lancaster, J. Am. Chem. Soc., 94, 2540 (1972).

407.

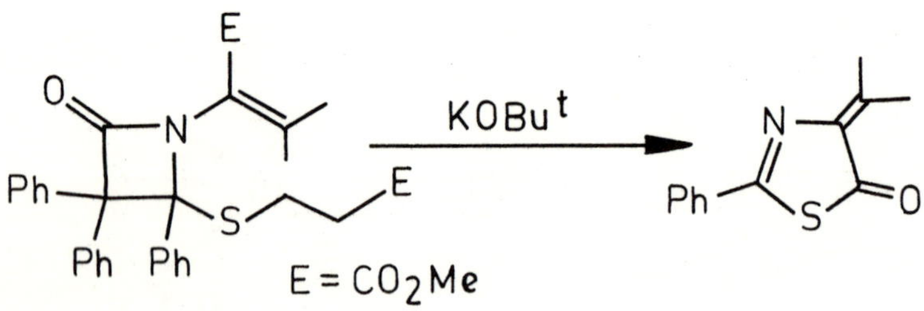

M. D. Bachi and M. Rothfield, J.C.S. Perkin I, 2326 (1972).

408.

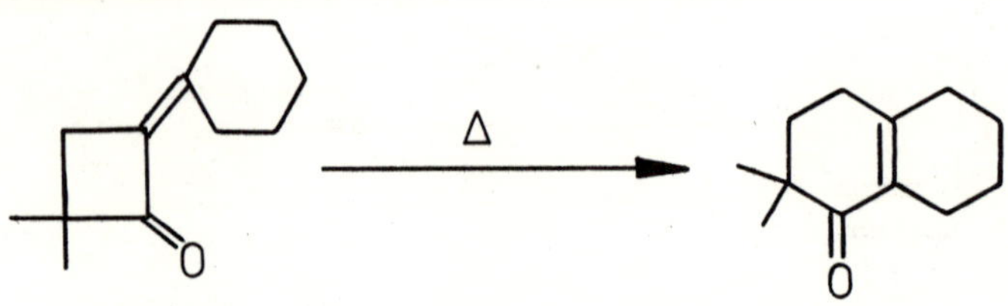

M. Bertrand, G. Gil, A. Junino and R. Maurin, Tetrahedron Letters, 1779 (1977).

409.

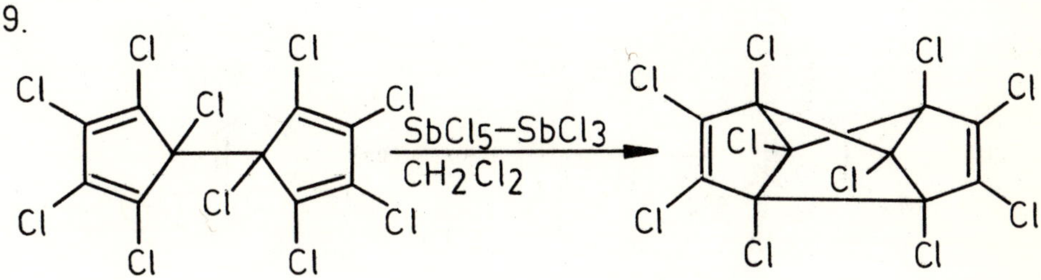

R. M. Smith, R. West and V. Mark, J. Am. Chem. Soc., 93, 3621 (1971).

410.

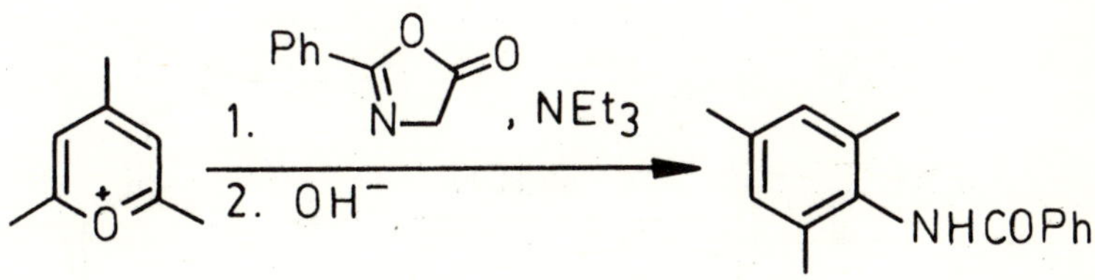

G. V. Boyd and S. R. Dando, Perkin I, 1142 (1972).

411.

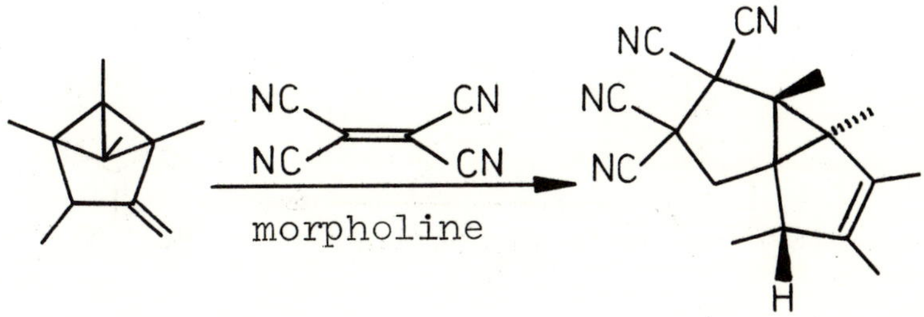

R. F. Heldeweg, H. Hogeveen and L. Zwart, Tetrahedron Letters, 2535 (1977).

412.

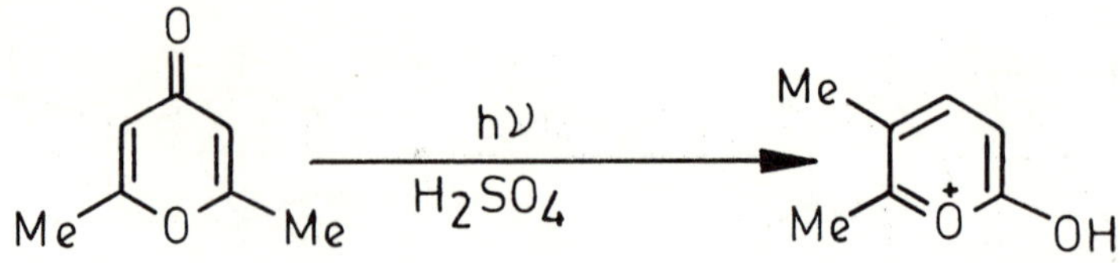

J. W. Pavlik and E. L. Clennan,
J. Am. Chem. Soc., 95, 1697 (1973).

413.

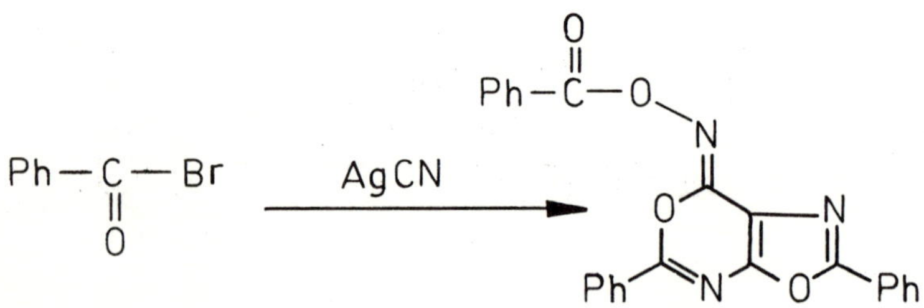

G. Hofle,
Tetrahedron Letters, 347 (1974).

414.

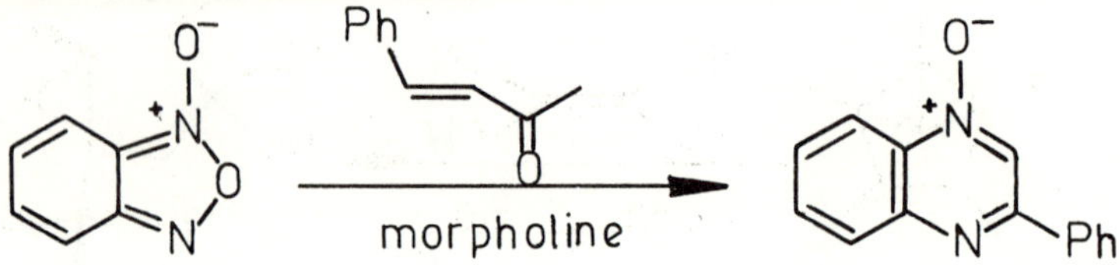

G. S. Lewis and A. F. Kluge,
Tetrahedron Letters, 2491 (1977).

415.

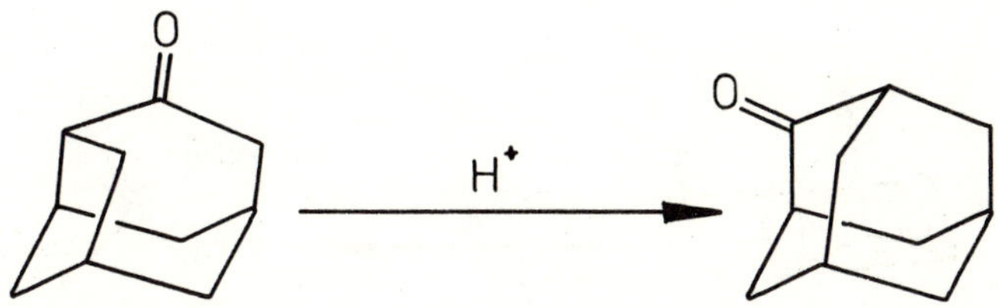

D. Lenoir, R. E. Hall and P. v. R. Schleyer,
J. Am. Chem. Soc., 96, 2138 (1974).

416.

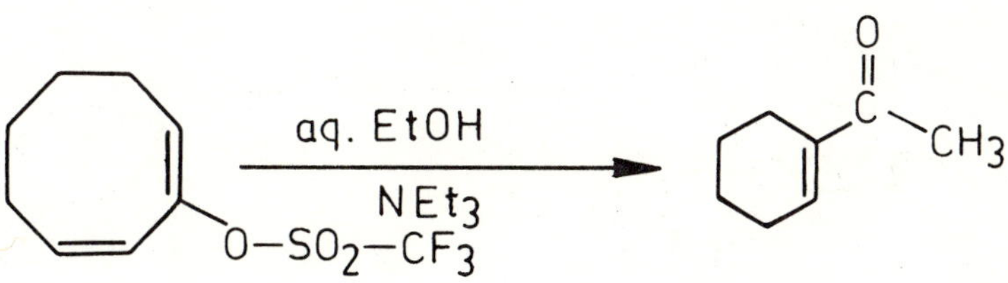

E. Lamparter and M. Hanack,
Tetrahedron Letters, 1623 (1974).

417.

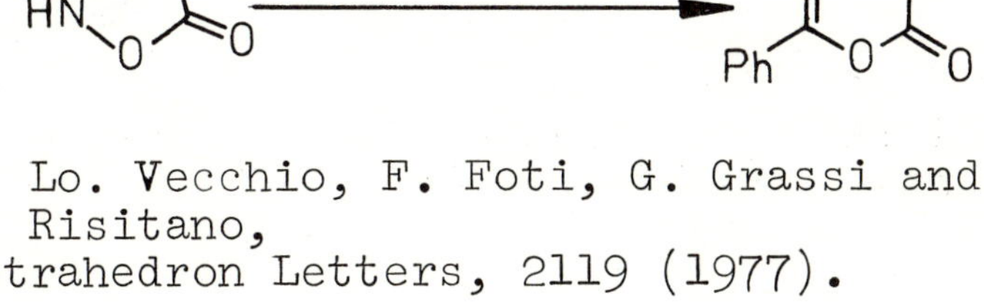

G. Lo. Vecchio, F. Foti, G. Grassi and
F. Risitano,
Tetrahedron Letters, 2119 (1977).

418.

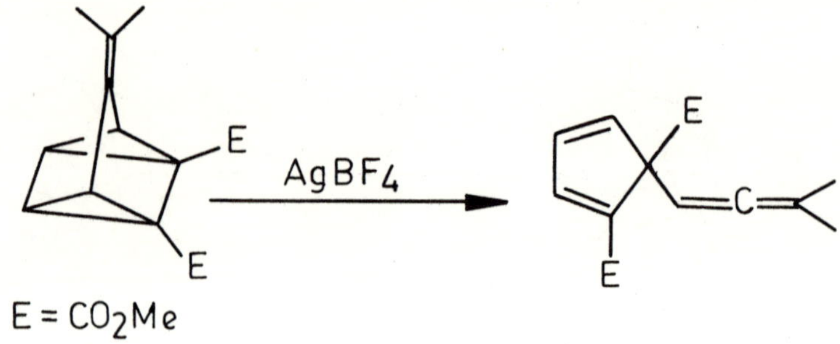

S. F. Nelsen, J. P. Gillespie, P. J. Hintz and E. D. Seppanen, J. Am. Chem. Soc., 95, 8380 (1973).

419.

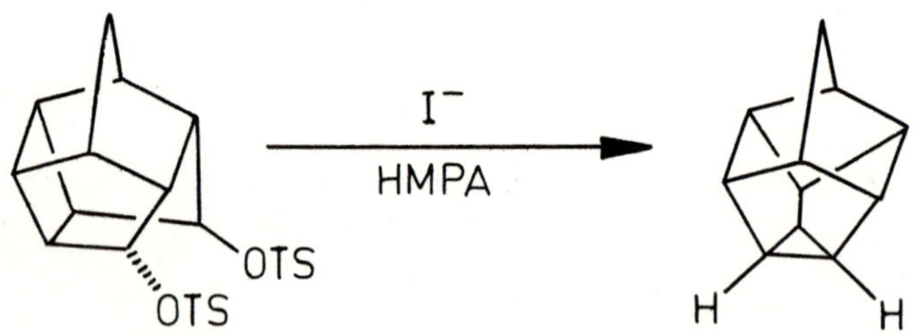

A. P. Marchand, T. Chou and M. Barfield, Tetrahedron Letters, 3359 (1975).

420.

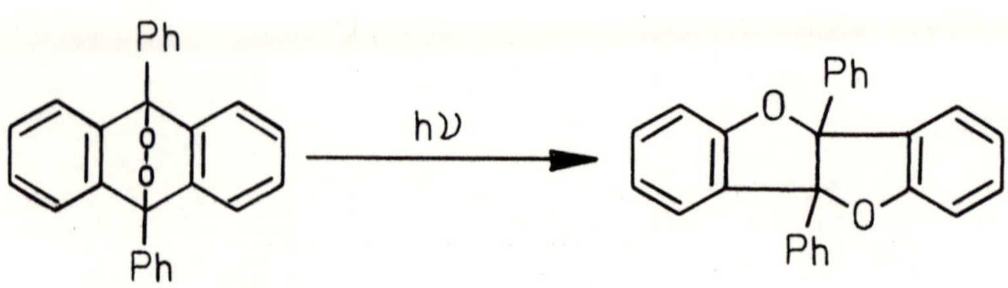

J. Rigandy, C. Breliere and P. Scribe, Tetrahedron Letters, 687 (1978).

421.

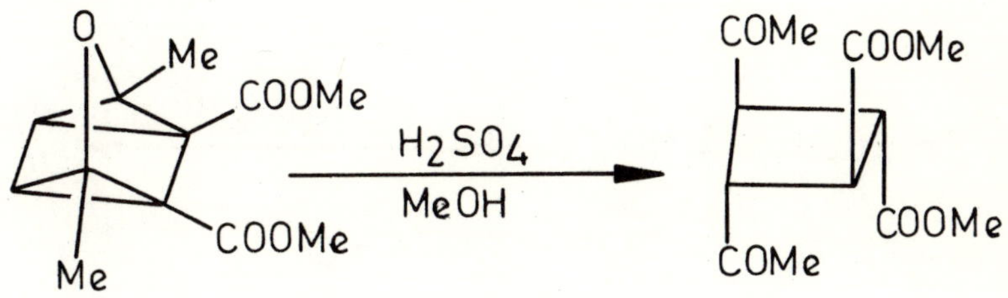

S. F. Nelsen and J. C. Calabrese,
J. Am. Chem. Soc., 95, 8385 (1973).

422.

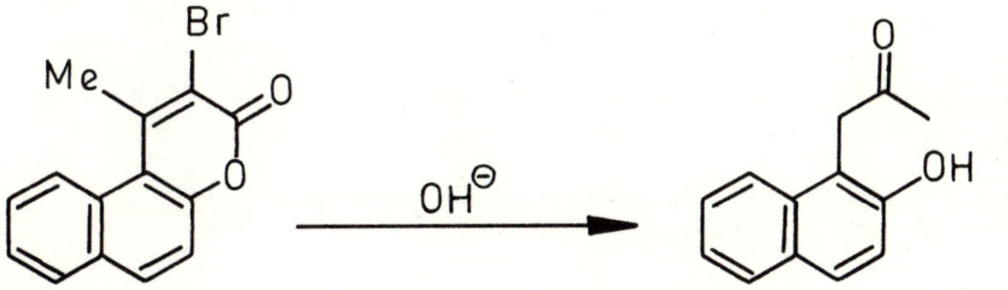

J. Carnduff and R. B. Marks,
Tetrahedron Letters, 4073 (1975).

423.

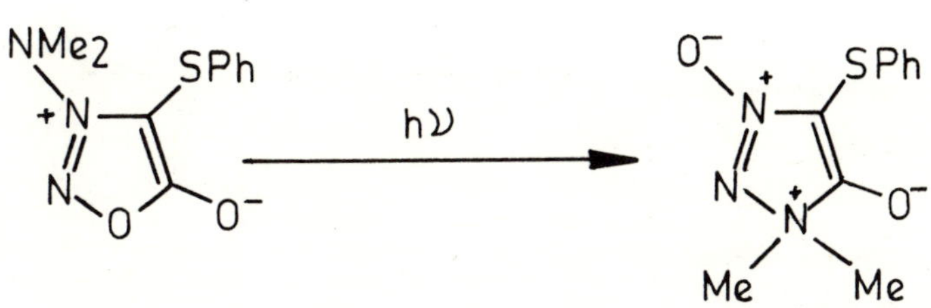

H. Gotthardt, F. Reiter, A. Gieren and
V. Lamm,
Tetrahedron Letters, 2331 (1978).

424.

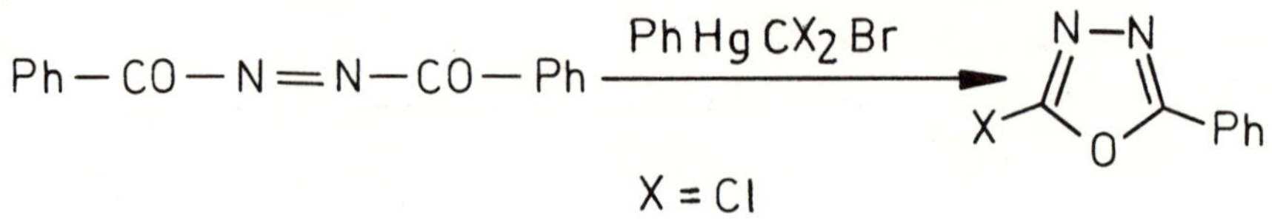

D. Seyferth and H. Shih,
J. Am. Chem. Soc., 95, 8464 (1973).

425.

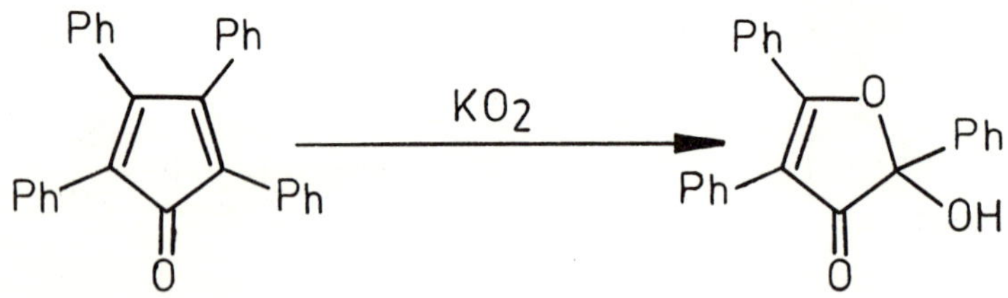

I. Rosenthal and A. Frimer,
Tetrahedron Letters, 3731 (1975).

426.

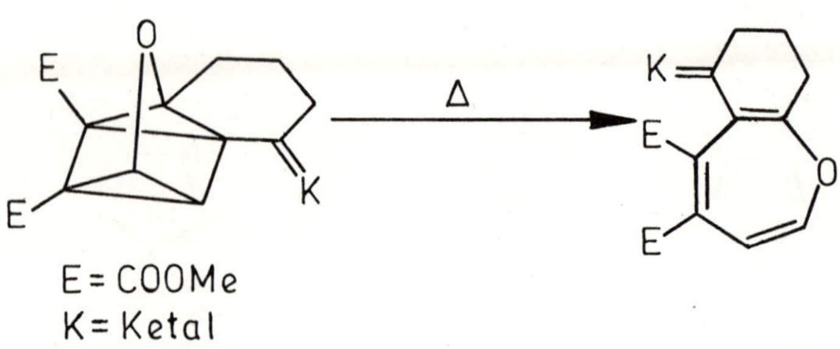

W. Tochtermann and H. Timm,
Tetrahedron Letters, 2145 (1978).

427.

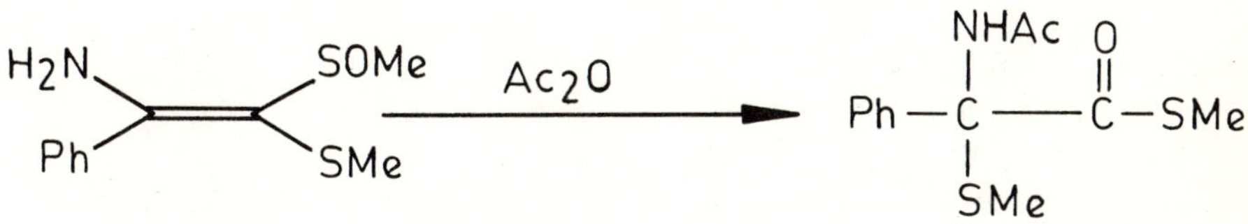

K. Ogura and G. Tsuchihashi,
J. Am. Chem. Soc., 96, 1960 (1974).

428.

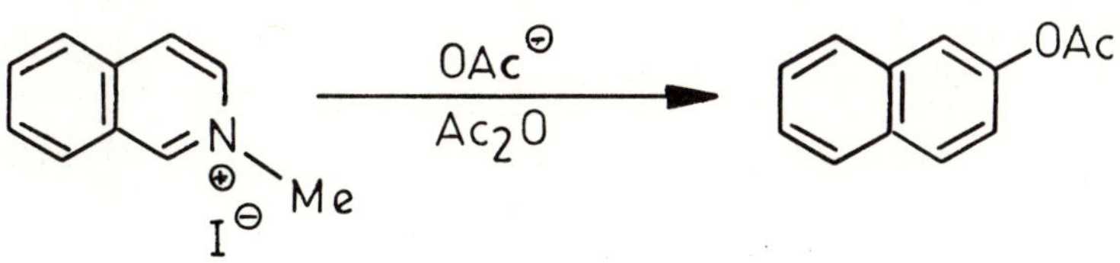

M. Shamma, L. A. Smeltz, J. L. Moniot and
L. Toke,
Tetrahedron Letters, 3803 (1975).

429.

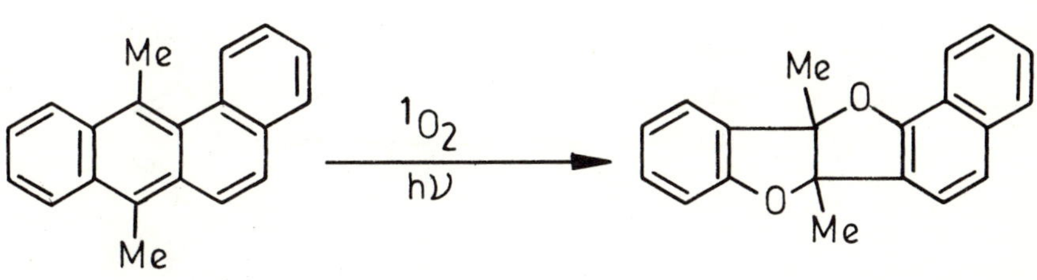

M. K. Logani, W. A. Austin and R. E. Davies,
Tetrahedron Letters, 511 (1978).

430.

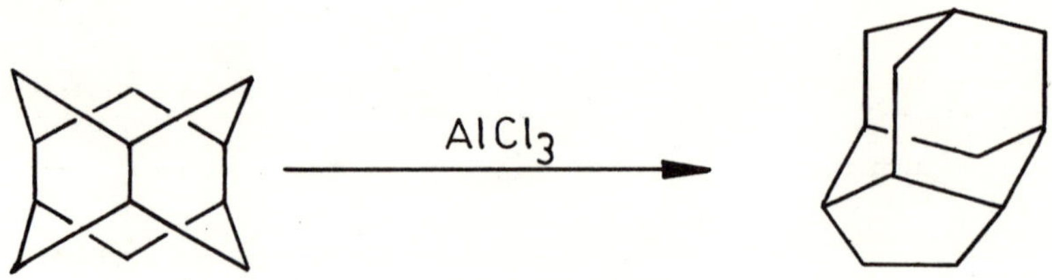

C. A. Cupas and L. Hodakowski,
J. Am. Chem. Soc., 96, 4668 (1974).

431.

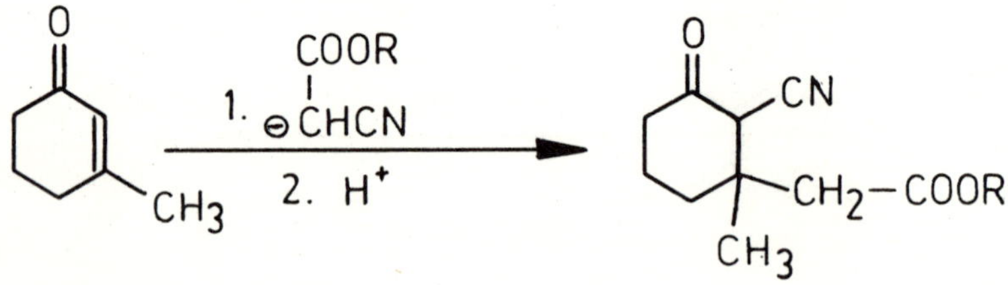

R. K. Hill and N. D. Ledford,
J. Am. Chem. Soc., 97, 666 (1975).

432.

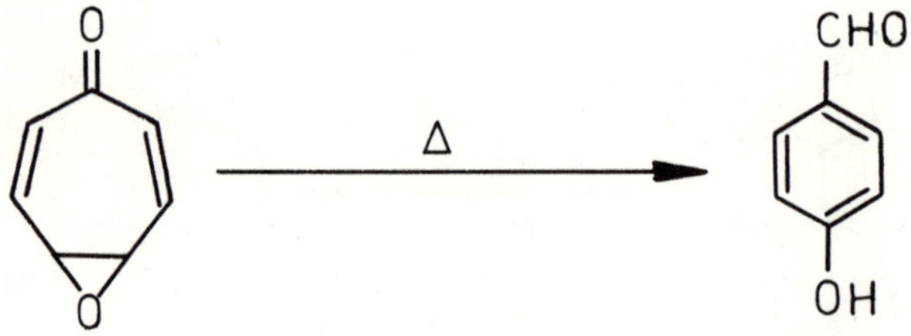

R. Miyamoto, T. Tezuka and T. Mukai,
Tetrahedron Letters, 891 (1975).

433.

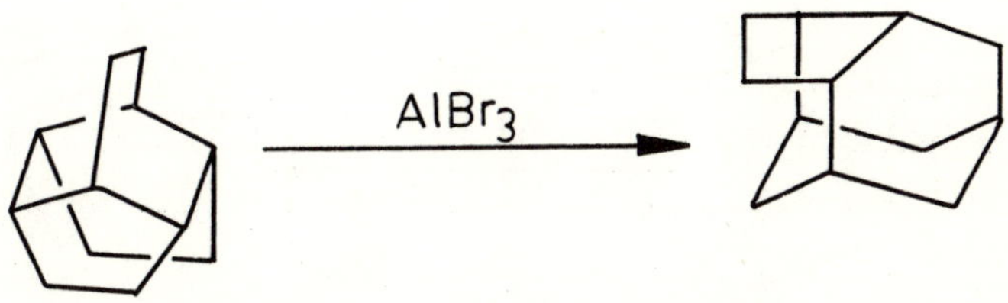

D. Farcasiu, E. Wiskott, E. Osawa, W. Thielecke, E. M. Engler, J. Slutsky, P. v. R. Schleyer and G. J. Kent, J. Am. Chem. Soc., 96, 4669 (1974).

434.

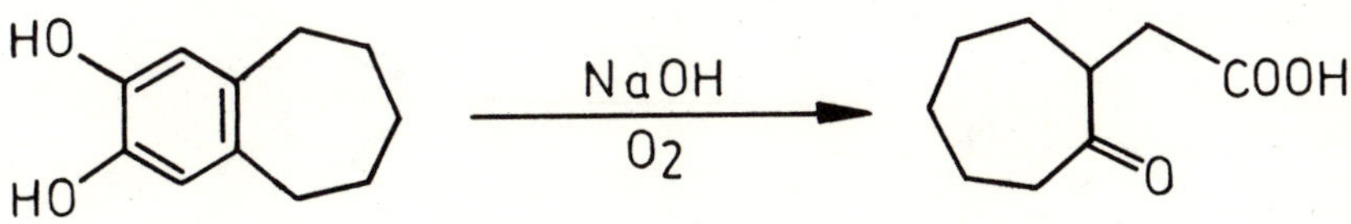

I. W. Sinclair and G. R. Proctor, J.C.S. Perkin I, 2485 (1975).

435.

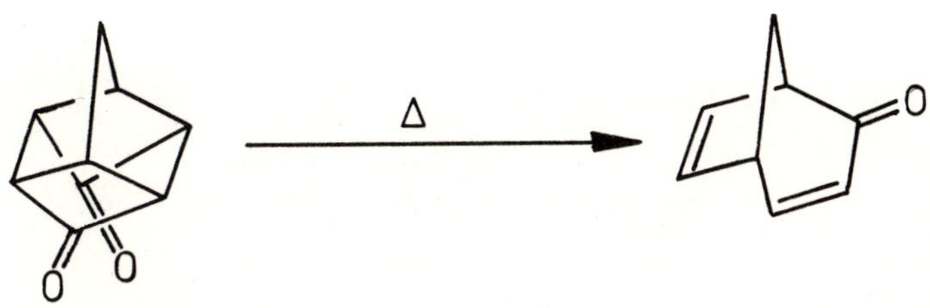

R. D. Miller and D. L. Dolce, Tetrahedron Letters, 1831 (1975).

436.

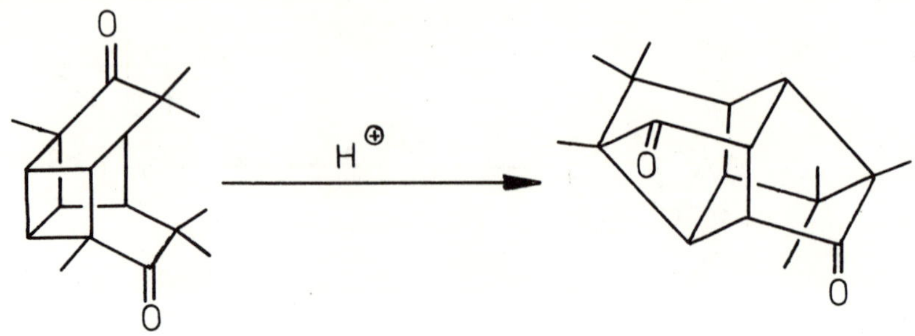

K. Hirao, M. Taniguchi, T. Iwakuma, O. Yonemitsu, J. L. Flippeu, I. L. Karle and B. Witkop, J. Am. Chem. Soc., 97, 3249 (1975).

437.

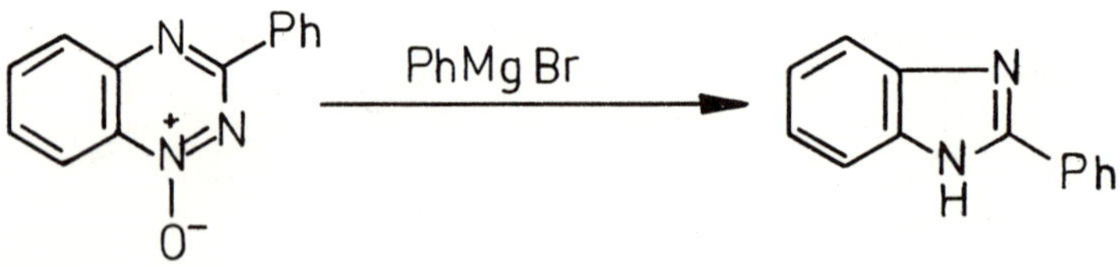

H. Igeta, T. Nakai and T. Tsuchiya, Chem. Comm., 622 (1973).

438.

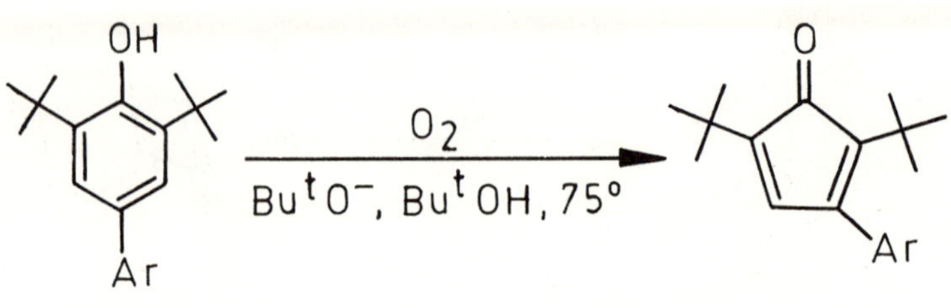

A. Nishinaga and A. Rieker, J. Am. Chem. Soc., 98, 4667 (1976).

439.

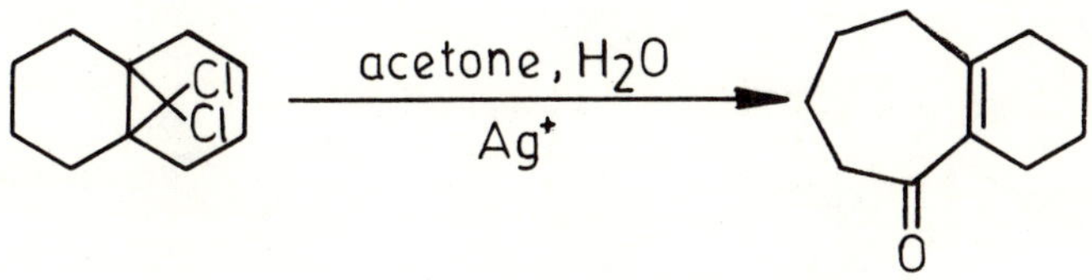

P. Warner and S. L. Lu,
J. Am. Chem. Soc., 97, 2536 (1975).

440.

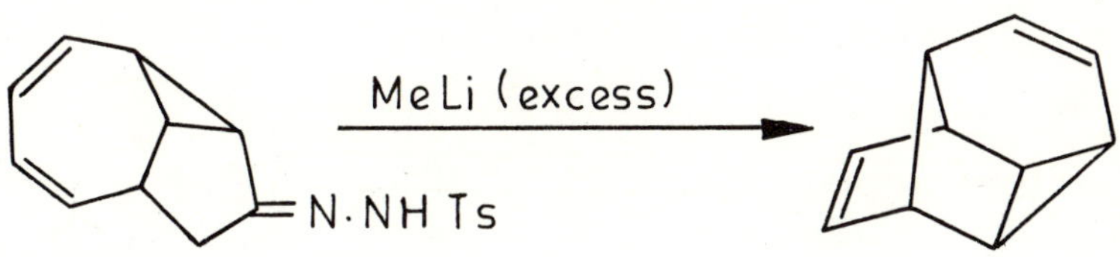

E. Vedejs and R. P. Steiner,
Chem. Comm., 599 (1973).

441.

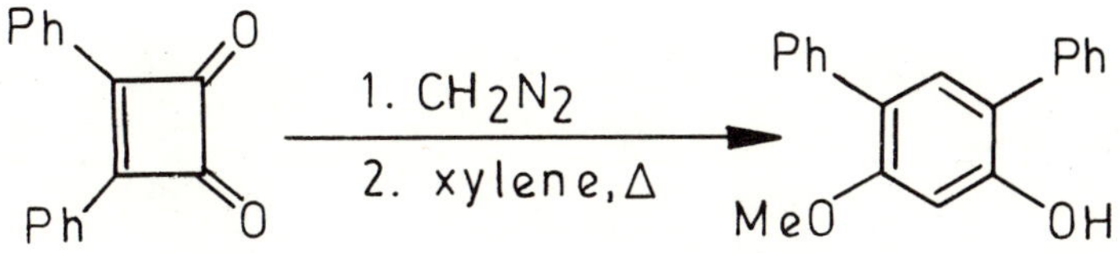

W. Ried, W. Kuhn and A. H. Schmidt,
Angew. Chem., Int. Ed. Engl., 10, 736 (1971).

442.

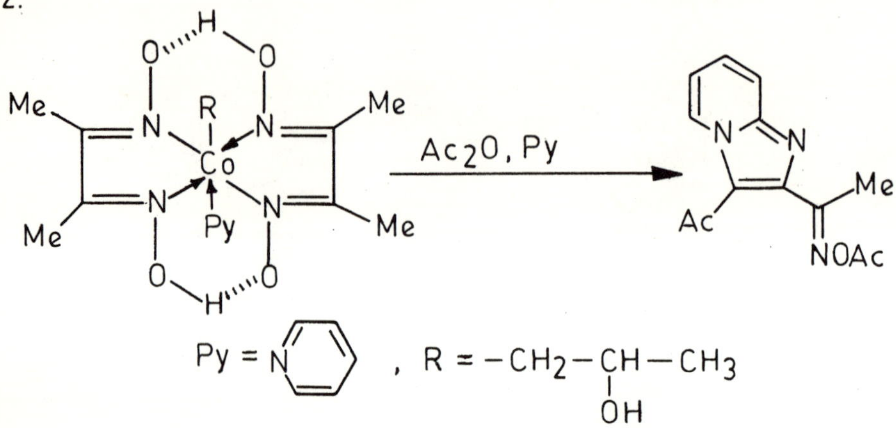

N. W. Alcock, B. T. Golding, D. R. Hall and U. Horn,
J. Am. Chem. Soc., 94, 8610 (1972).

443.

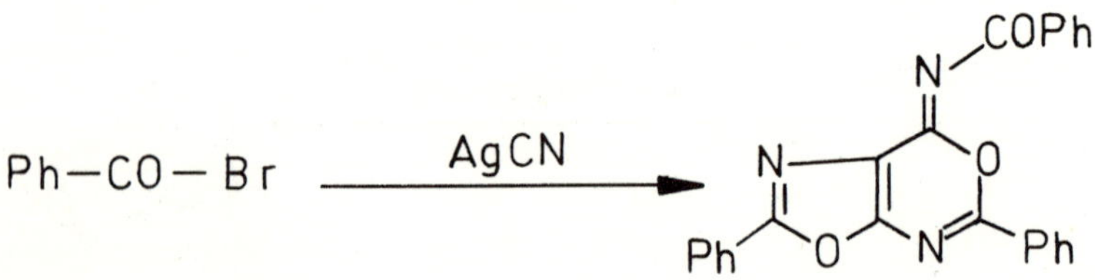

H. Dounchis,
J. Org. Chem., 37, 2583 (1972).

444.

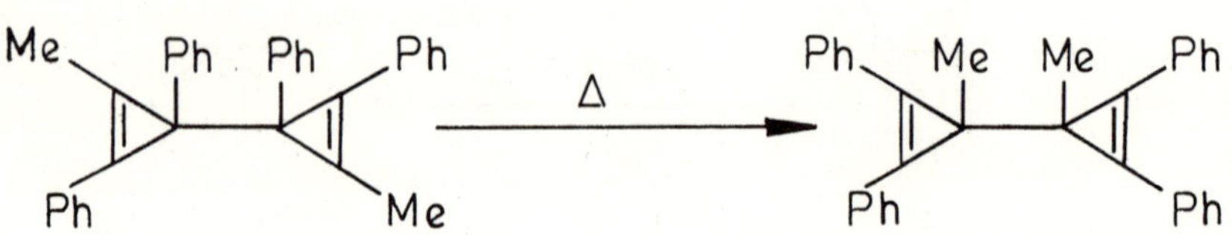

R. Weiss and H. Kolbl,
J. Am. Chem. Soc., 97, 3224 (1975).

445.

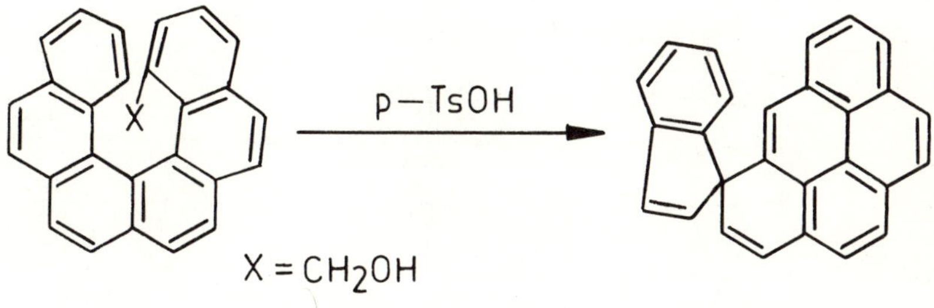

R. H. Martin, J. Jespers and N. Defay, Tetrahedron Letters, 1093 (1975).

446.

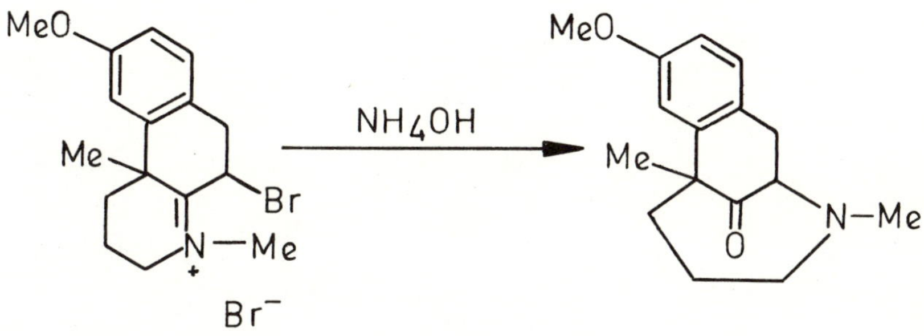

M. Takeda, H. Inoue, M. Konda, S. Saito and H. Kugita, J. Org. Chem., 37, 2677 (1972).

447.

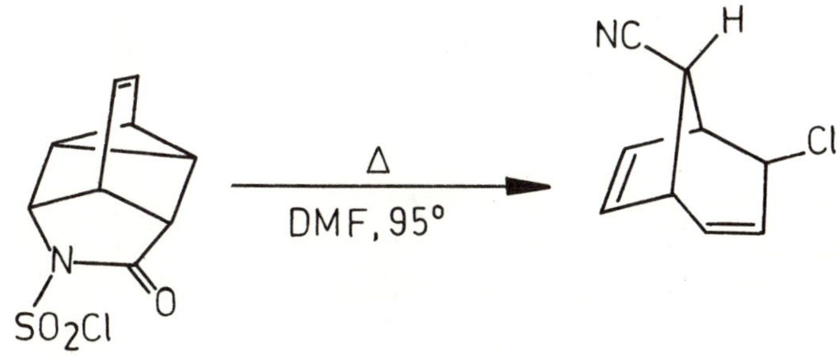

L. A. Paquette, W. E. Volz, M. A. Beno and G. G. Christoph, J. Am. Chem. Soc., 97, 2562 (1975).

448.

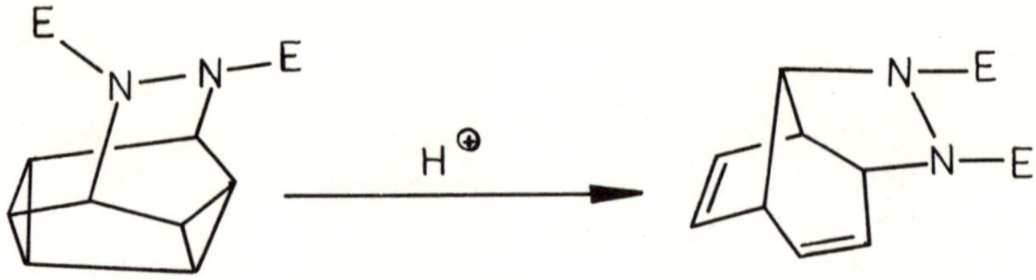

E = COOMe

R. Askani, I. Gurang and W. Schwertfeger, Tetrahedron Letters, 1315 (1975).

449.

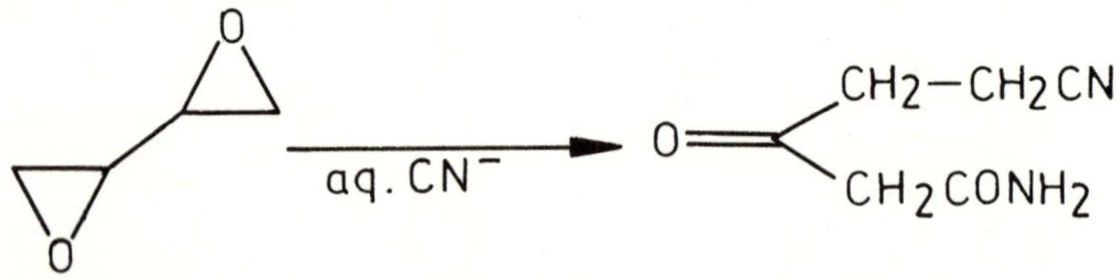

C. E. Moppett, J. Org. Chem., 37, 3194 (1972).

450.

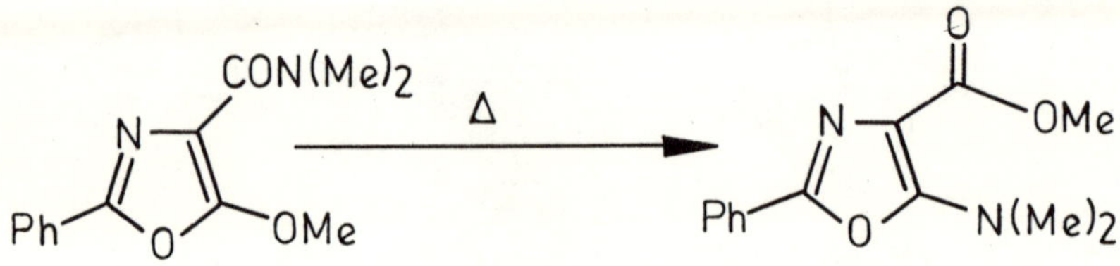

M. J. S. Dewar and I. J. Turchi, J. Am. Chem. Soc., 96, 6148 (1974).

451.

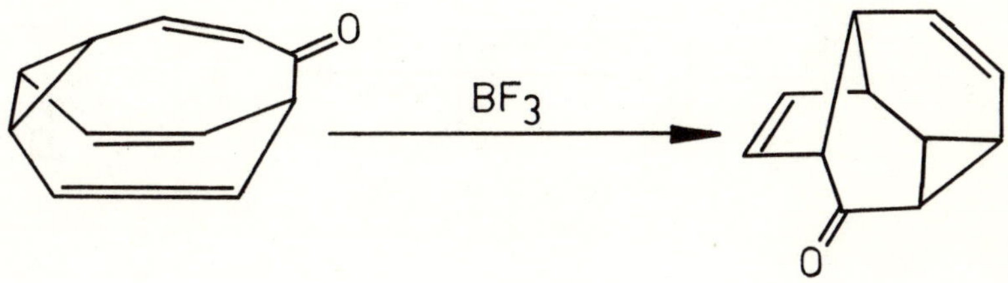

K. W. Ma and J. T. Groves, Tetrahedron Letters, 1141 (1975).

452.

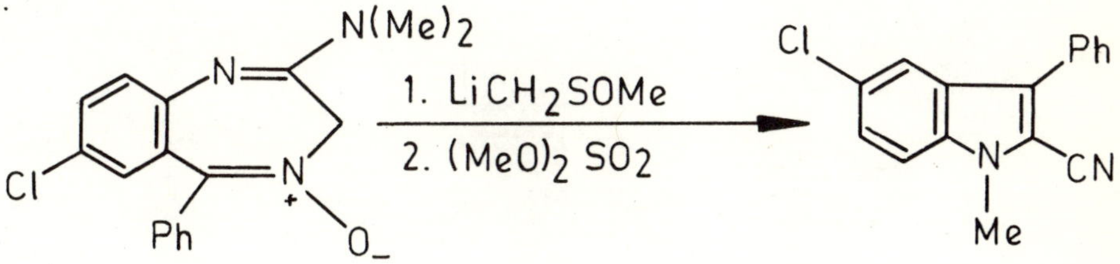

N. W. Gilman, J. F. Blount and L. H. Sternbach, J. Org. Chem., 37, 3201 (1972).

453.

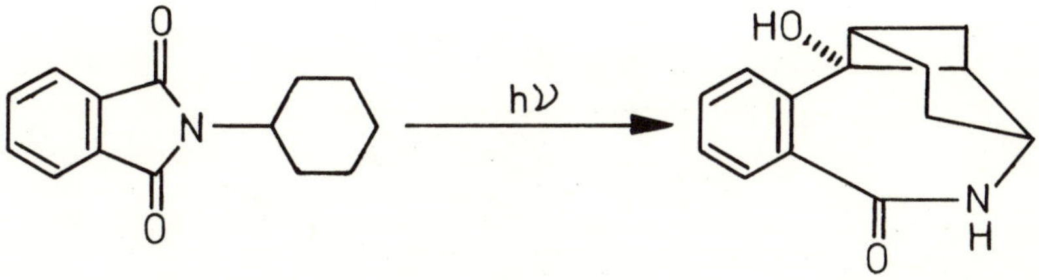

Y. Kanaoka, K. Koyama, J. L. Flippen, I. L. Karle and B. Witkop, J. Am. Chem. Soc., 96, 4719 (1974).

454.

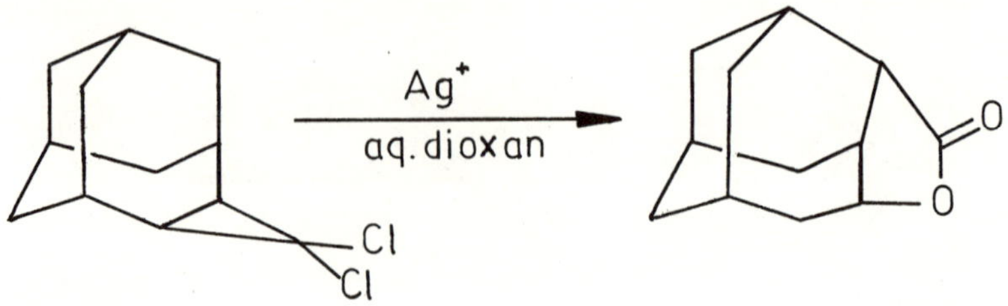

T. Sasaki, S. Eguchi and M. Mizutani, Tetrahedron Letters, 2685 (1975).

455.

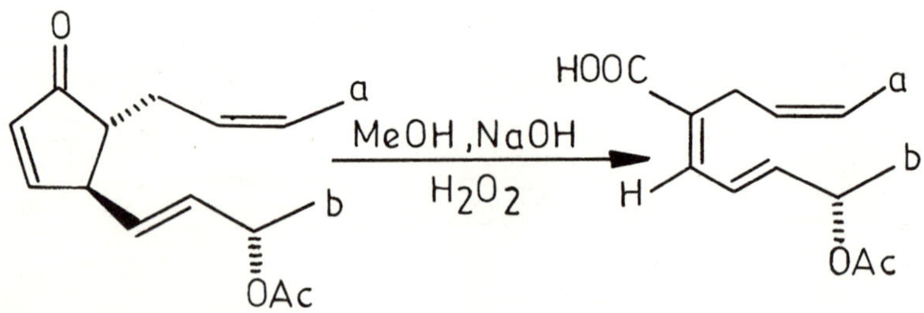

W. P. Schneider and R. A. Morge, J. Org. Chem., 43, 759 (1978).

456.

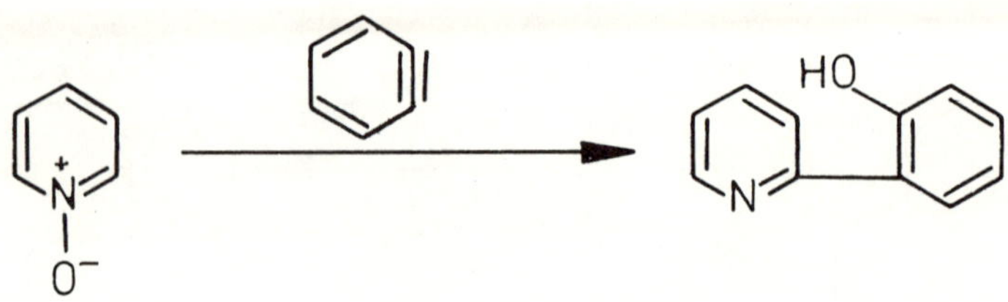

R. A. Abramovitch and I. Shinkai, J. Am. Chem. Soc., 96, 5265 (1974).

457.

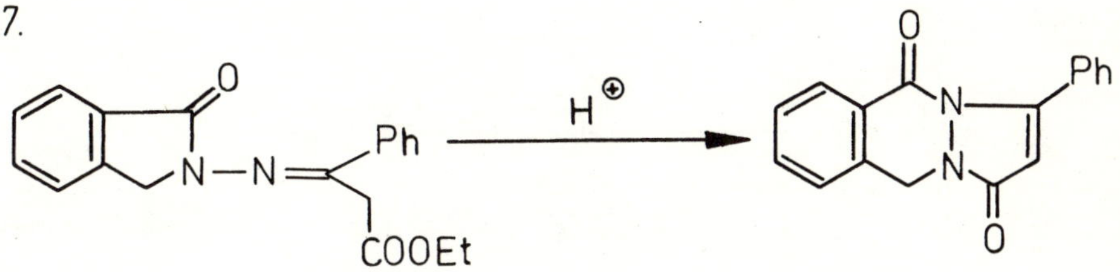

E. Toja, A. O. Sale and G. Nathansohn, Tetrahedron Letters, 111 (1976).

458.

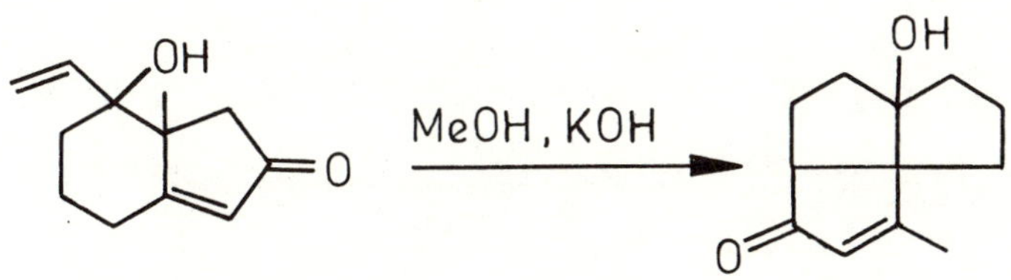

W. G. Dauben and D. J. Hart, J. Org. Chem., 42, 3787 (1977).

459.

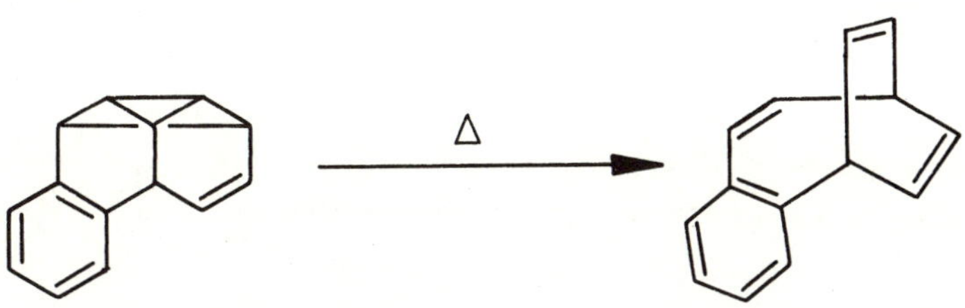

E. Vedejs, R. P. Steiner and E. S. C. Wu, J. Am. Chem. Soc., 96, 4040 (1974).

460.

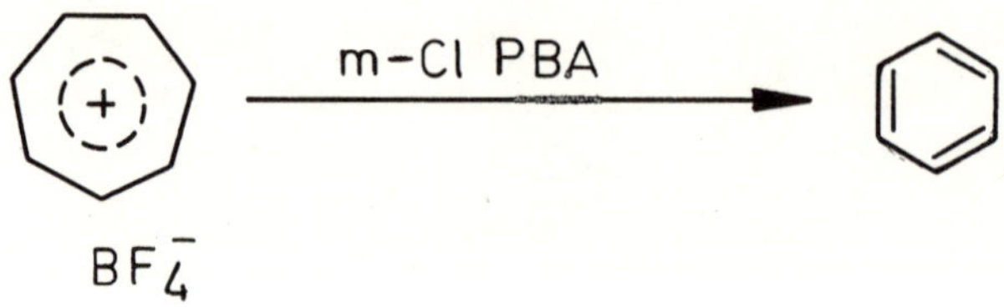

K. Nakasuji, T. Nakamura and I. Murata, Tetrahedron Letters, 1539 (1978).

461.

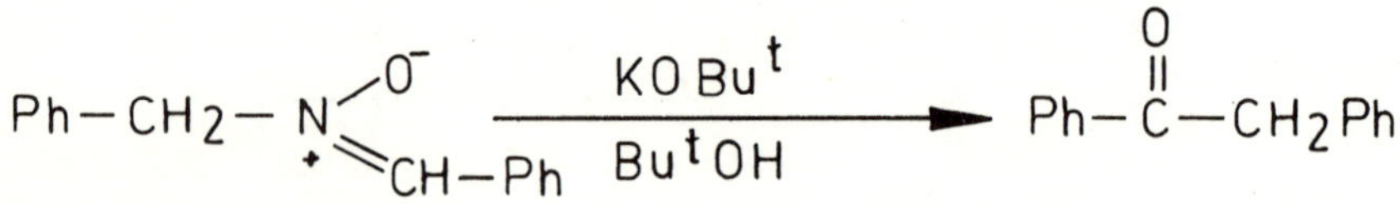

J. H. Hall and M. R. Gisler, J. Org. Chem., 42, 1133 (1977).

462.

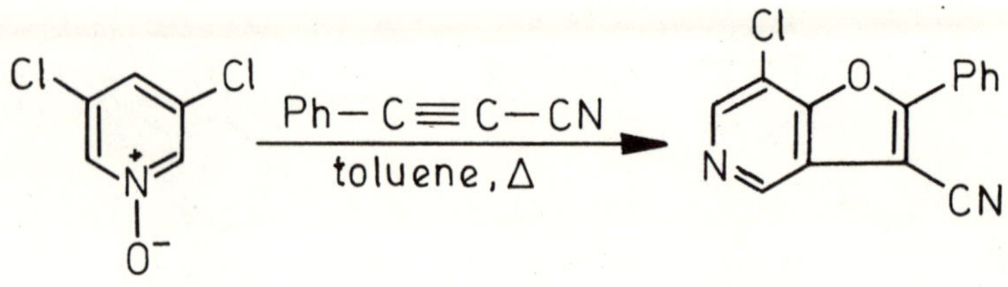

R. A. Abramovitch and I. Shinkai, J. Am. Chem. Soc., 97, 3227 (1975).

463.

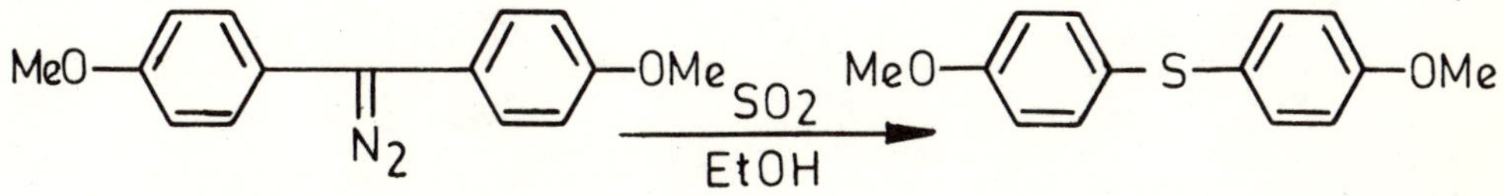

T. Tanabe and T. Nagai,
Tetrahedron Letters, 1545 (1978).

464.

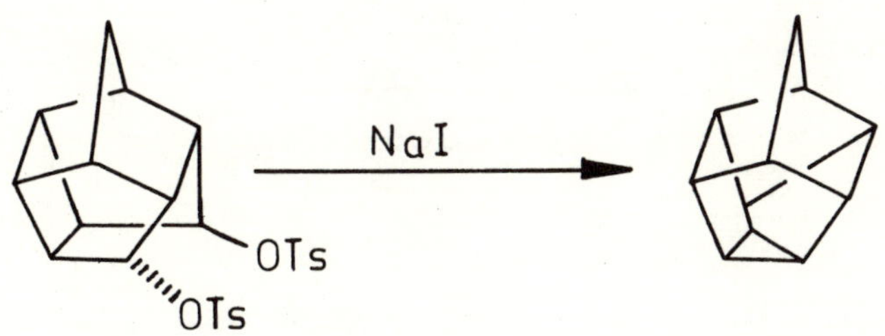

A. P. Marchand, T. C. Chou, J. D. Ekstrand and D. v. der-Helm,
J. Org. Chem., 41, 1438 (1976).

465.

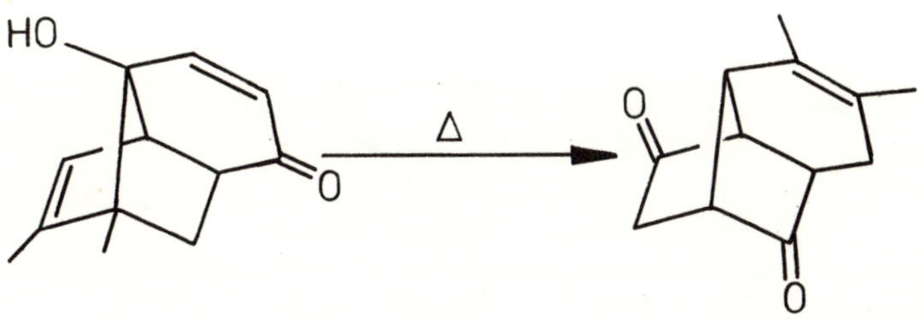

J. R. Scheffer, K. S. Bhandari, R. E. Gayler and R. A. Wostradowski,
J. Am. Chem. Soc., 97, 2179 (1975).

466.

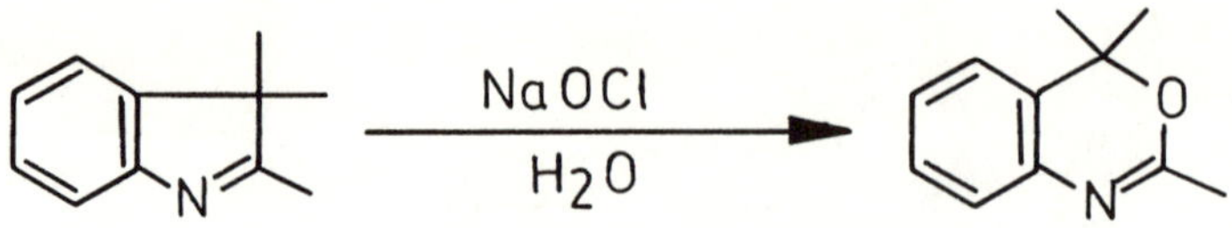

A. Picot and X. Lusinchi,
Tetrahedron Letters, 903 (1973).

467.

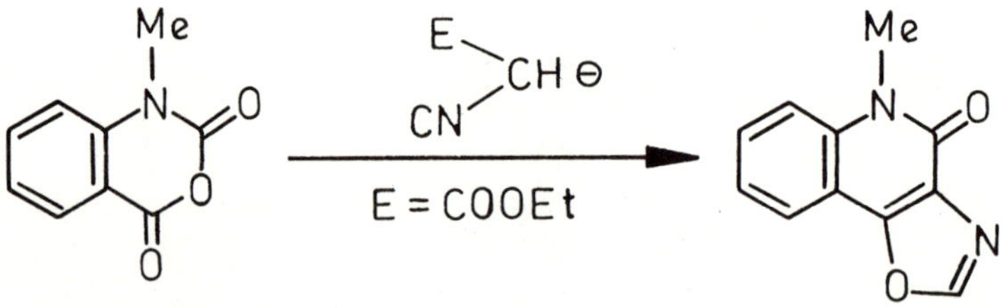

G. M. Coppola, G. E. Hardtmann and O.R. Pfister,
J. Org. Chem., 41, 825 (1976).

468.

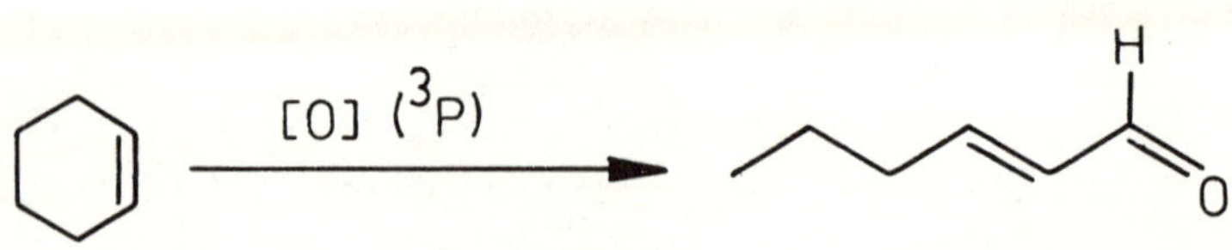

J. J. Havel and K. H. Chan,
J. Am. Chem. Soc., 97, 5800 (1975).

469.

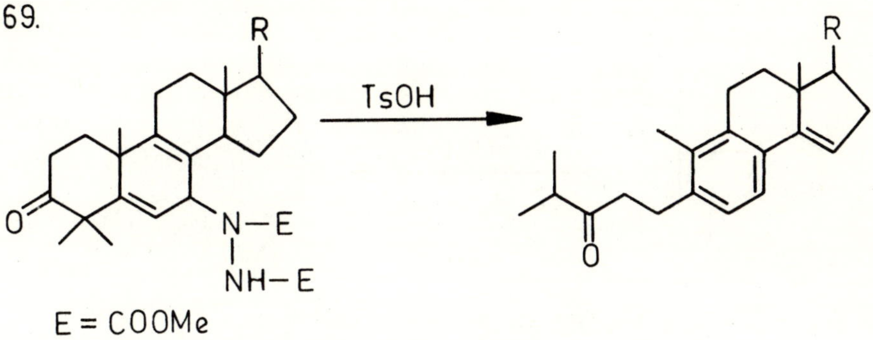

H. D. Nijs and W. W. Speckamp, Tetrahedron Letters, 813 (1973).

470.

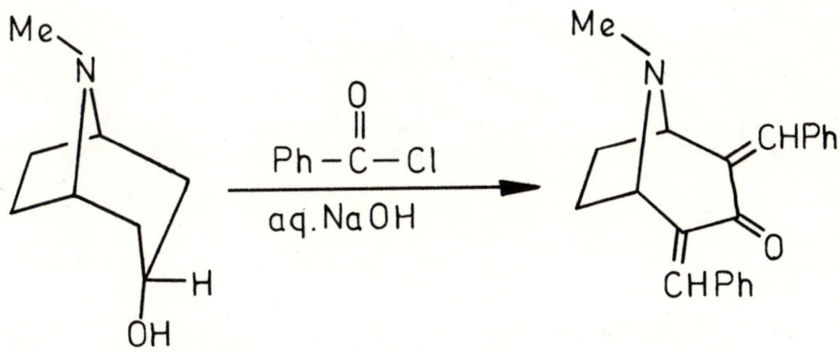

P. J. Kocienski and M. Kirkup, J.Org. Chem., 40, 2998 (1975).

471.

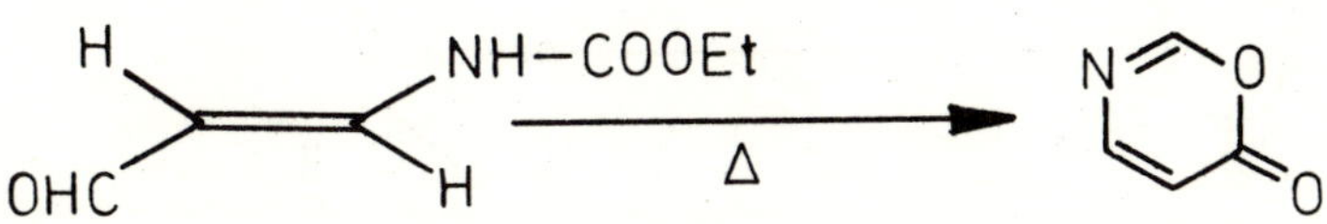

A. Krantz and B. Hoppe, J. Am. Chem. Soc., 97, 6590 (1975).

472.

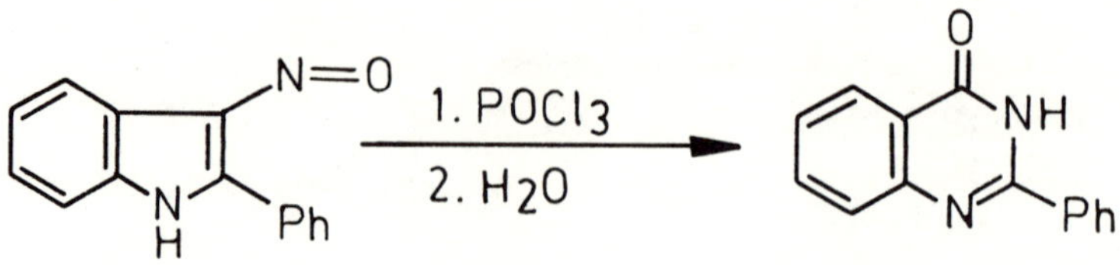

F. Yoneda, M. Higuchi and R. Nonaka, Tetrahedron Letters, 359 (1973).

473.

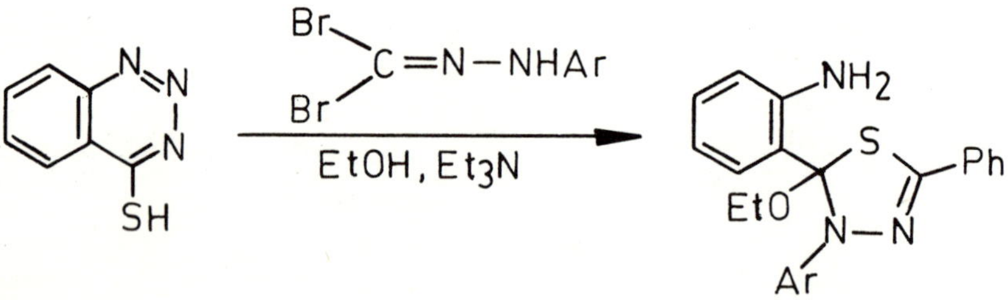

P. D. Callaghan, A. J. Elliott and M.S. Gibson, J. Org. Chem., 40, 2131 (1975).

474.

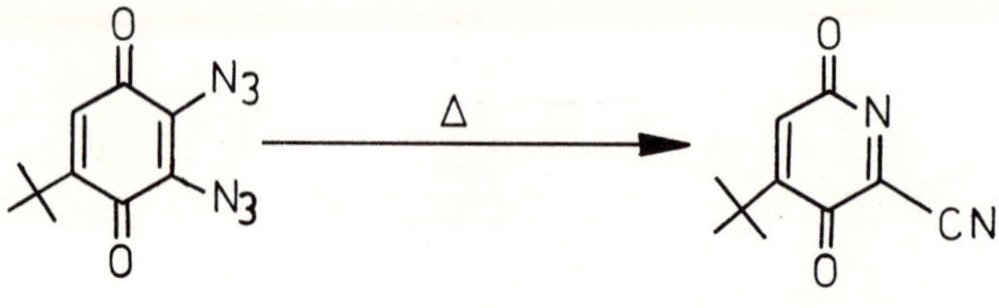

D. S. Pearce, M. J. Locke and H. W. Moore, J. Am. Chem. Soc., 97, 6181 (1975).

475.

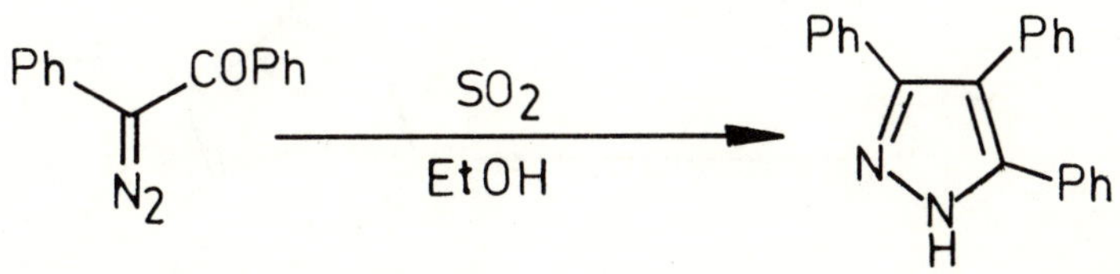

M. Tanaka, T. Nagai and N. Tokura,
Tetrahedron Letters, 4979 (1972).

476.

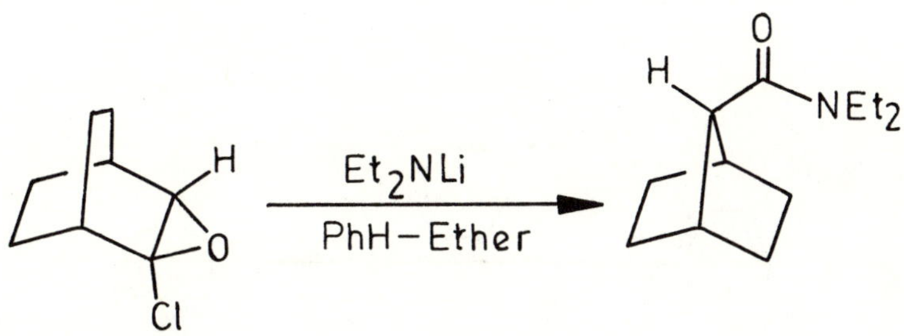

R. N. McDonald, R. N. Steppel and R.C. Cousins,
J. Org. Chem., 40, 1694 (1975).

477.

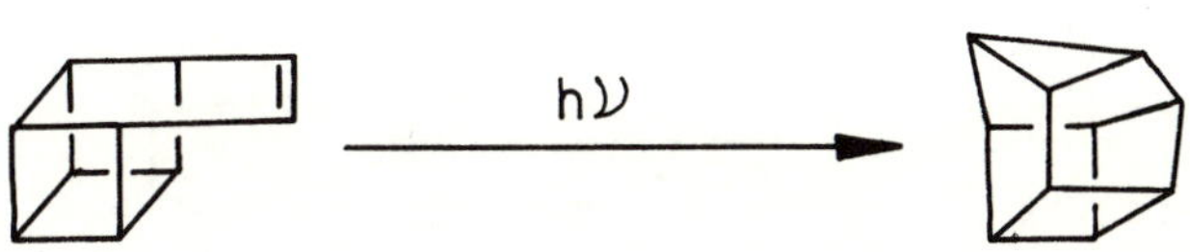

E. L. Allred and B. R. Beck,
J. Am. Chem. Soc., 95, 2393 (1973).

478.

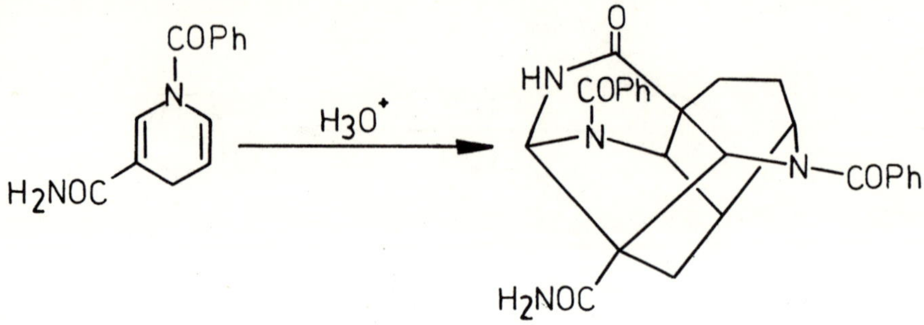

J. J. Steffens, J. P. Cross and D. M. Chipman, Tetrahedron Letters, 4883 (1972).

479.

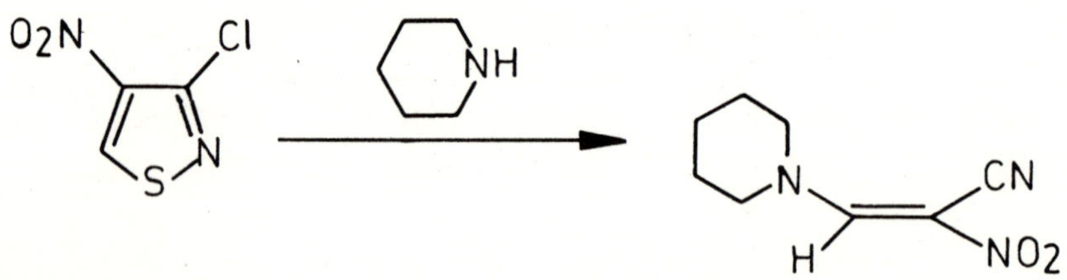

M. Winn,
J. Org. Chem., 40, 955 (1975).

480.

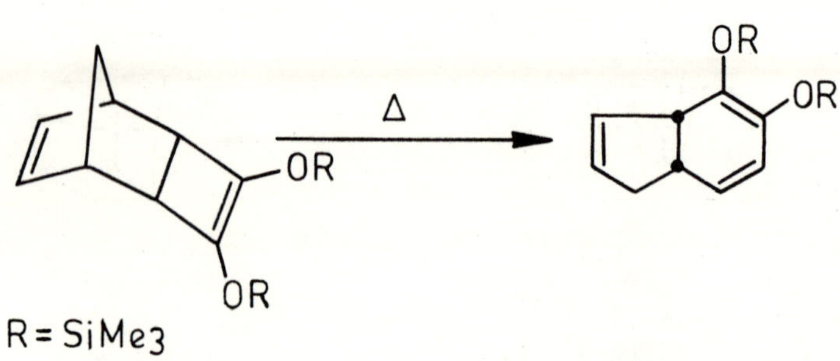

R. C. De Selms,
J. Am. Chem. Soc., 96, 1967 (1974).

481.

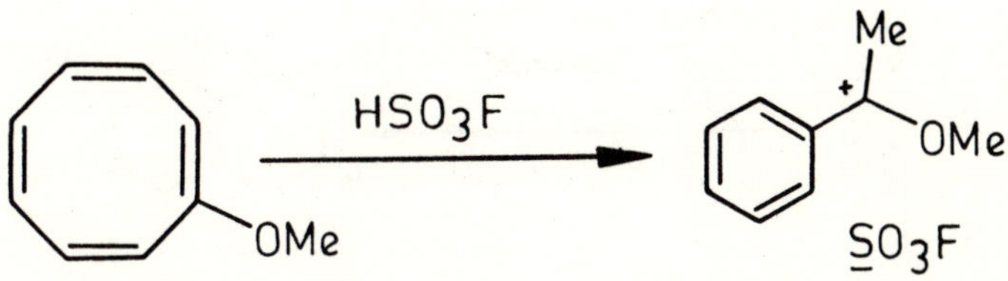

M. S. Brookhart and M. A. M. Atwater, Tetrahedron Letters, 4399 (1972).

482.

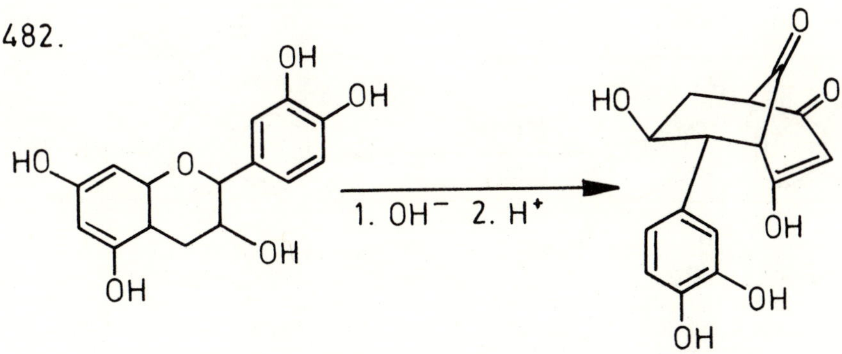

K. D. Sears, R. L. Casebier, H. L. Hergert, G. H. Stout and L. E. McCandlish, J. Org. Chem., 39, 3244 (1974).

483.

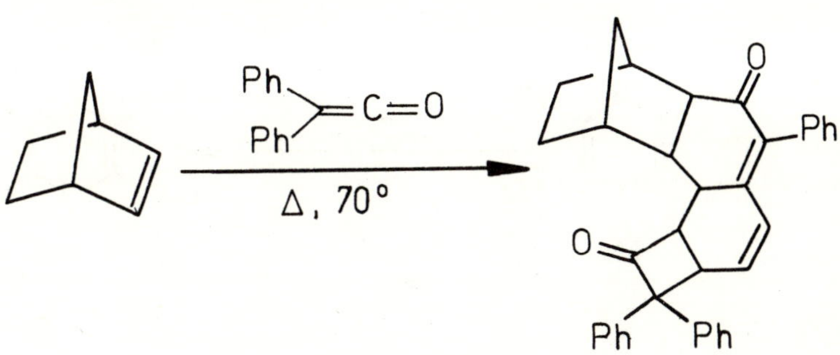

L. A. Feiler, R. Huisgen and P. Koppitz, J. Am. Chem. Soc., 96, 2270 (1974).

484.

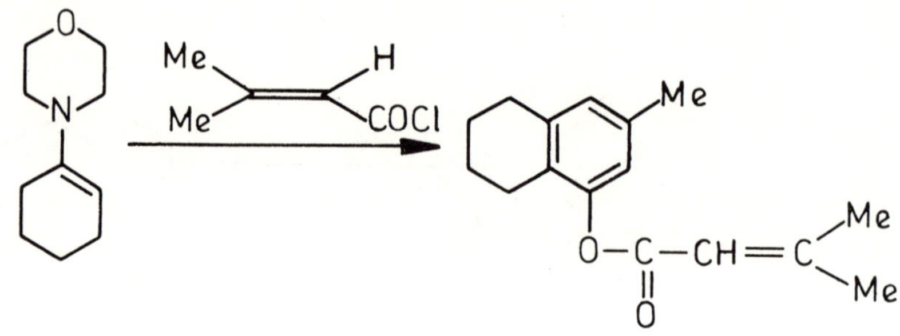

P. W. Hickmott, G. J. Miles, G. Sheppard, R. Urbani and C. T. Yoxall, J.C.S. Perkin I, 1514 (1973).

485.

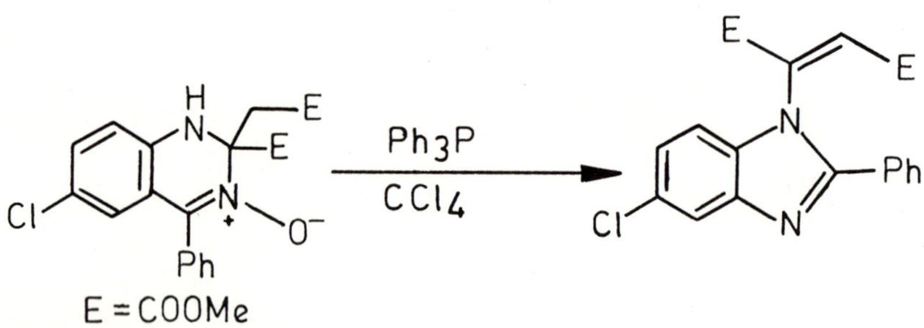

J. B. Hester, Jr., J. Org. Chem., 39, 2137 (1974).

486.

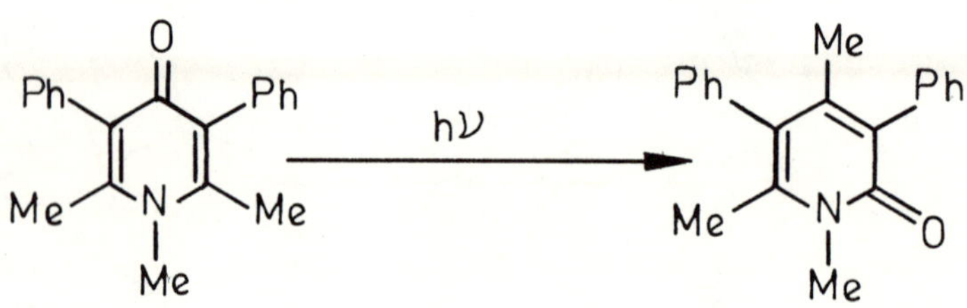

N. Ishibe and J. Masui, J. Am. Chem. Soc., 96, 1152 (1974).

487.

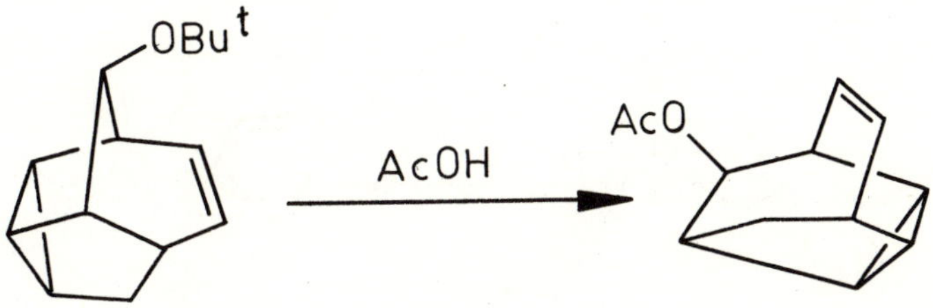

G. Ellen and G. W. Klumpp,
Tetrahedron Letters, 4171 (1972).

488.

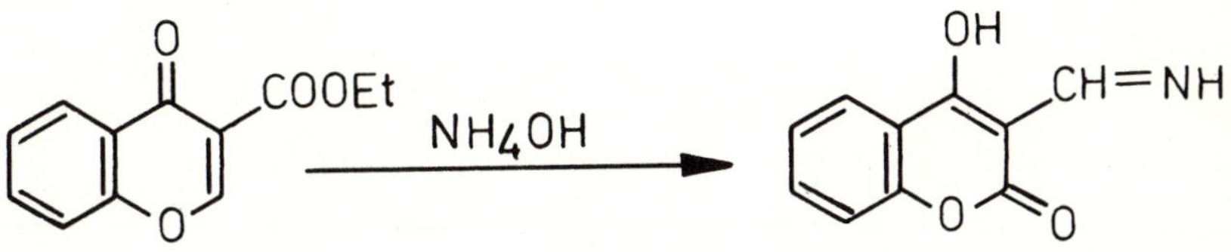

S. Klutchko, J. Shavel, Jr., and M. von Strandtmann,
J. Org. Chem., 39, 2436 (1974).

489.

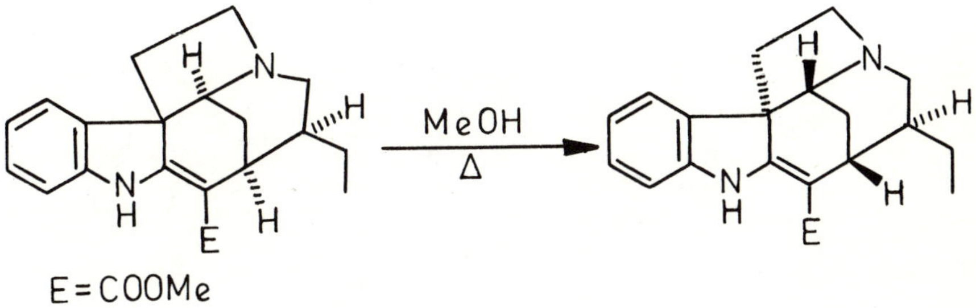

A. I. Scott and C. L. Yeh,
J. Am. Chem. Soc., 96, 2273 (1974).

490.

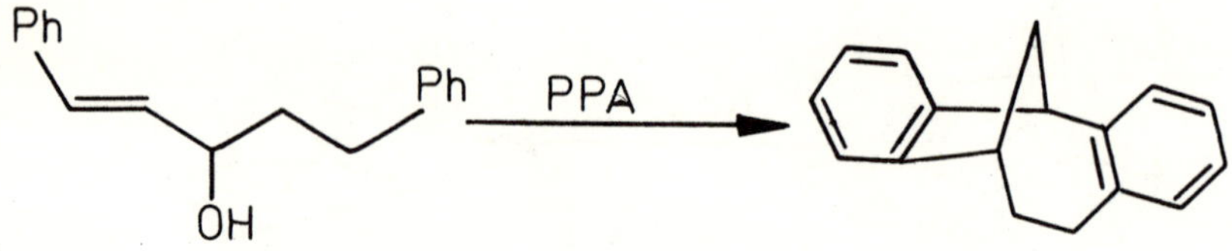

D. A. Cullison and R. K. Hill, Tetrahedron Letters, 3747 (1972).

491.

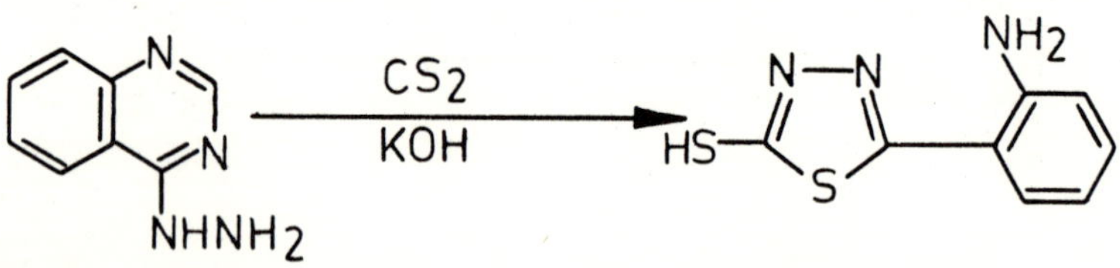

G. M. Coppola and G. E. Hardtmann, J. Org. Chem., 39, 2467 (1974).

492.

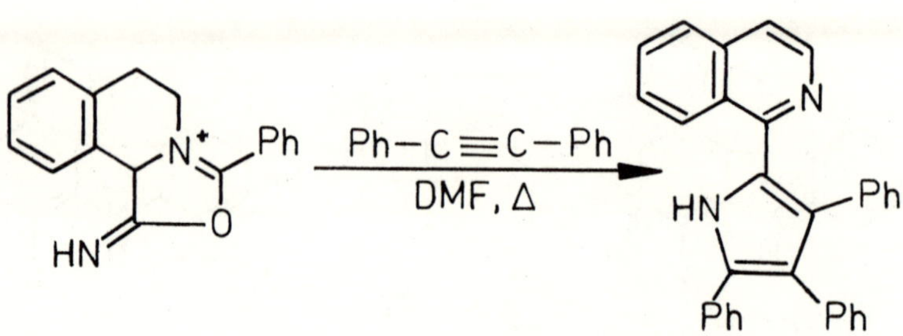

W. E. McEwen, P. E. Stott and C. M. Zepp, J. Am. Chem. Soc., 95, 8452 (1973).

493.

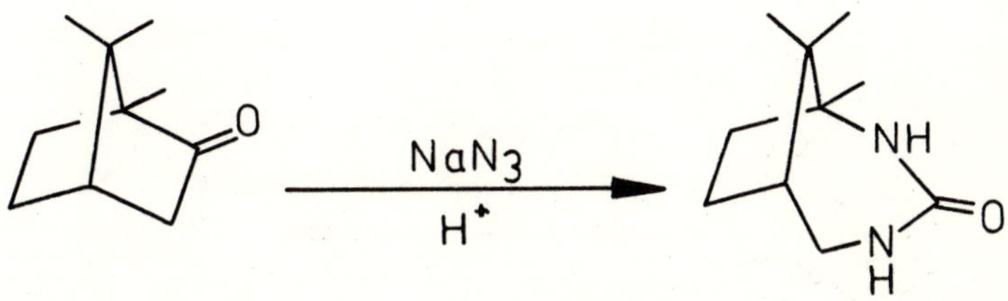

J. W. Apsimon and N. R. Hunter, Tetrahedron Letters, 187 (1972).

494.

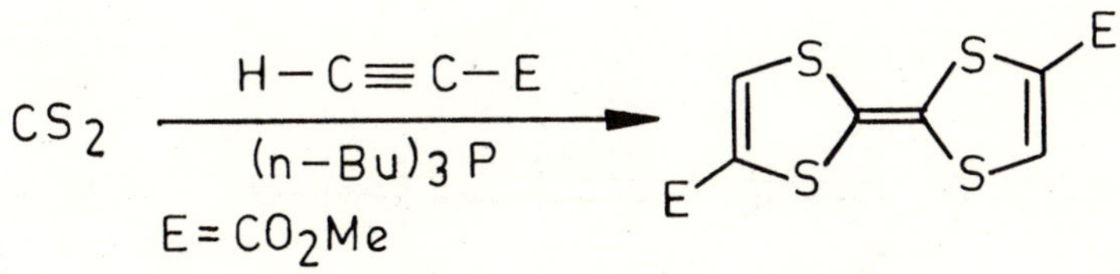

L. R. Melby, H. D. Hartzler and W. A. Sheppard, J. Org. Chem., 39, 2456 (1974).

495.

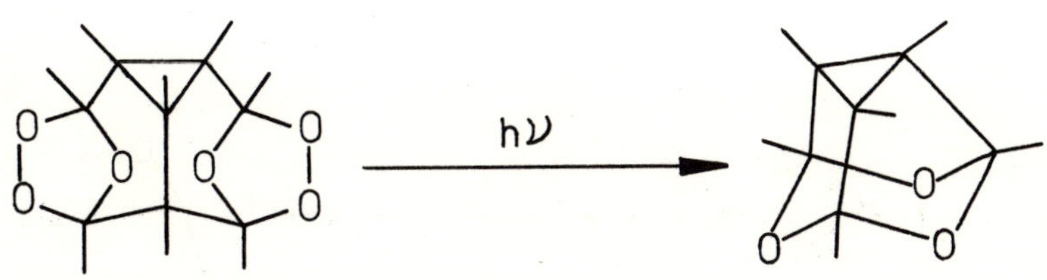

R. Criegee and H. Korber, Ann., 756, 95 (1972).

496.

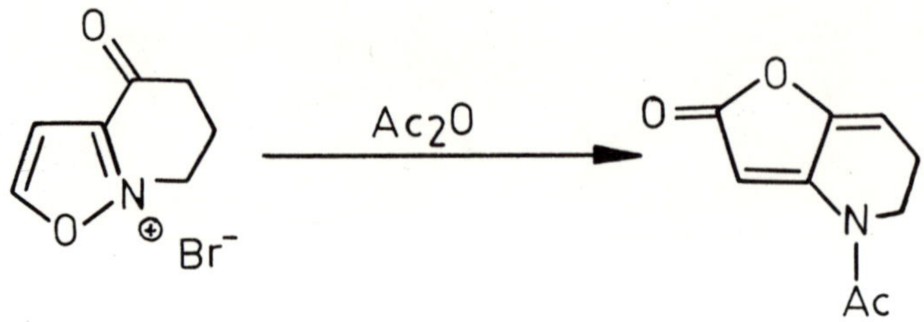

R. H. Good, G. Jones, J. R. Phipps, G. Ferguson and W. C. Marsh, Tetrahedron Letters, 609 (1972).

497.

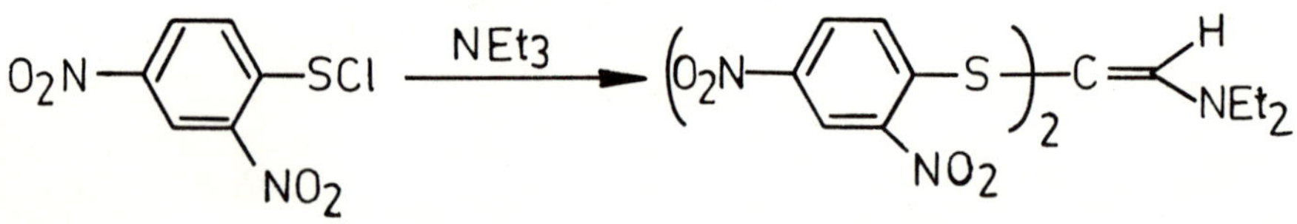

V. J. Traynelis and J. N. Rieck, J. Org. Chem., 38, 4339 (1973).

498.

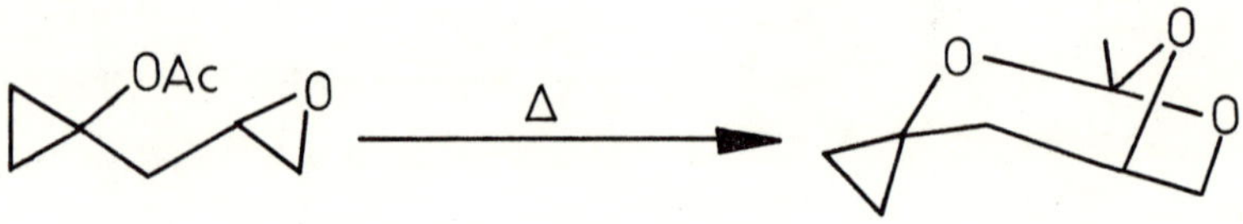

H. H. Wasserman, Angew. Chem., 84, 313 (1972).

499.

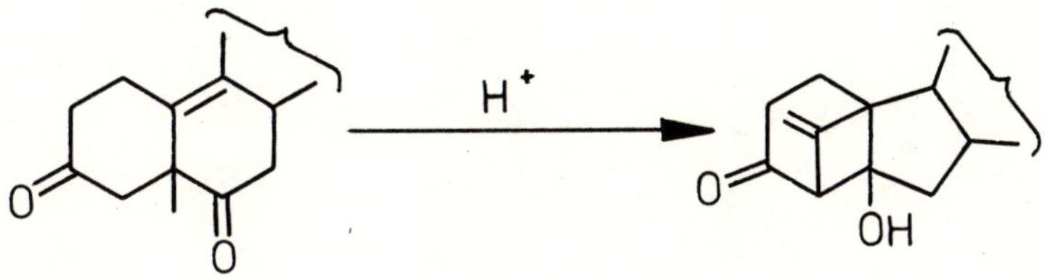

R. J. Chambers and B. A. Marples, Tetrahedron Letters, 3747 (1971).

500.

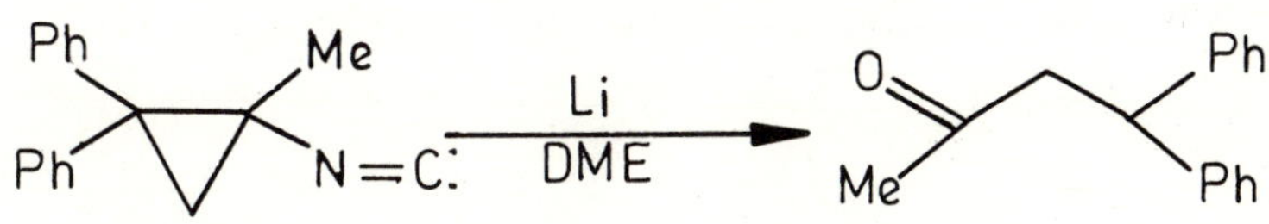

G. E. Niznik and H. M. Walborsky, J. Org. Chem., 39, 608 (1974).

501.

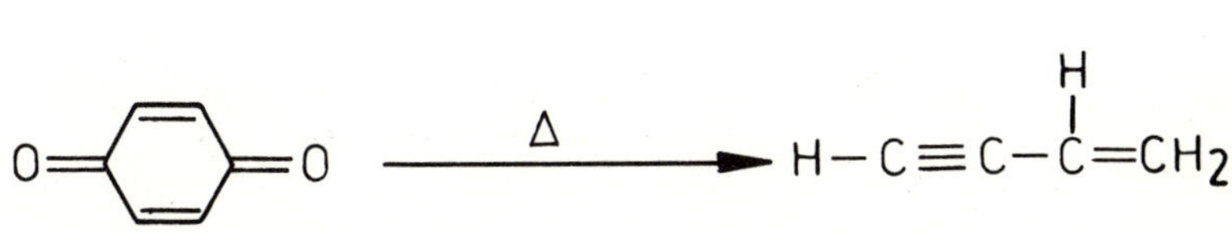

H. J. Hageman and U. E. Wiersum, Angew. Chem., 84, 314 (1972).

502.

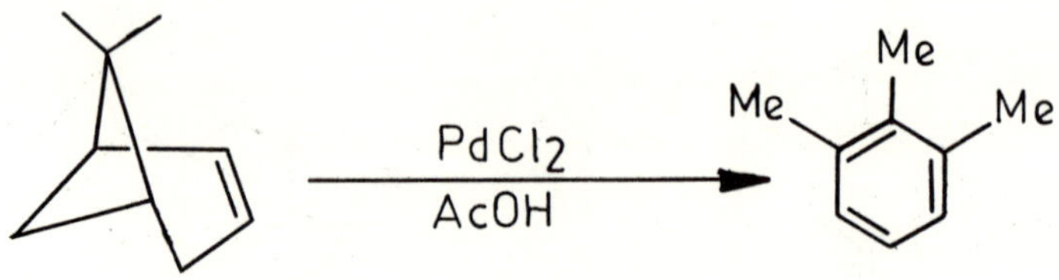

R. M. Giddings and D. Whittaker,
Tetrahedron Letters, 4077 (1978).

503.

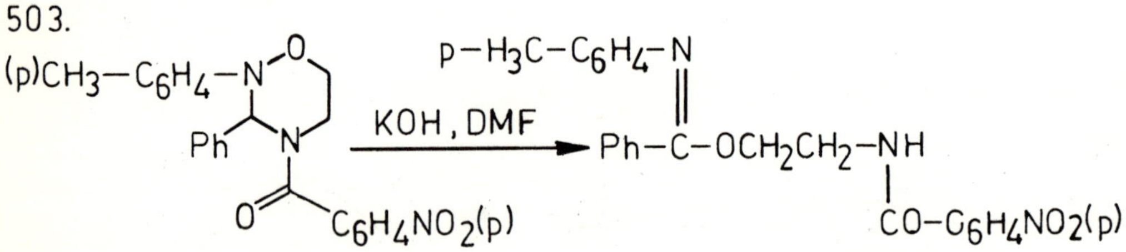

M. A. Calcagno, H. W. Heine, C. Kruse and
W. A. Kofke,
J. Org. Chem., 39, 162 (1974).

504.

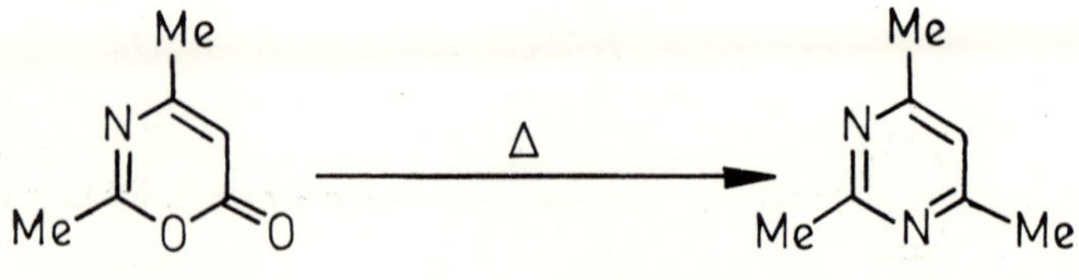

E. Buschmann and W. Steglich,
Angew Chem., 86, 414 (1974).

505.

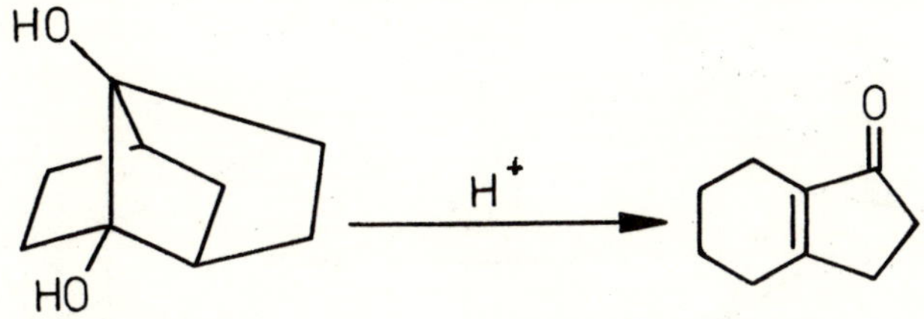

R. Bishop and W. Parker,
Tetrahedron Letters, 2375 (1973).

506.

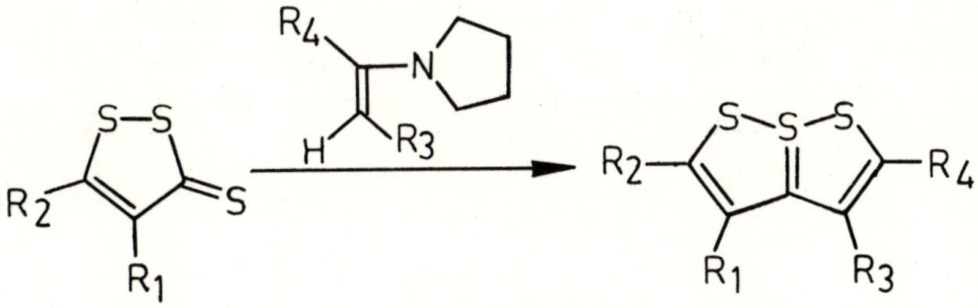

F. Ishii, M. Stavaux and N. Lozach,
Tetrahedron Letters, 1473 (1975).

507.

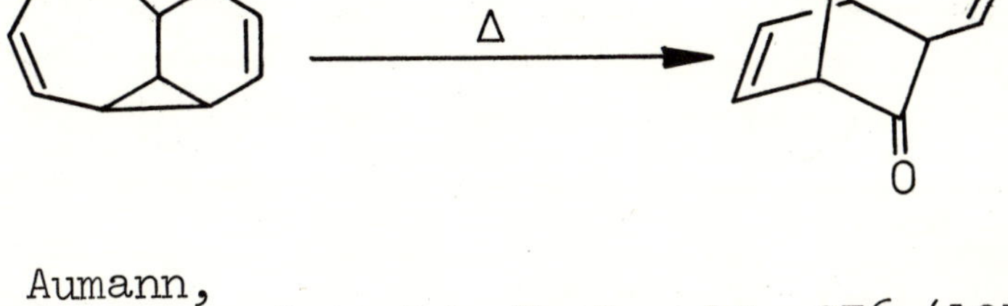

R. Aumann,
Angew Chem. Int. Ed. Engl., 15, 376 (1976).

508.

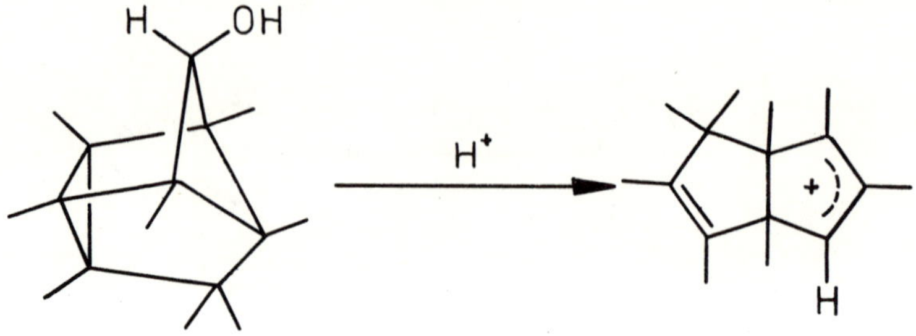

H. Hart and M. Kuzuya,
Tetrahedron Letters, 4123 (1973).

509.

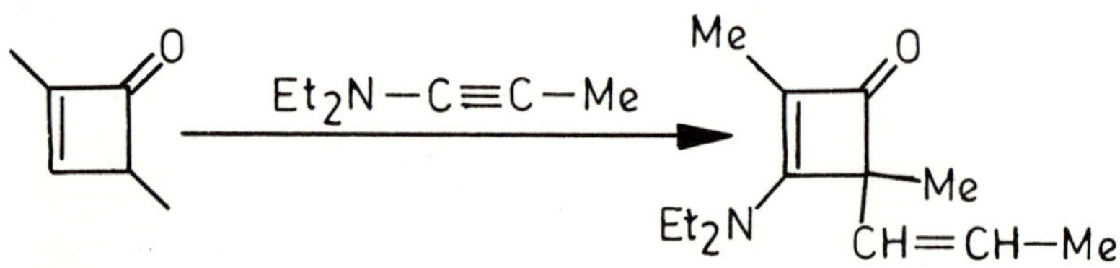

J. Ficini, S. Falou and J. d'Angelo,
Tetrahedron Letters, 1931 (1977).

510.

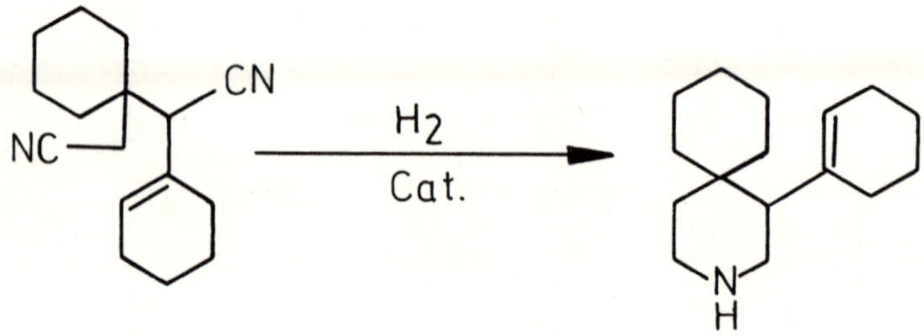

I. Leupold and H-J. Arpe,
Angew Chem. Int. Ed. Engl., 12, 927 (1973).

511.

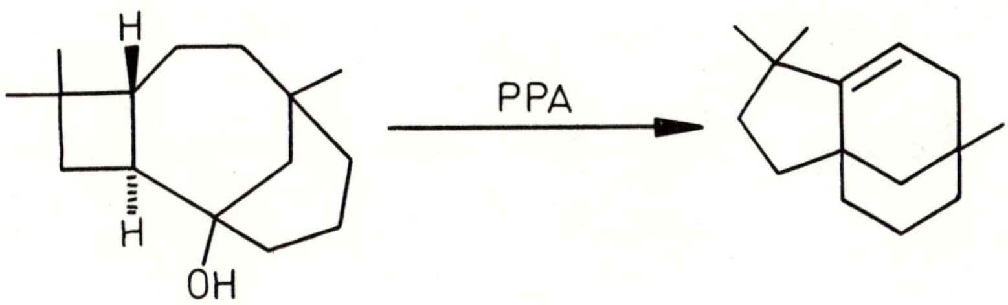

D. Baines, C. Eck and W. Parker,
Tetrahedron Letters, 3933 (1973).

512.

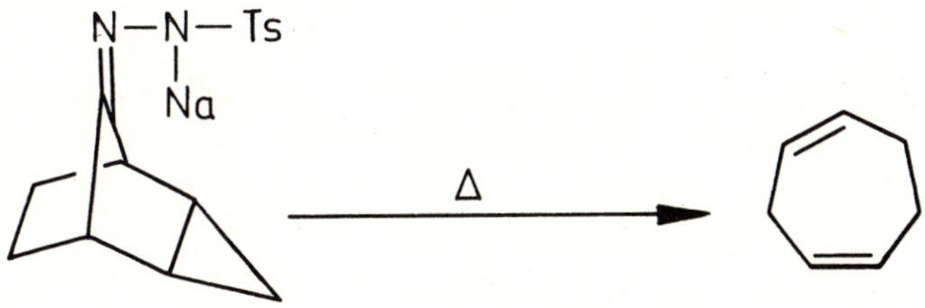

S-I. Murahashi, K. Okumura, T. Kubota,
and I. Moritani,
Tetrahedron Letters, 4197 (1973).

513.

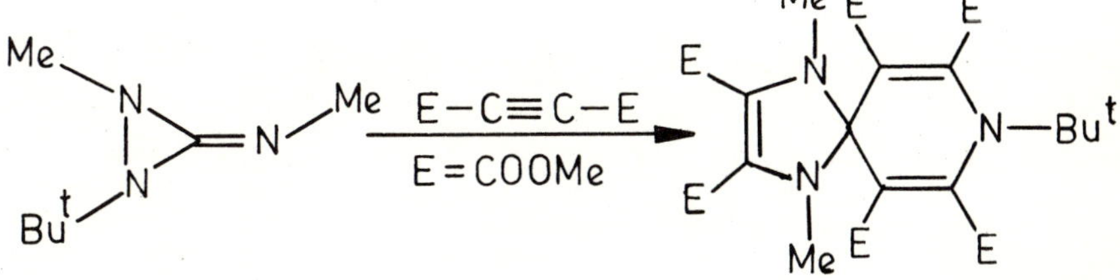

H. Quast, K. H. Ross, E. Spiegel, K. Peters
and H. G. von Schnering,
Angew Chem. Int. Ed. Engl., 16, 177 (1977).

514.

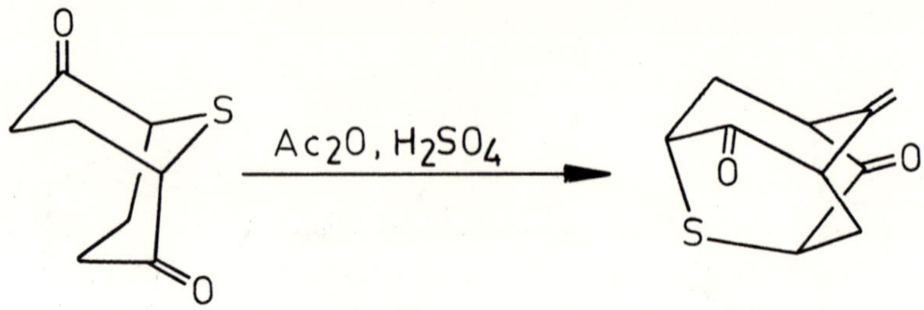

P. H. McCabe and W. Routledge,
Tetrahedron Letters, 3919 (1973).

515.

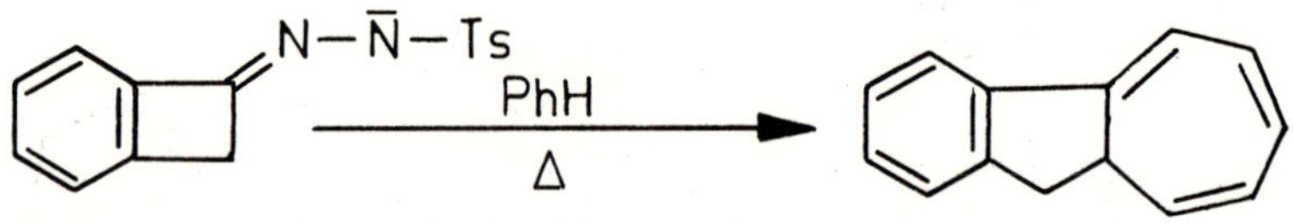

M. A. O'Leary and D. Wege,
Tetrahedron Letters, 2811 (1978).

516.

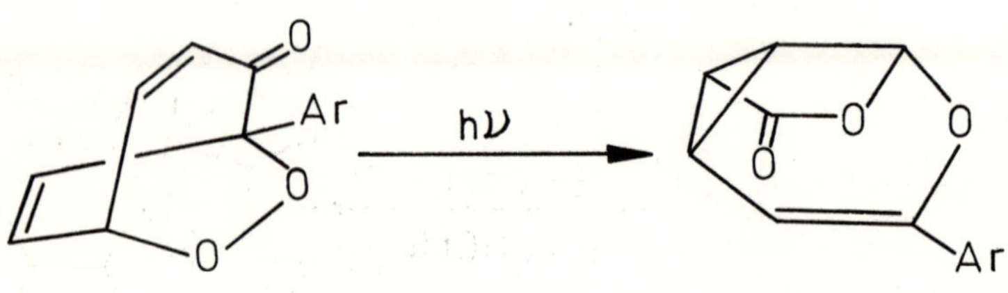

T. Tezuka, R. Miyamoto, T. Mukai, C. Kabuto and Y. Kitahara,
J. Am. Chem. Soc., 94, 9281 (1972).

517. 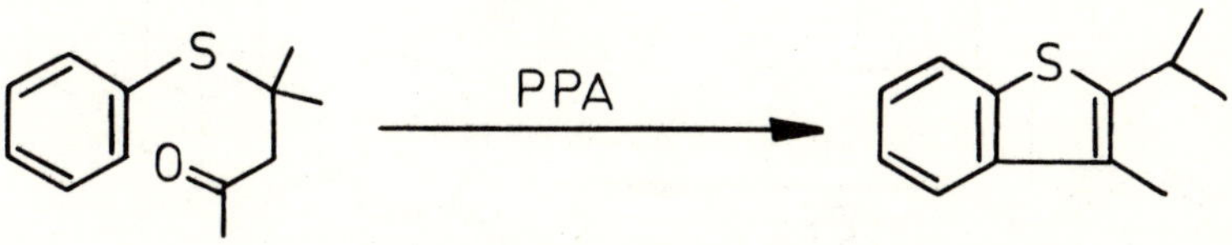

D. D. Mac Nicol and J. J. McKendrick,
Tetrahedron Letters, 2593 (1973).

518. 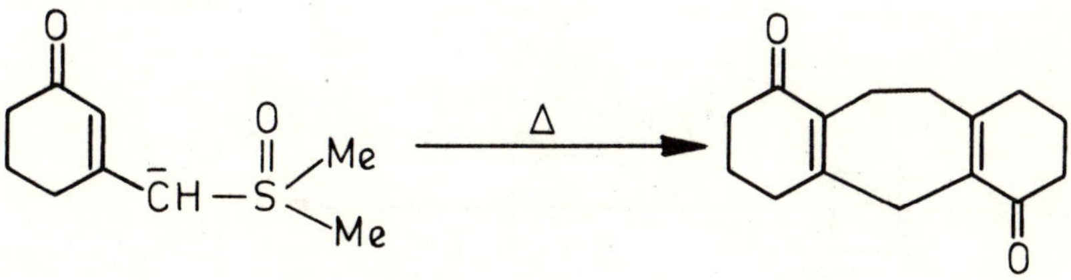

Y. Tamura, T. Miyamoto, T. Nishimura and
Y. Kita,
Tetrahedron Letters, 2351 (1973).

519. 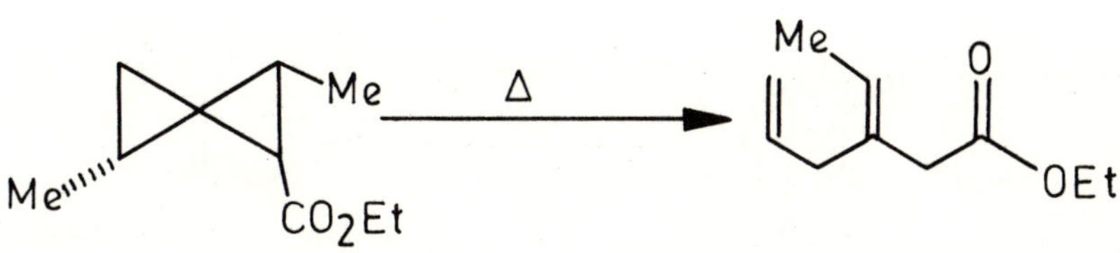

J. J. Gajewski and L. T. Burka,
J. Am. Chem. Soc., 94, 8865 (1972).

520.

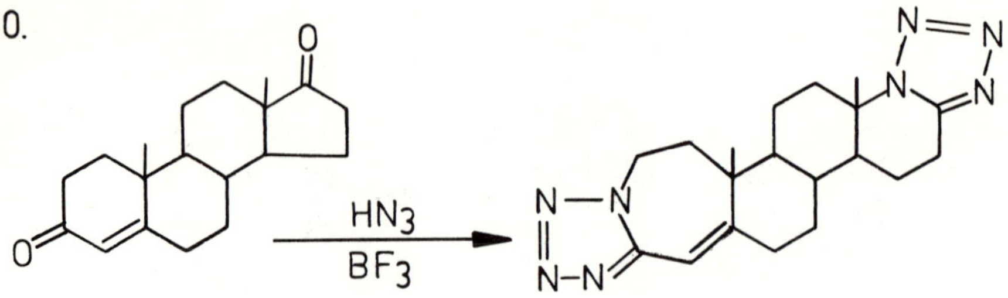

H. Singh, R. K. Malhotra, and V. V. Parashar, Tetrahedron Letters, 2587 (1973).

521.

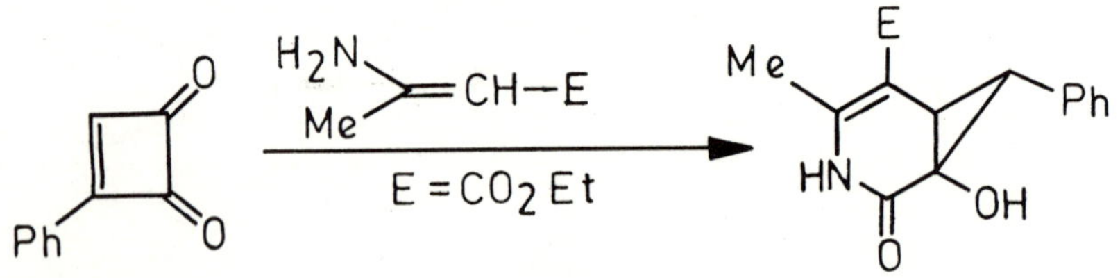

W. Ried and F. Batz, Ann., 762, 1 (1972).

522.

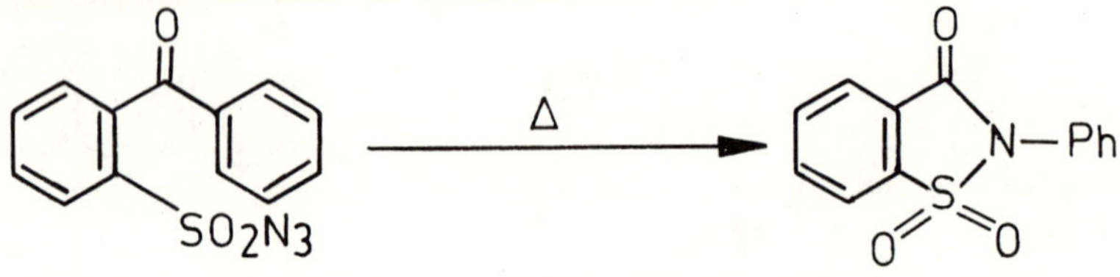

R. A. Abramovitch and D. P. Vanderpool, Chem. Comm., 18 (1977).

523.

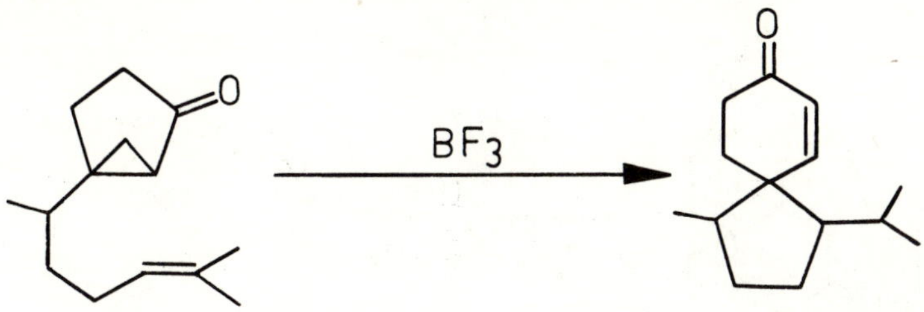

E. J. Corey and R. D. Balanson, Tetrahedron Letters, 3153 (1973).

524.

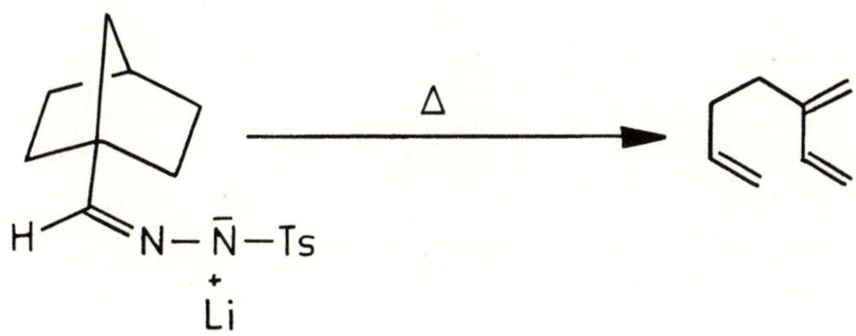

A. D. Wolf and M. Jones, Jr., J. Am. Chem. Soc., 95, 8209 (1973).

525.

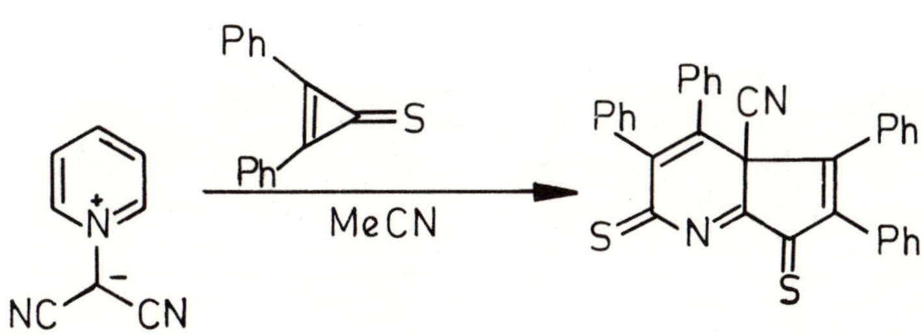

K. Matsumoto, Y. Kono and T. Uchida, Chem. Comm., 1045 (1976).

526.

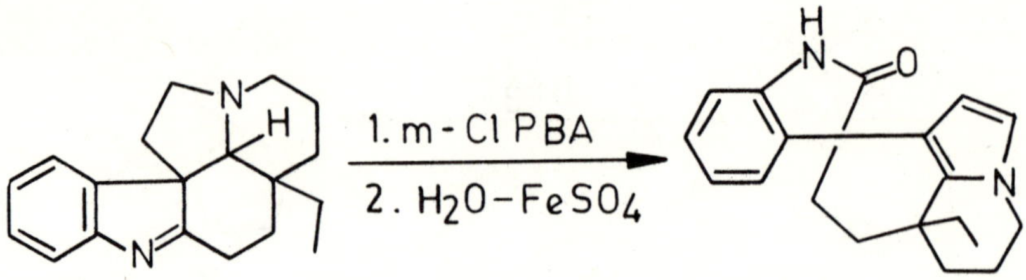

A. H. Ratcliffe, G. F. Smith and G. N. Smith, Tetrahedron Letters, 5179 (1973).

527.

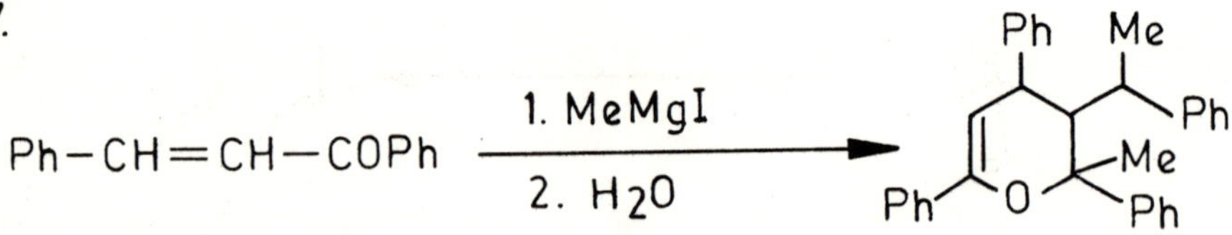

R. A. Kretchmer,
J. Org. Chem., 37, 2747 (1972).

528.

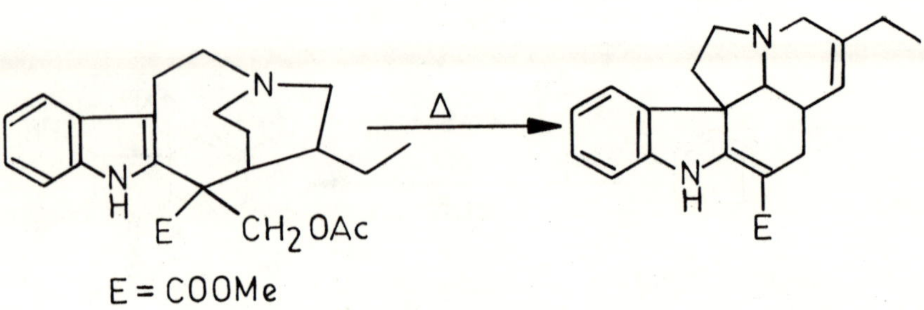

A. I. Scott and C. C. Wei,
J. Am. Chem. Soc., 94, 8263 (1972).

529.

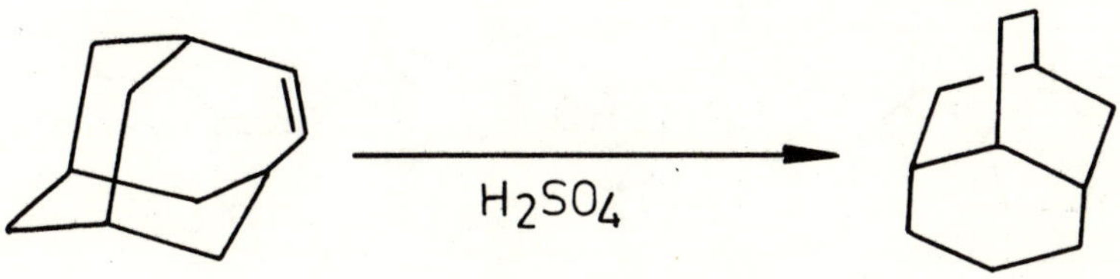

K. M. Majerski and Z. Majerski,
Tetrahedron Letters, 4915 (1973).

530.

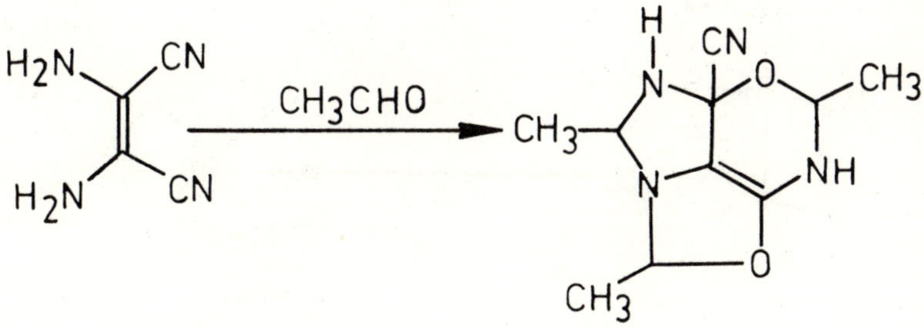

J. W. Thanassi,
J. Org. Chem., 40, 2678 (1975).

531.

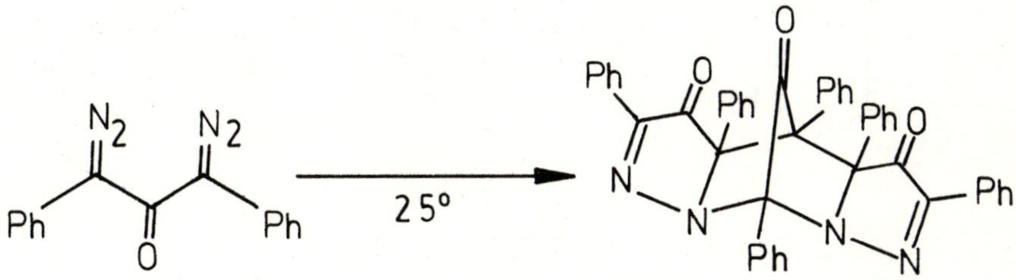

B. M. Trost and P. J. Whitman,
J. Am. Chem. Soc., 94, 8634 (1972).

532.

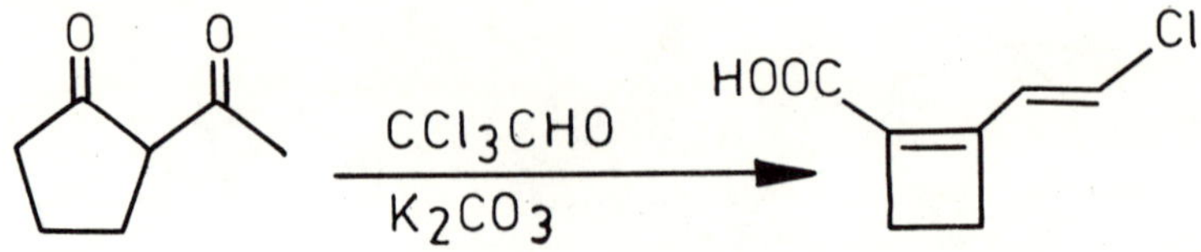

A. Takeda, S. Tsuboi, F. Sakai and M. Tanabe, Tetrahedron Letters, 4961 (1973).

533.

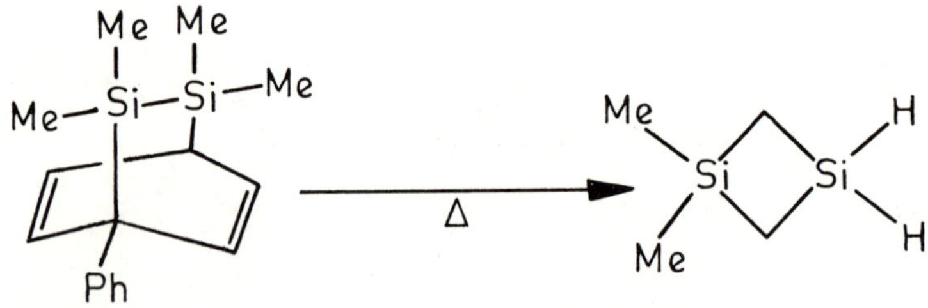

D. N. Roark and G. J. D. Peddle, J. Am. Chem. Soc., 94, 5837 (1972).

534.

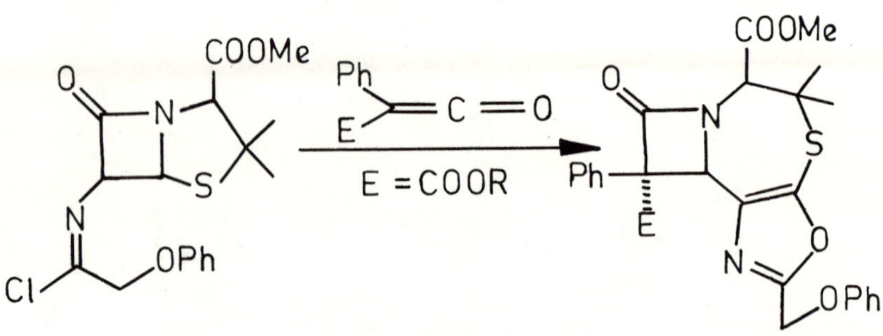

R. D. Carroll and L. L. Reed, Tetrahedron Letters, 3435 (1975).

535.

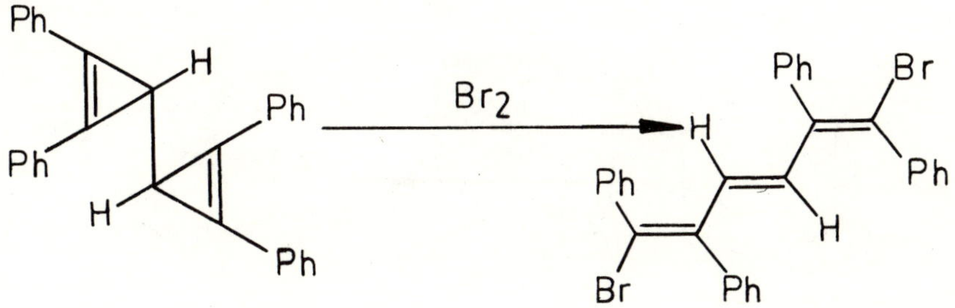

R. Weiss and H. P. Kempcke,
Tetrahedron Letters, 155 (1974).

536.

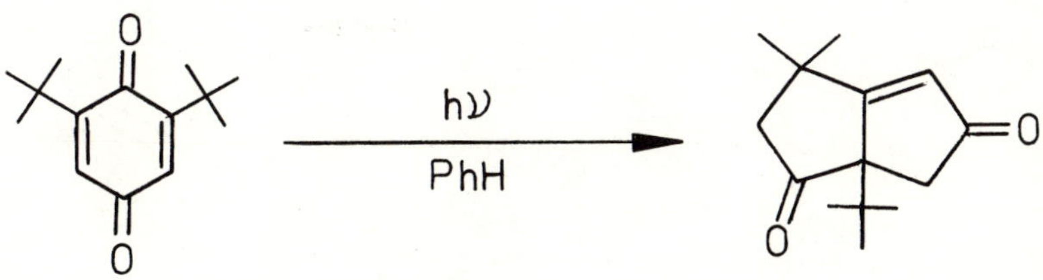

A. R. Forrester, M. M. OGilvy and R.H. Thomson,
Chem. Comm., 844 (1973).

537.

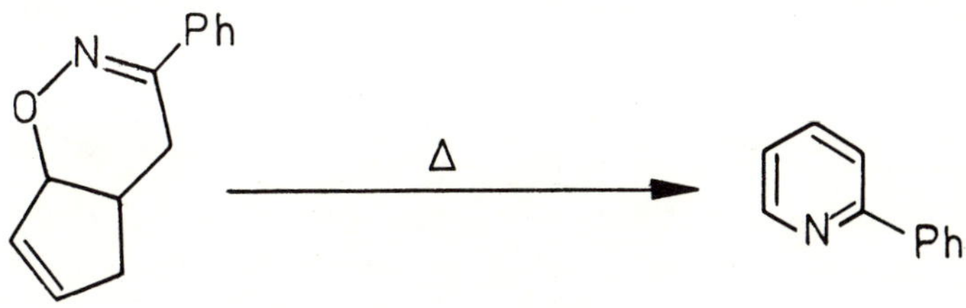

R. Faragher and T. L. Gilchrist,
Chem. Comm., 252 (1977).

538.

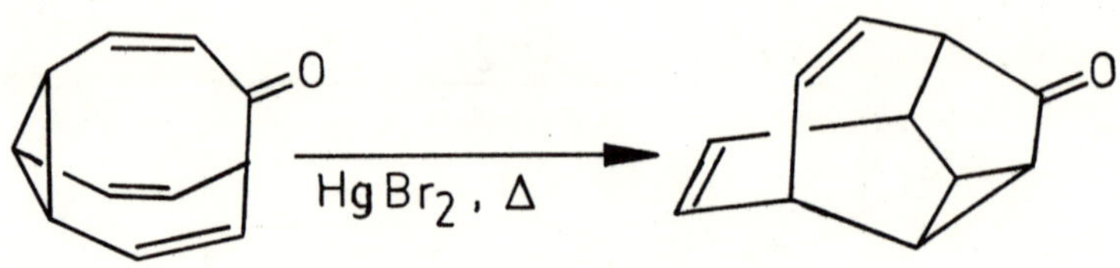

J. T. Groves and K. W. Ma, Tetrahedron Letters, 5225 (1973).

539.

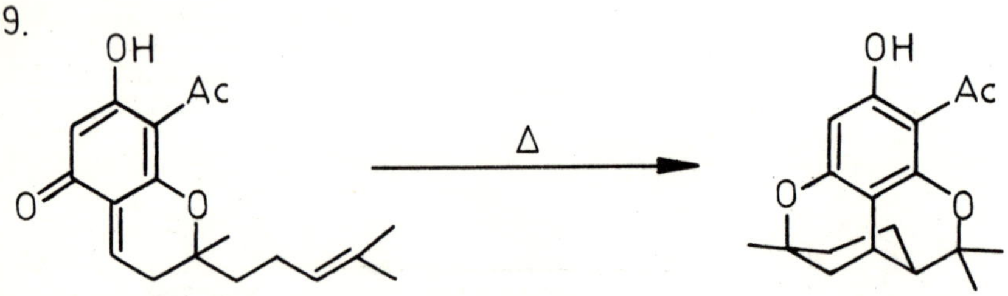

L. Crombie, D. A. Slack and D. A. Whiting, Chem. Comm., 139 (1976).

540.

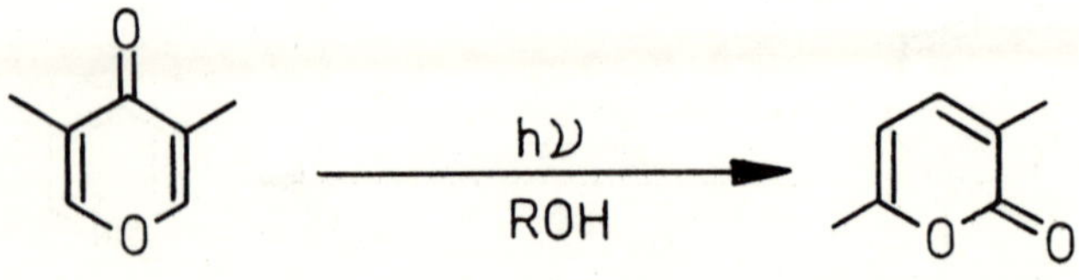

J. A. Barltrop, A. C. Day and C. J. Samuel, Chem. Comm., 822 (1976).

541.

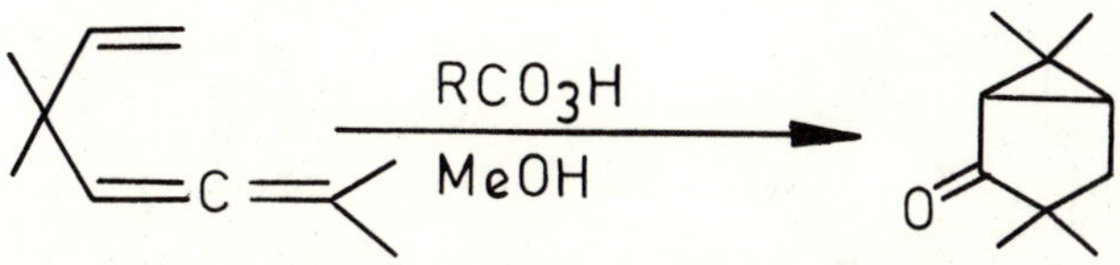

J. Grimaldi, M. Malacria and M. Bertrand, Tetrahedron Letters, 275 (1974).

542.

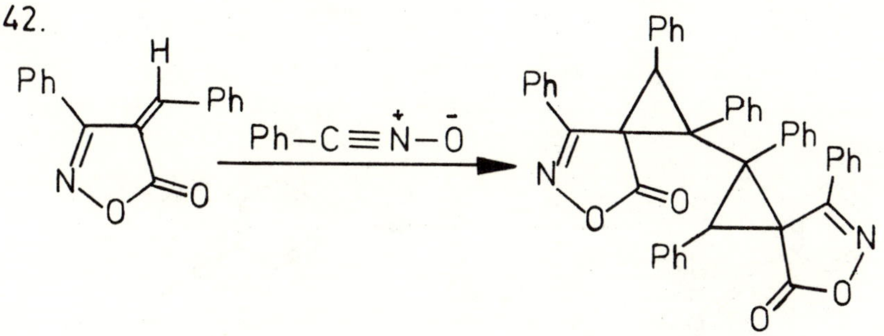

G. L. Vecchio, G. Grassi, F. Risitano and F. Foti,
Tetrahedron Letters, 3777 (1973).

543.

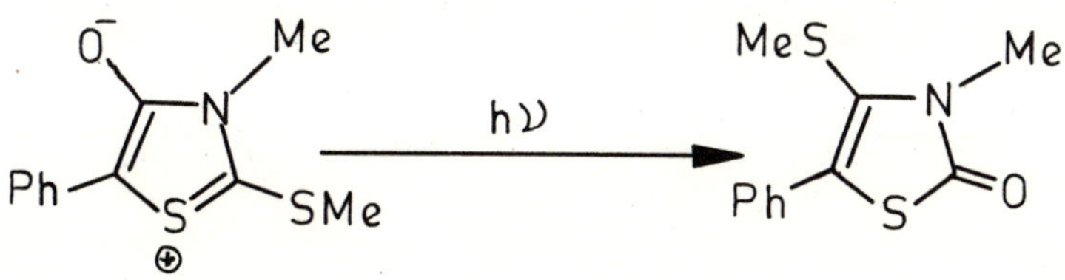

O. Buchardt, J. Domanus, N. Harrit, A. Holm, G. Isaksson and J. Sandstrom,
Chem. Comm., 376 (1974).

544.

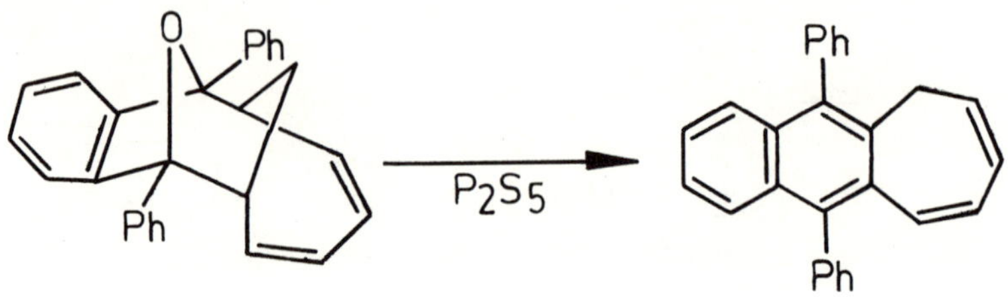

T. Sasaki, K. Kanematsu and K. Hayakawa, Tetrahedron Letters, 343 (1974).

545.

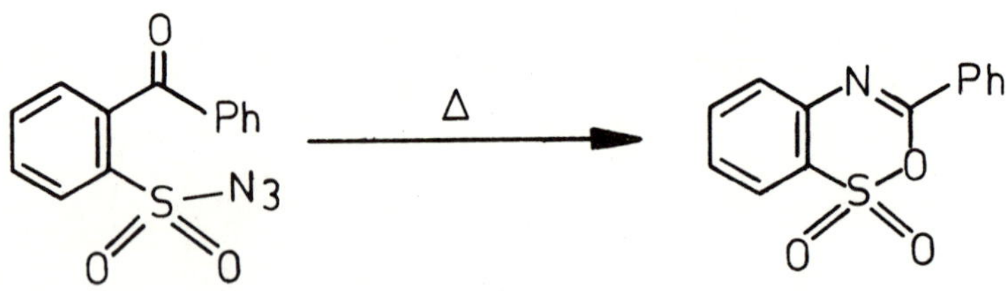

R. A. Abramovitch and D. P. Vanderpool, Chem. Comm., 18 (1977).

546.

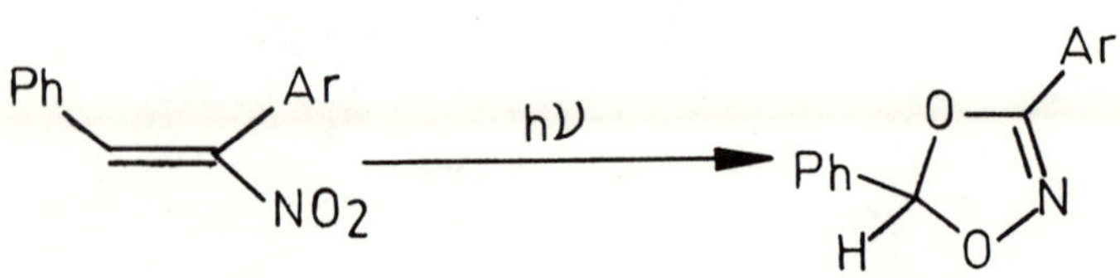

J. T. Pinhey and E. Rizzardo, Tetrahedron Letters, 4057 (1973).

547.

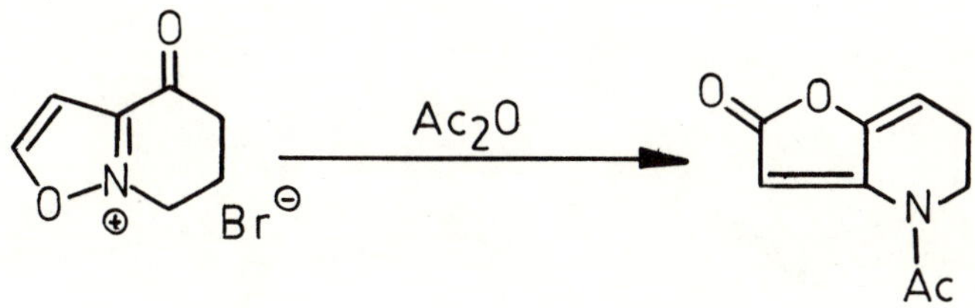

R. H. Good, G. Jones and J. R. Phipps, J.C.S. Perkin I, 2441 (1972).

548.

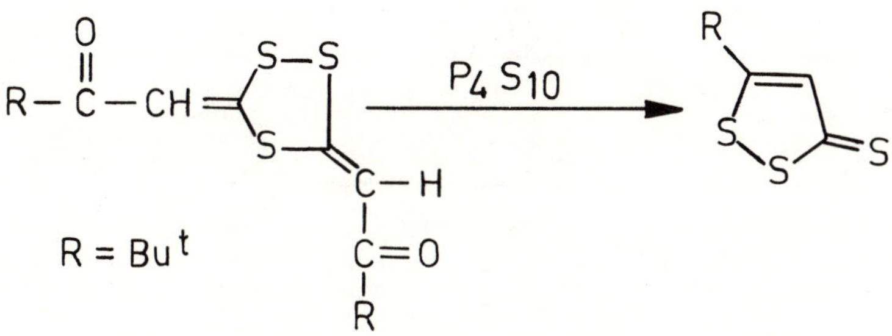

P. Yates and T. R. Lynch, Can. J. Chem., 49, 1476 (1971).

549.

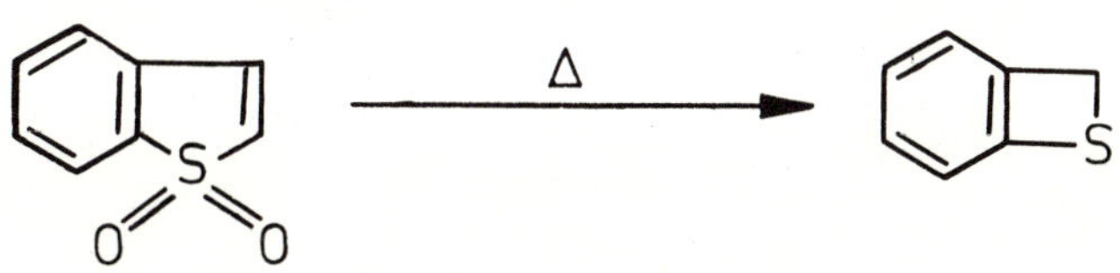

W. J. M. van Tilborg and R. Plomp, Chem. Comm., 130 (1977).

550.

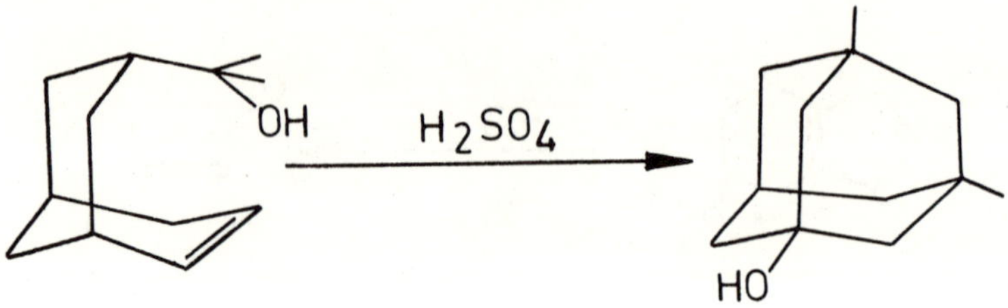

F. Blaney, D. Faulkner, M. A. McKervey and G. Step,
J.C.S. Perkin I, 2697 (1972).

551.

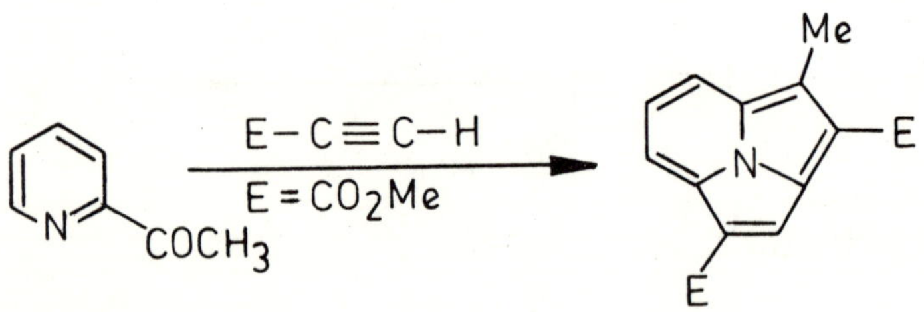

R. M. Acheson and J. Woollard,
J.C.S. Perkin I, 740 (1975).

552.

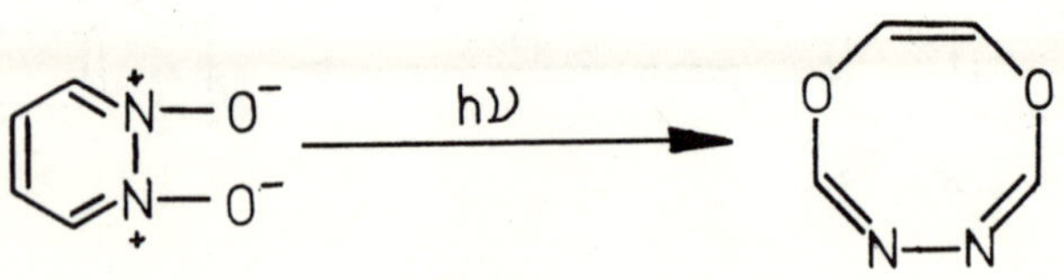

H. Arai, A. Ohsawa, K. Saiki and H. Igeta,
Chem. Comm., 133 (1977).

553.

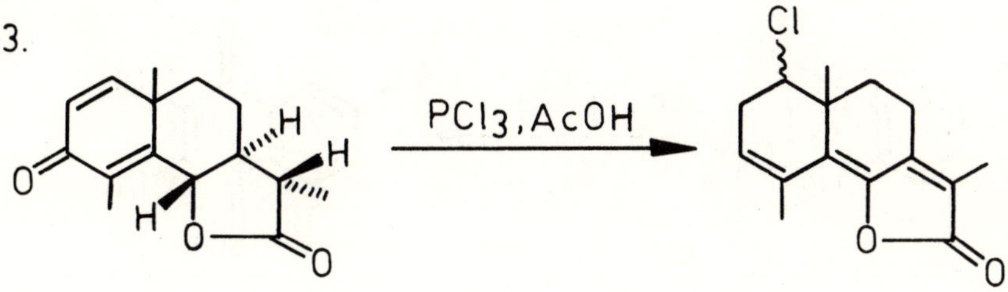

T. B. H. McMurry and D. F. Rane,
J. Chem. Soc. (C), 3851 (1971).

554.

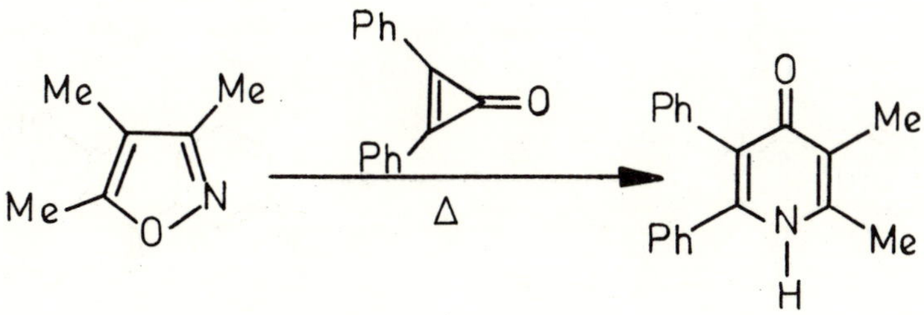

R. Grigg, R. Hayes, J. L. Jackson and
T. J. King,
Chem. Comm., 349 (1973).

555.

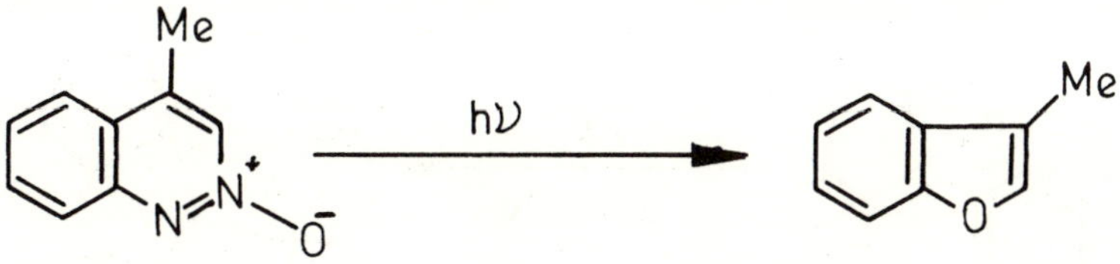

W. M. Horspool, J. R. Kershaw and A. W. Murray,
Chem. Comm., 345 (1973).

556.

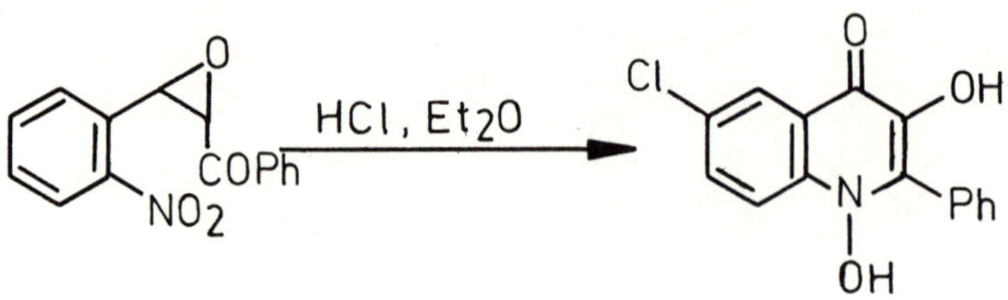

T. W. M. Spence and G. Tennant,
J. Chem. Soc. (C), 3712 (1971).

557.

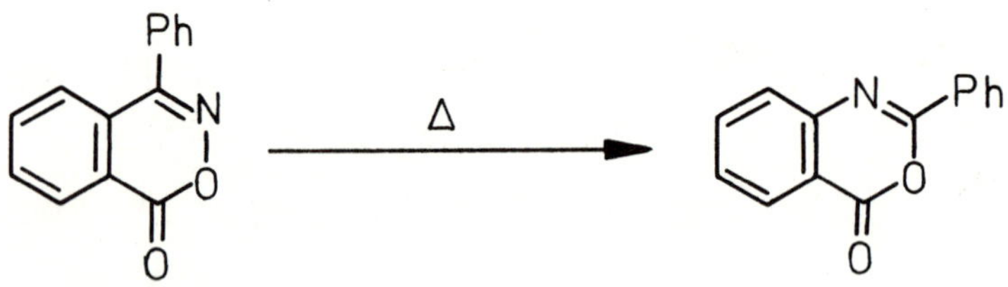

K. L. Davies, R. C. Storr and P. J. Whittle,
Chem. Comm., 9 (1978).

558.

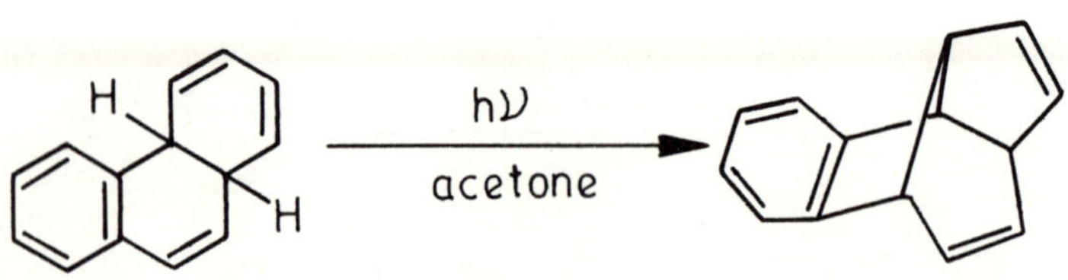

L. A. Paquette, M. J. Kukla and J. C. Stowell,
J. Am. Chem. Soc., 94, 4920 (1972).

559.

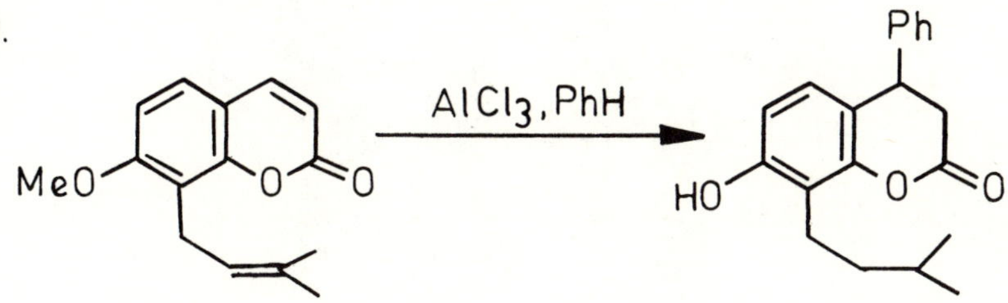

J. Bannerji, S. C. Basa and A. Chatterjee,
J. Chem. Soc., 3992 (1971).

560.

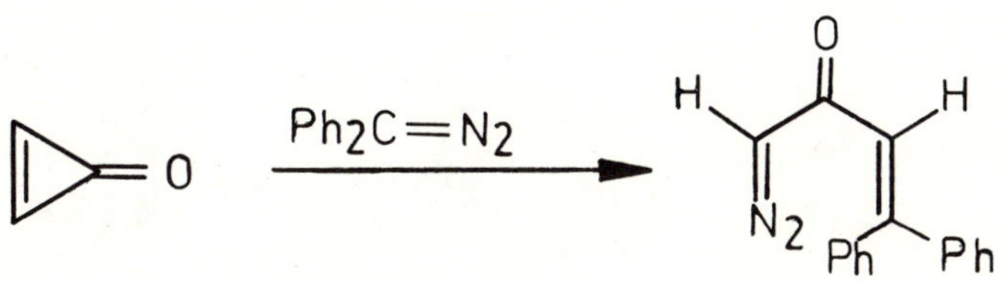

R. Breslow and M. Oda,
J. Am. Chem. Soc., 94, 4787 (1972).

561.

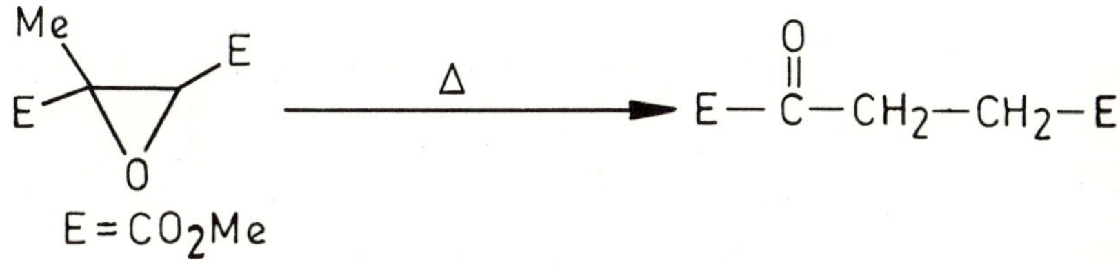

P. Dowd and K. Kang,
Chem. Comm., 258 (1974).

562.

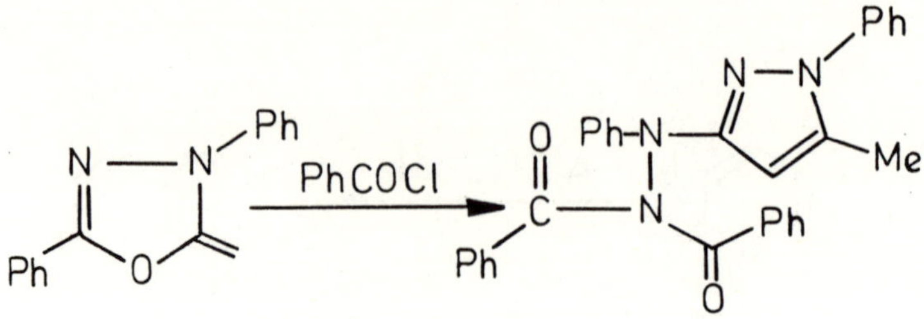

G. V. Boyd and S. R. Dando,
J. Chem. Soc., 2314 (1971).

563.

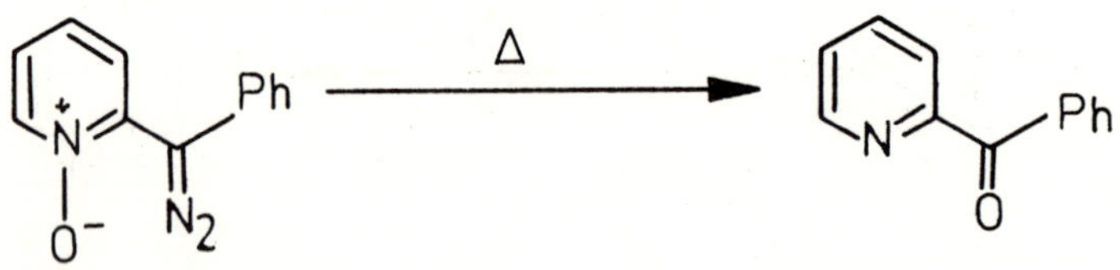

R. A. Abramovitch, C. S. Menon, M. Murata and E. M. Smith,
Chem. Comm., 693 (1974).

564.

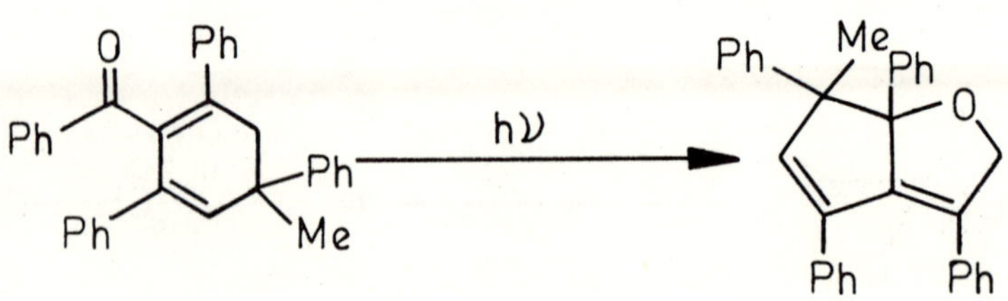

P. Courtot and R. Pichon,
Chem. Comm., 1103 (1972).

565.

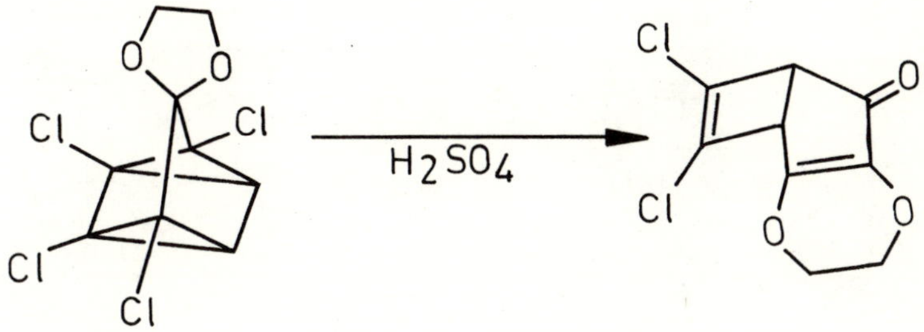

M. Akhtar, J. C. Chadwick and G. I. Fray,
J.C.S. Perkin I, 1778 (1972).

566.

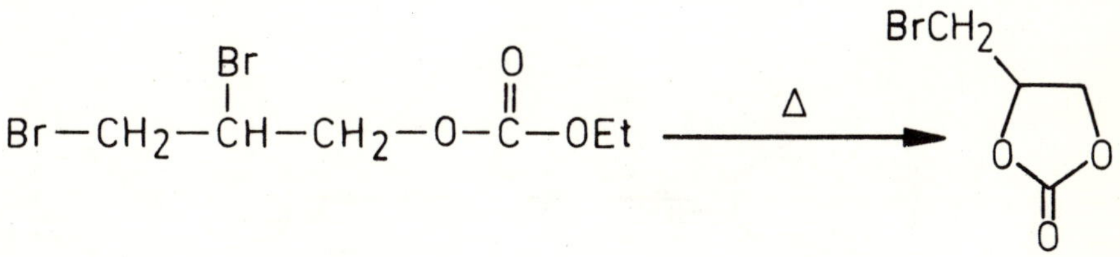

R. G. Pews,
Chem. Comm., 119 (1974).

567.

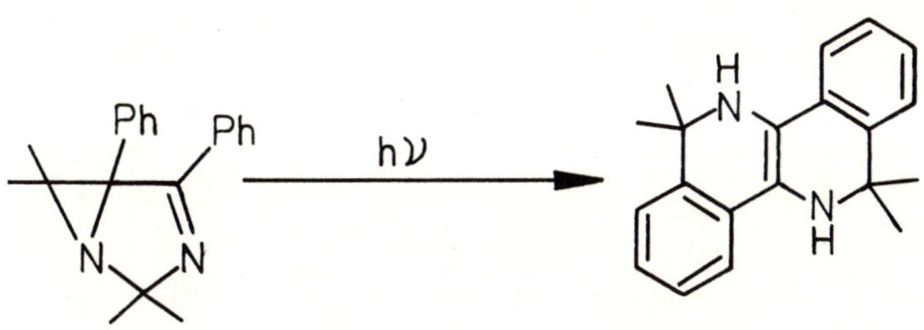

A. Padwa and S. I. Wetmore, Jun.,
Chem. Comm., 1116 (1972).

568.

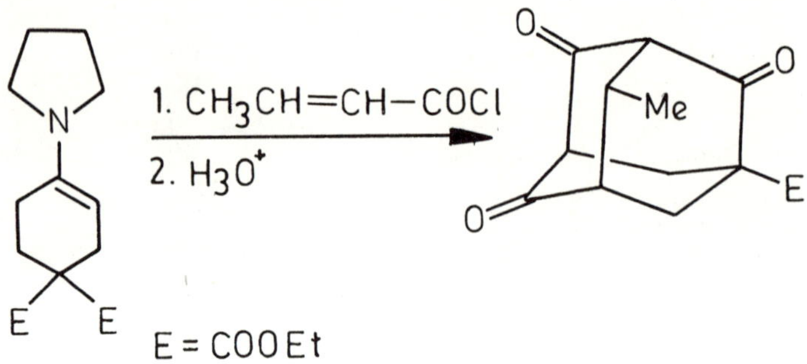

P. W. Hickmott, H. Suschitzky and R. Urbani, J.C.S. Perkin I, 2063 (1973).

569.

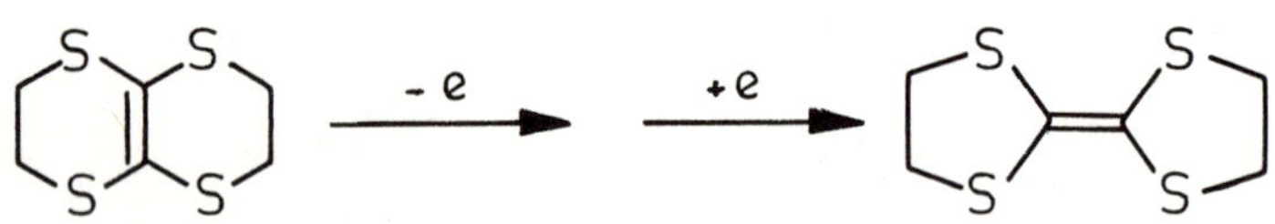

R. M. Harnden, P. R. Moses and J. Q. Chambers, Chem. Comm., 11 (1977).

570.

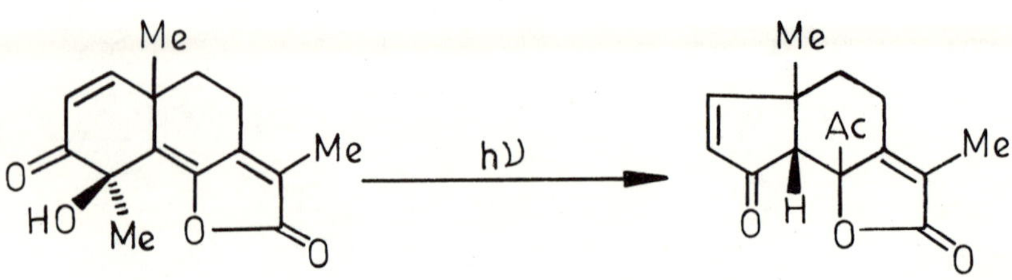

D. Stuart, R. East, T. Brian, H. McMurry and R. R. Talekar, Chem. Comm., 450 (1974).

571.

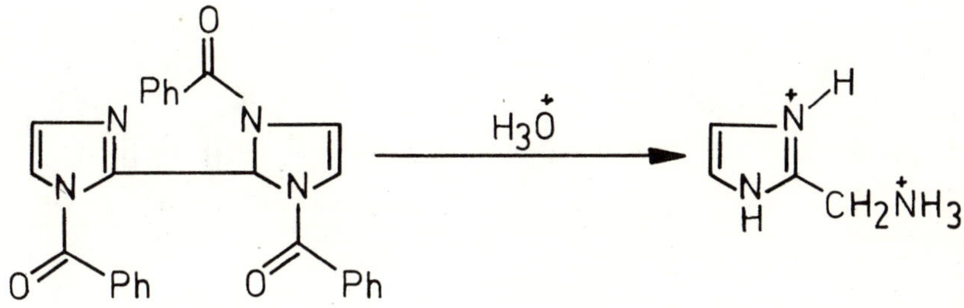

L. A. M. Bastiaansen and E. F. Godefroi,
J. Org. Chem., 1603 (1978).

572.

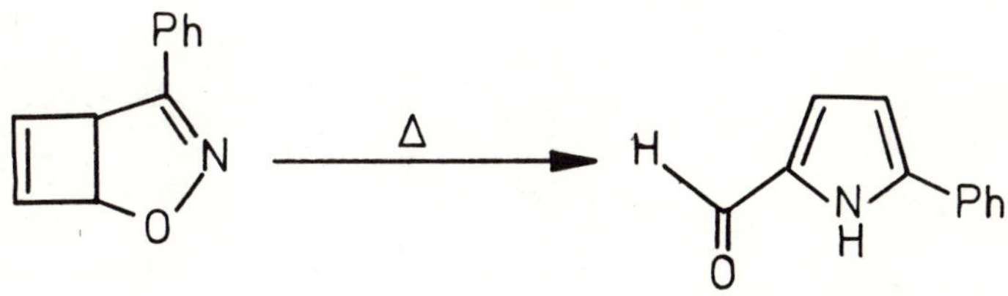

H. Sukawa, O. Seshimoto, T. Tezuka and
T. Mukai,
Chem. Comm., 696 (1974).

573.

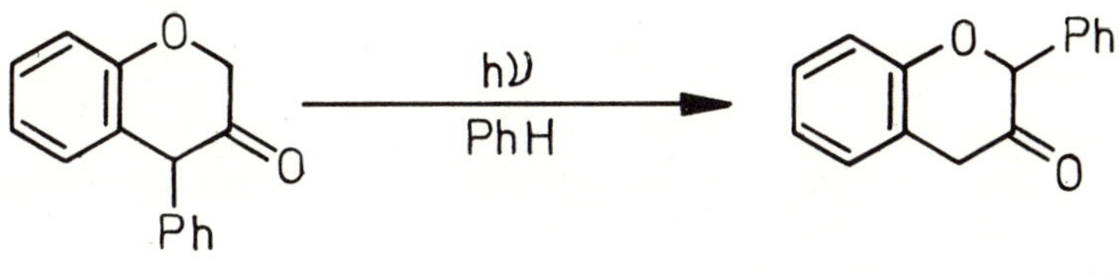

A. Padwa and A. Au,
Chem. Comm., 58 (1975).

574.

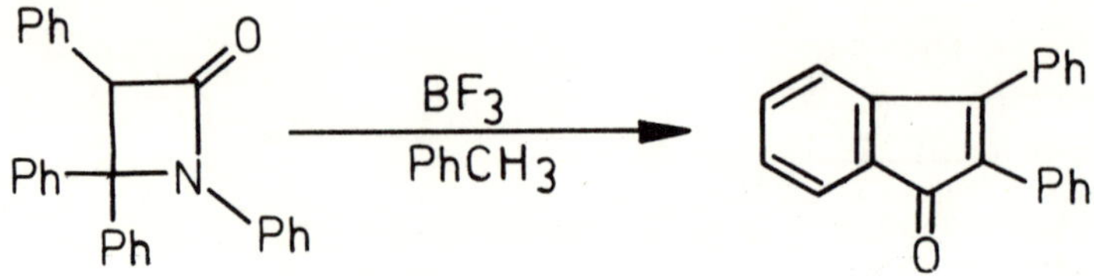

P. G. Bird and W. J. Irwin,
J.C.S. Perkin I, 2664 (1973).

575.

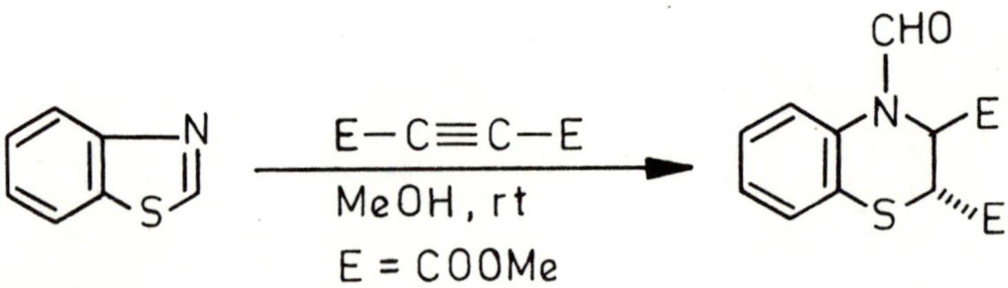

H. Ogura, H. Takayanagi and K. Furuhata,
Chem. Comm., 759 (1974).

576.

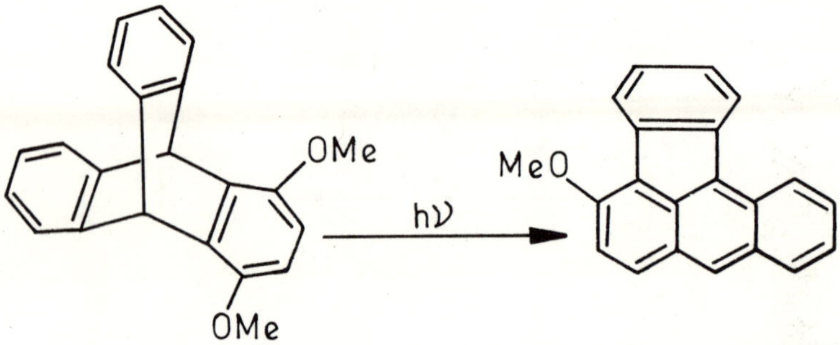

R. O. Day, V. W. Day, S. J. Fuerniss and
D. M. S. Wheeler,
Chem. Comm., 296 (1975).

577.

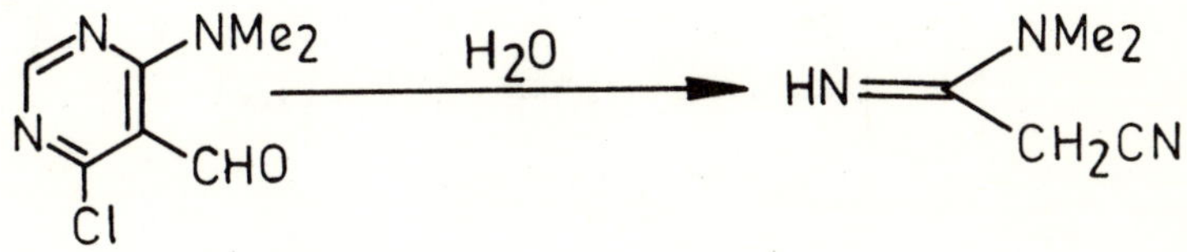

J. Clark, B. Parvizi and I. W. Southon, J.C.S. Perkin I, 125 (1976).

578.

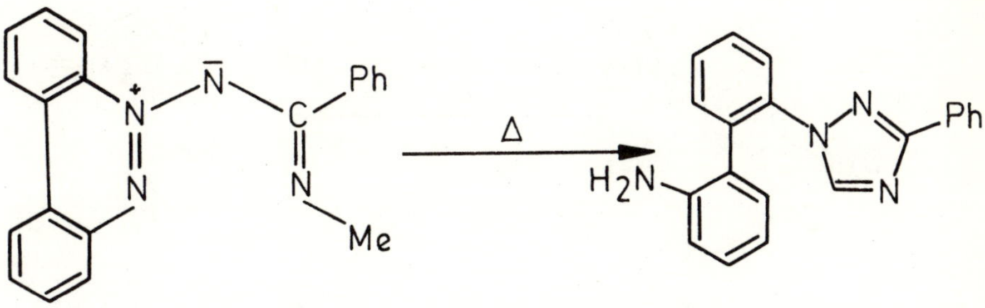

J. J. Barr, R. C. Storr and J. Rimmer, Chem. Comm., 657 (1974).

579.

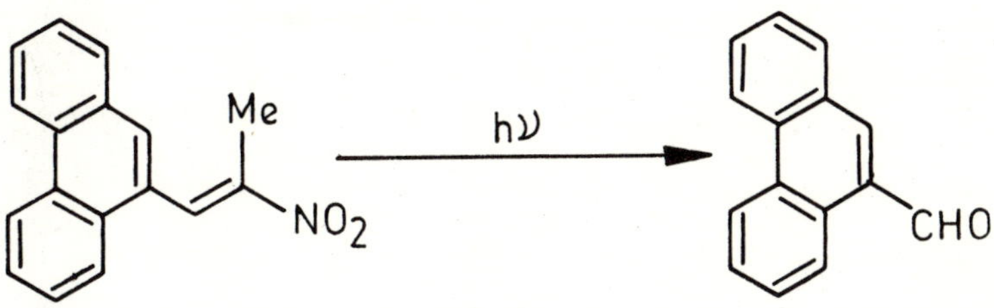

P. M. Crosby, K. Salisbury and G. P. Wood, Chem. Comm., 312 (1975).

580.

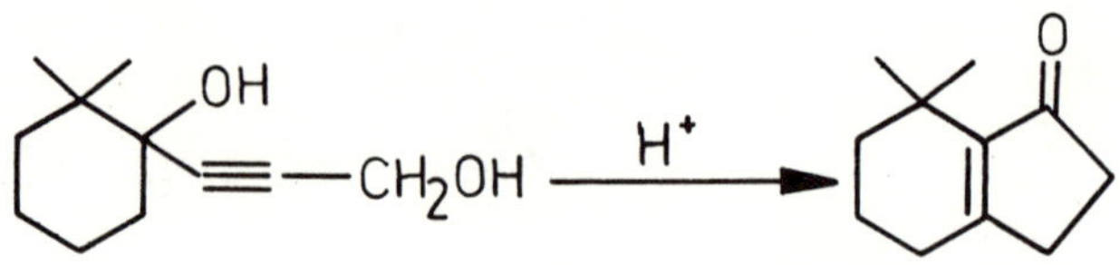

G. A. MacAlpine, R. A. Raphael, A. Shaw, A. W. Taylor and H-J. Wild, J.C.S. Perkin I, 410 (1976).

581.

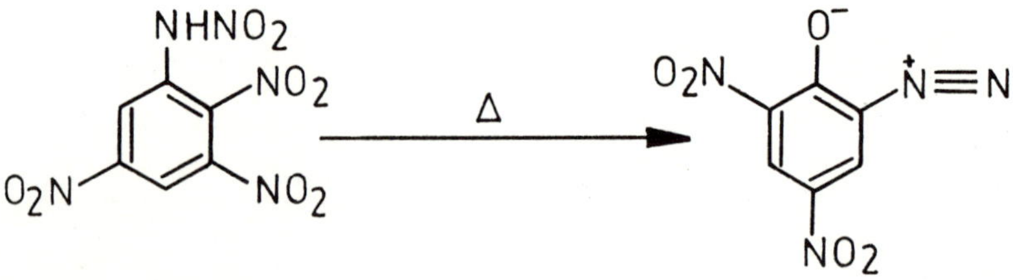

P. R. Mudge, D. A. Salter and N. F. Scilly, Chem. Comm., 569 (1975).

582.

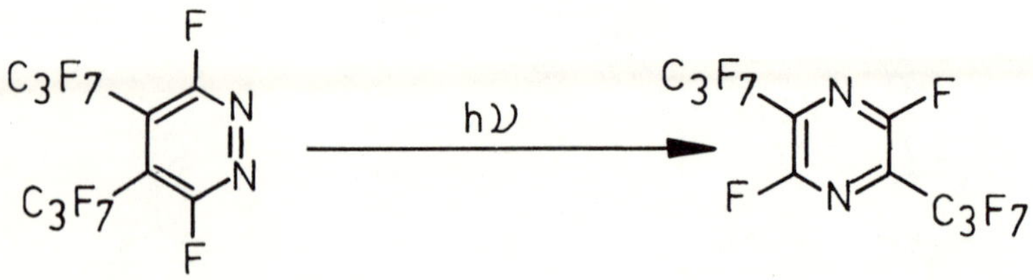

R. D. Chambers, W. K. R. Musgrave and K. C. Srivastava, Chem. Comm., 264 (1971).

583.

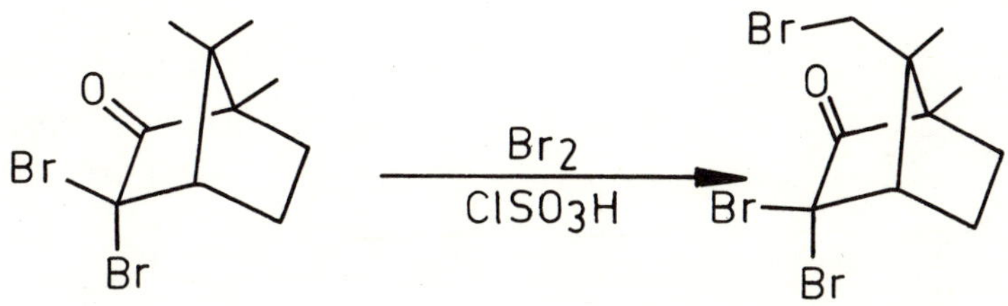

C. R. Eck, R. W. Mills and T. Money, J.C.S. Perkin I, 251 (1975).

584.

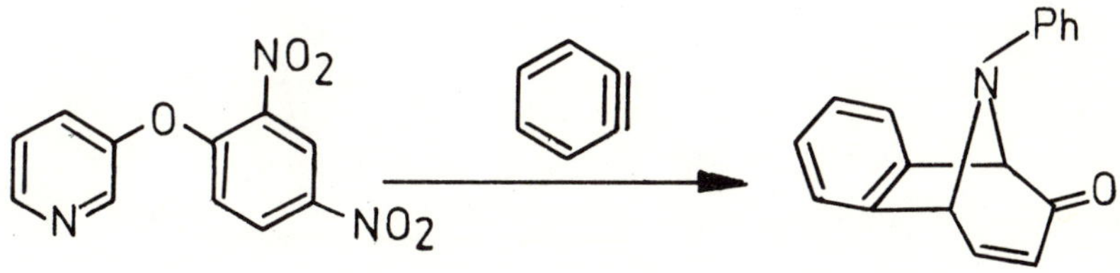

N. Dennis, B. Ibrahim, A. R. Katritzky and Y. Takeuchi, Chem. Comm., 292 (1973).

585.

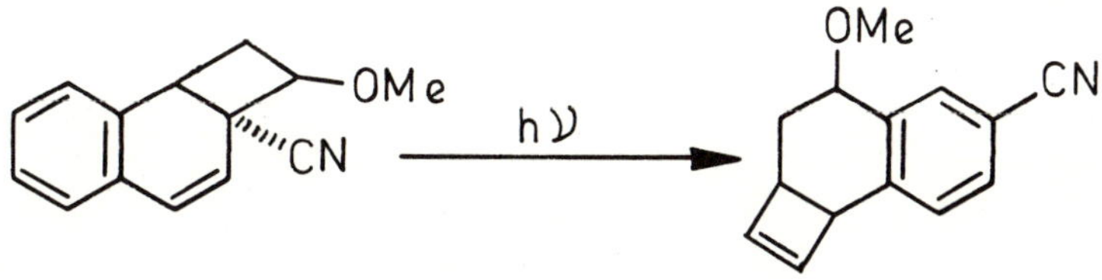

K. Mizuno, C. Pac and H. Sakurai, Chem. Comm., 219 (1973).

586.

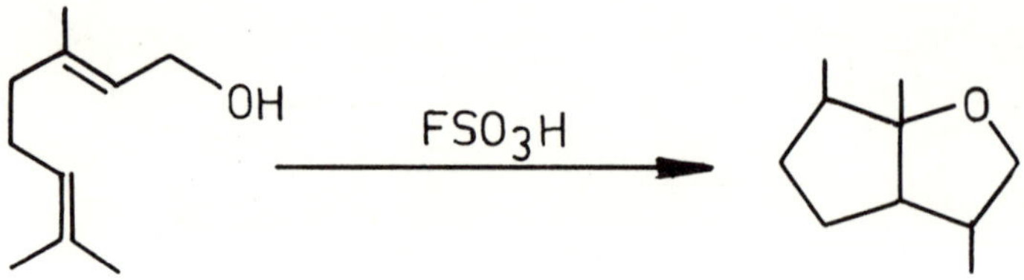

D. V. Banthorpe, P. A. Boullier and W. D. Fordnam,
J.C.S. Perkin I, 1637 (1974).

587.

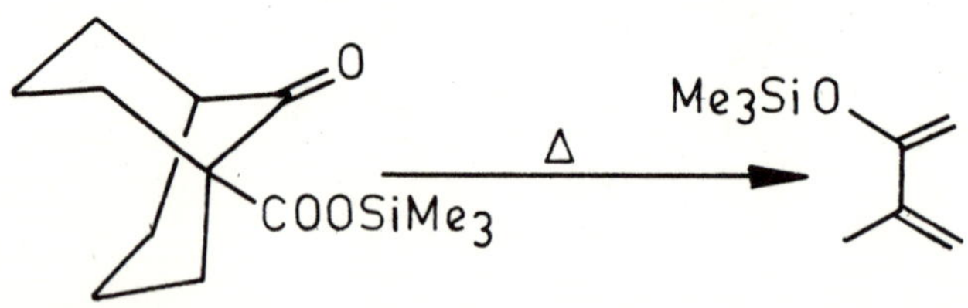

R. Bloch, F. Boivin and M. Bortolussi,
Chem. Comm., 371 (1976).

588.

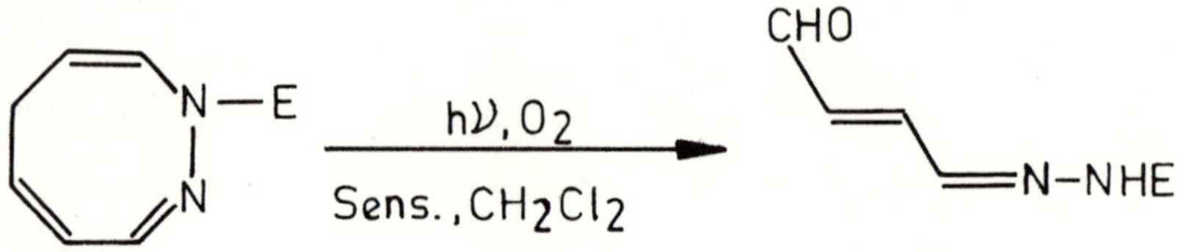

E = COOEt

T. Tsuchiya, H. Arai, H. Hasegawa and H. Igeta,
Tetrahedron Letters, 4103 (1974).

589.

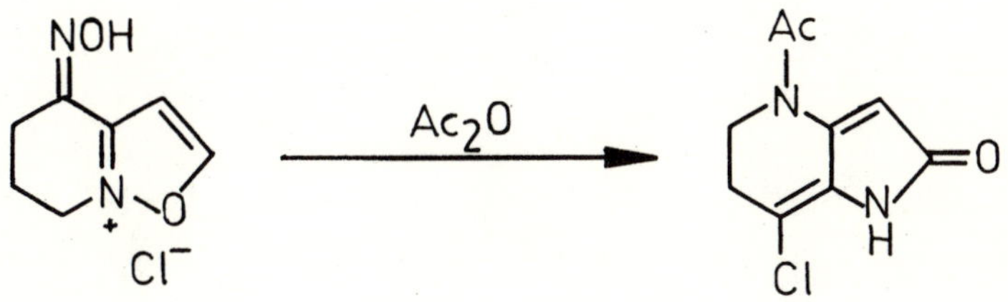

G. Jones and J. R. Phipps, J.C.S. Perkin I, 158 (1974).

590.

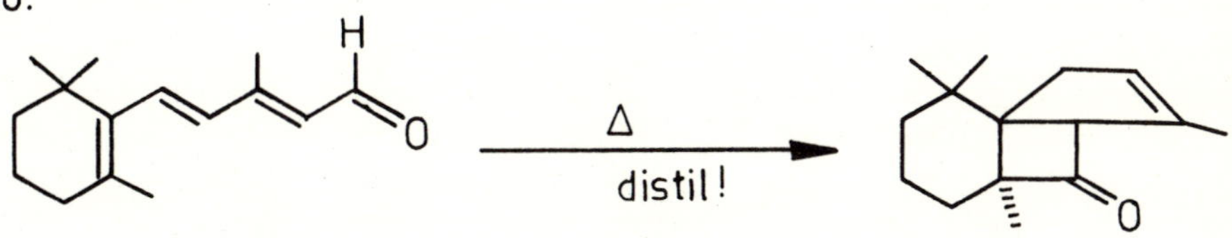

A. Smit, J. G. J. Kok and H.W. Geluk, Chem. Comm., 513 (1975).

591.

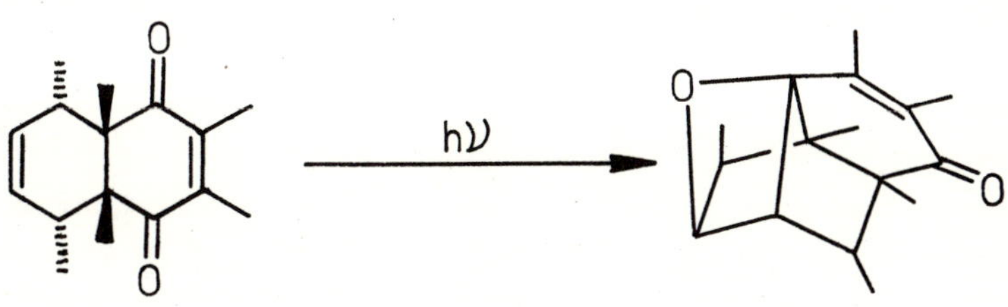

J. R. Scheffer and B. M. Jennings, Chem. Comm., 609 (1975).

592.

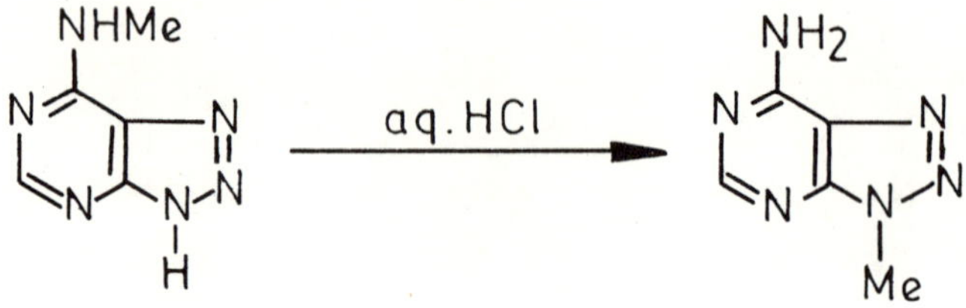

A. Albert,
J.C.S. Perkin I, 2030 (1974).

593.

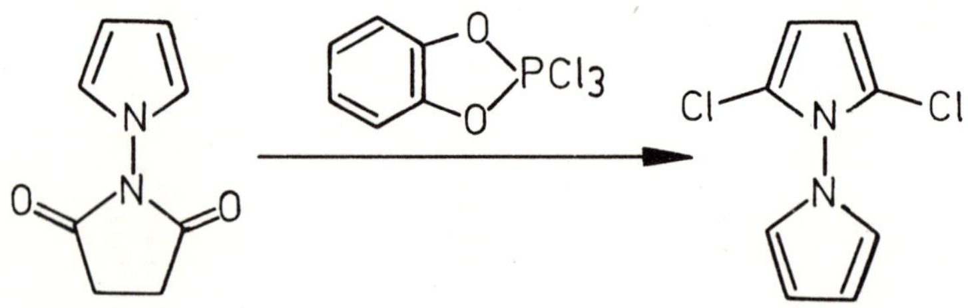

W. Flitsch and W. Schulten,
Synthesis, 414 (1977).

594.

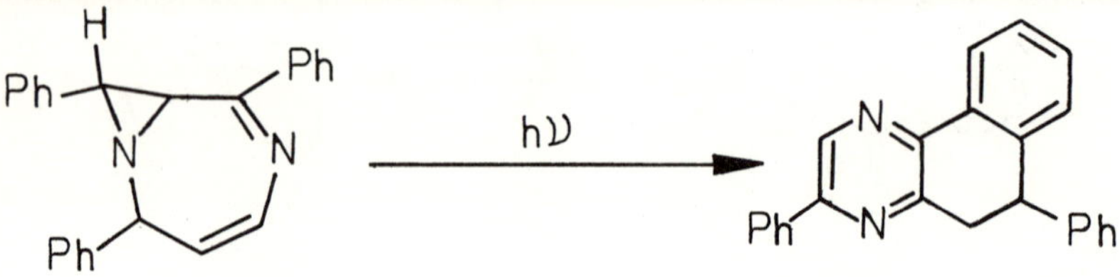

A. Padwa, S. Clough and L. Gehrlein,
Chem. Comm., 74 (1972).

595.

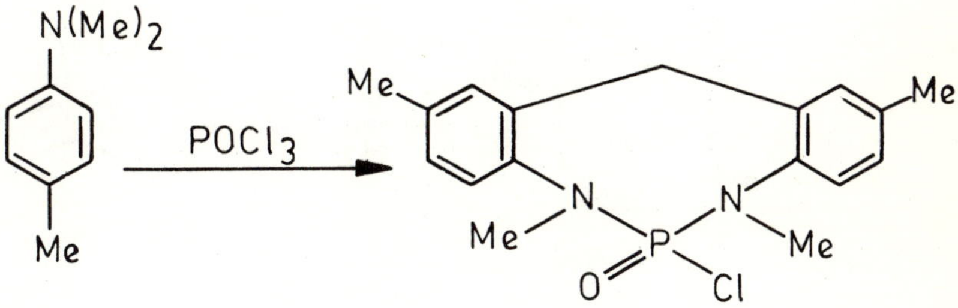

T. S. Cameron, C. Y. Cheng, T. Demir, K. D. Howlett, R. Keat, A. L. Porte, C. K. Prout and R. A. Shaw, Angew Chem. Int. Ed. Engl., 11, 510 (1972).

596.

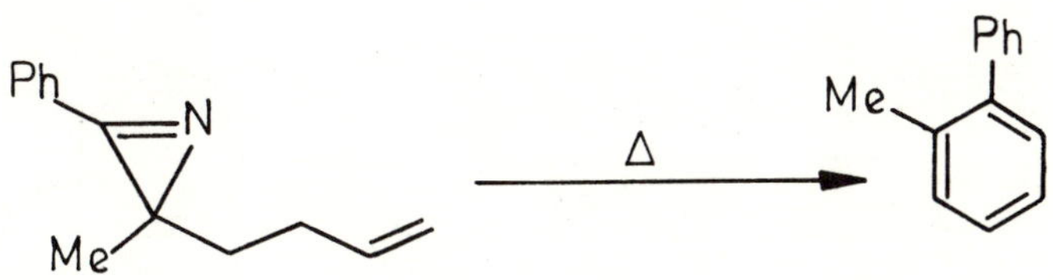

A. Padwa and N. Kamigata, Chem. Comm., 789 (1975).

597.

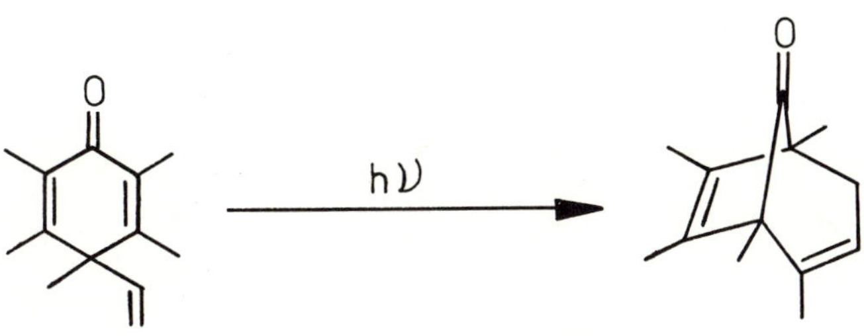

H. Hart and M. Nitta, Tetrahedron Letters, 2113 (1974).

598.

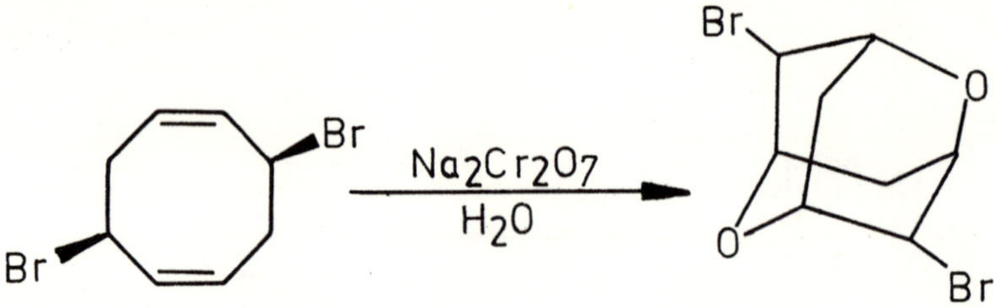

E. Cuthbertson and D. D. MacNicol,
Tetrahedron Letters, 2367 (1974).

599.

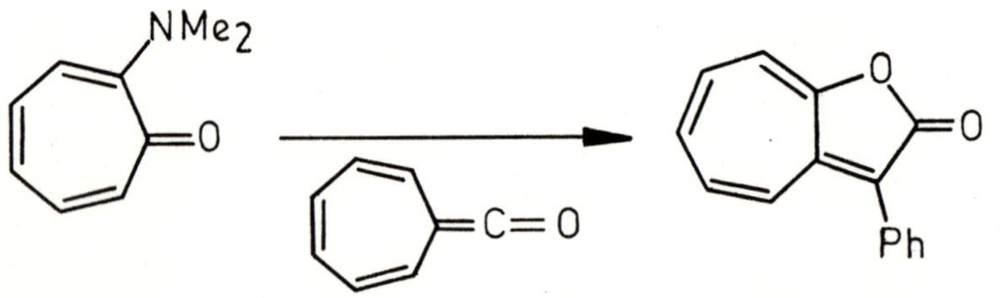

N. Morita, T. Asao and Y. Kitahara,
Tetrahedron Letters, 2083 (1974).

600.

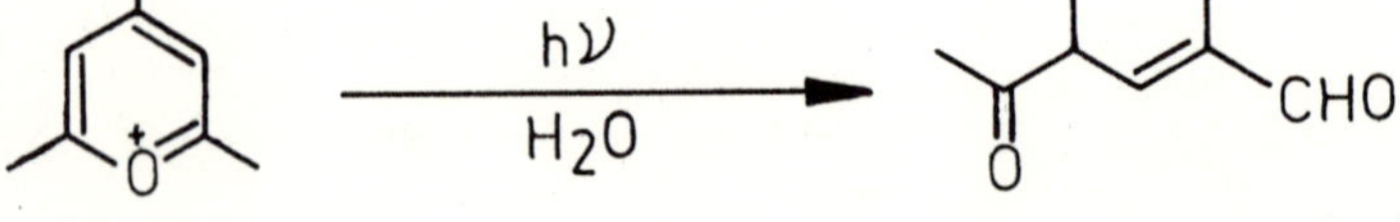

J. A. Barltrop, K. Dawes, A. C. Day and
A. J. H. Summers,
Chem. Comm., 1240 (1972).

601.

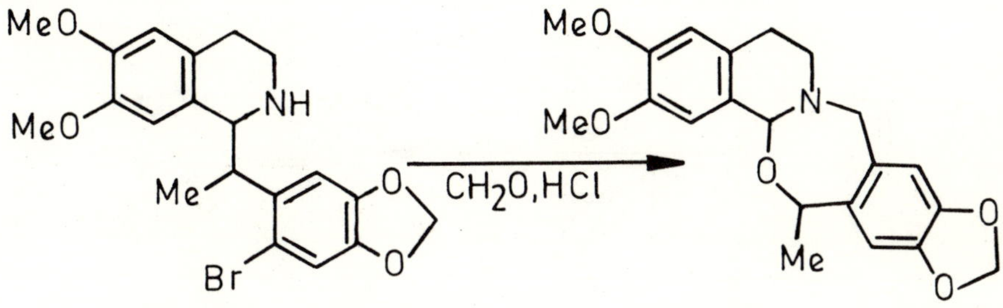

S. Natarajan, B. R. Pai, R. Rajaraman,
C. S. Swaminathan, K. Nagarajan, V. Sudarsanam,
D. Rogers and A. Quick,
Tetrahedron Letters, 3573 (1975).

602.

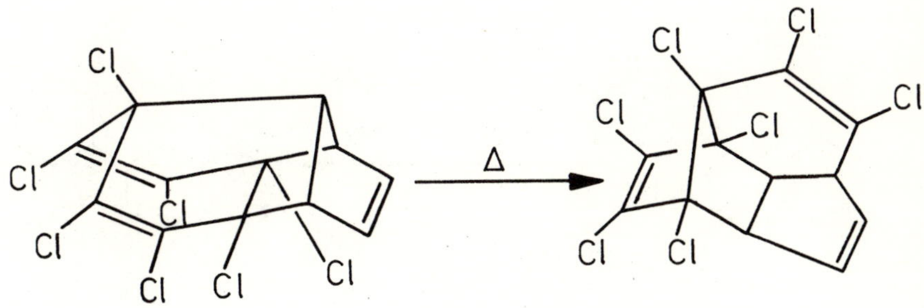

C. Moberg and M. Nilsson,
Tetrahedron Letters, 4521 (1974).

603.

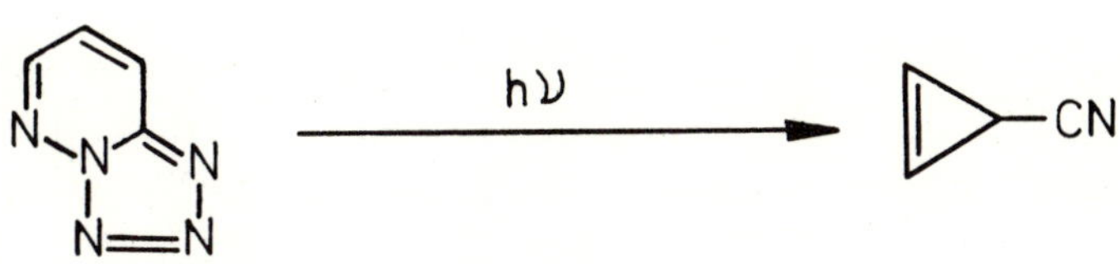

T. Tsuchiya, H. Arai and H. Igeta,
Chem. Comm., 1059 (1972).

604.

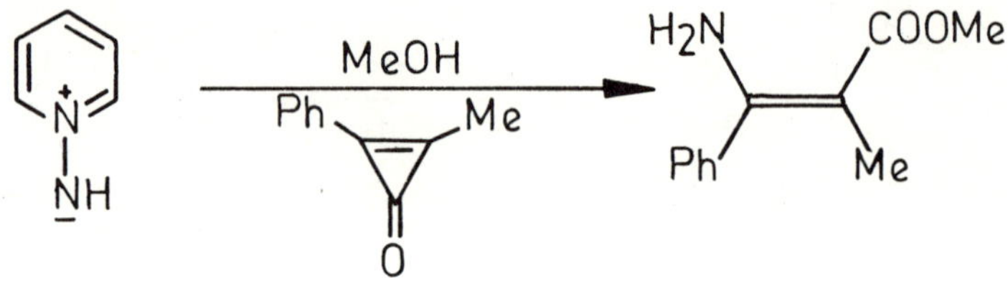

A. Kascheres and D. Marchi, Jr.,
Chem. Comm., 275 (1976).

605.

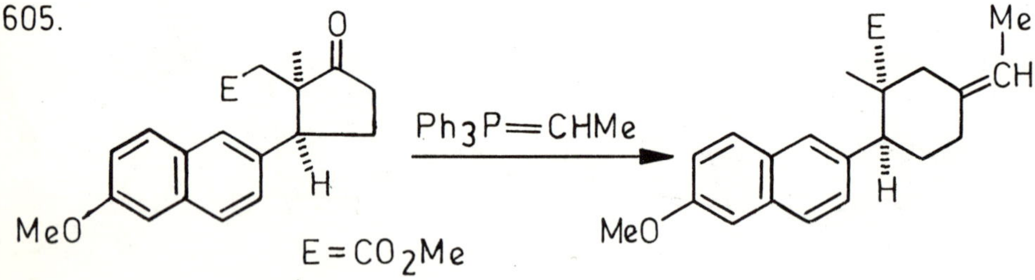

E. G. Brain, F. Cassidy, A. W. Lake,
P. J. Cox and G. A. Sim,
Chem. Comm., 497 (1972).

606.

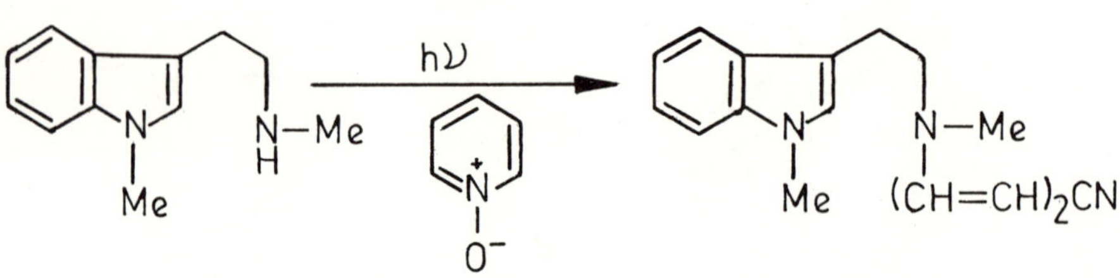

M. Nakagawa, T. Kaneko and H. Yamaguchi,
Chem. Comm., 603 (1972).

607.

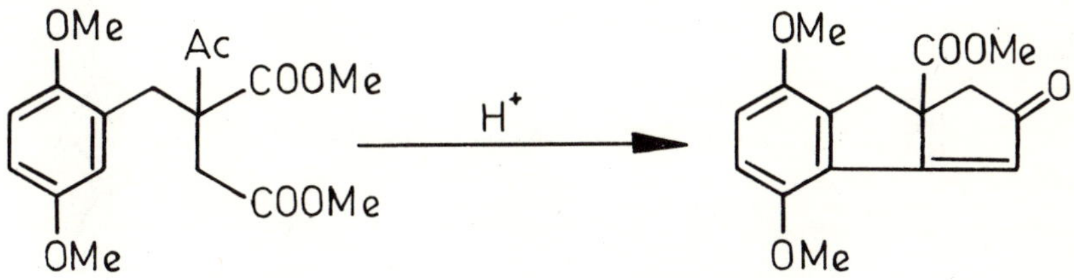

A. S. Kende, J. L. Belletire and E. Hume,
Tetrahedron Letters, 2117 (1974).

608.

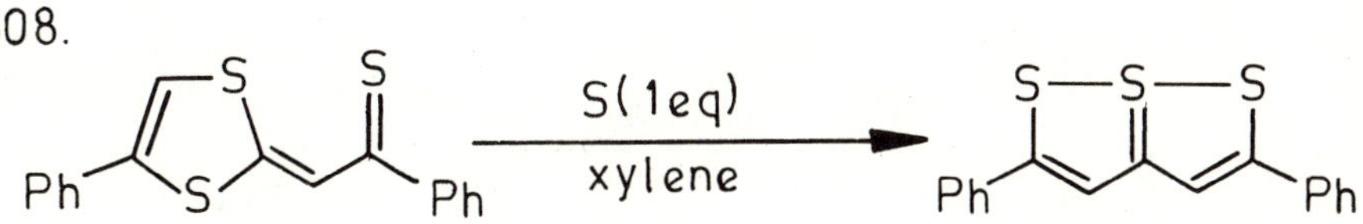

S. Davidson and D. Leaver,
Chem. Comm., 540 (1972).

609.

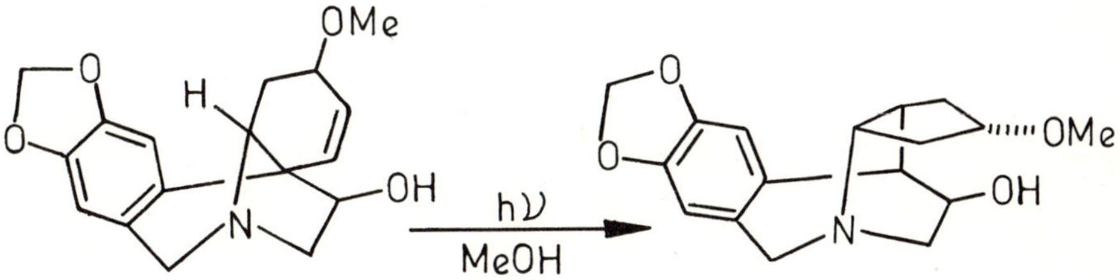

Y. Tsuda, M. Kaneda, S. Takagi, M. Yamaki,
and Y. Iitaka,
Tetrahedron Letters, 1199 (1978).

610.

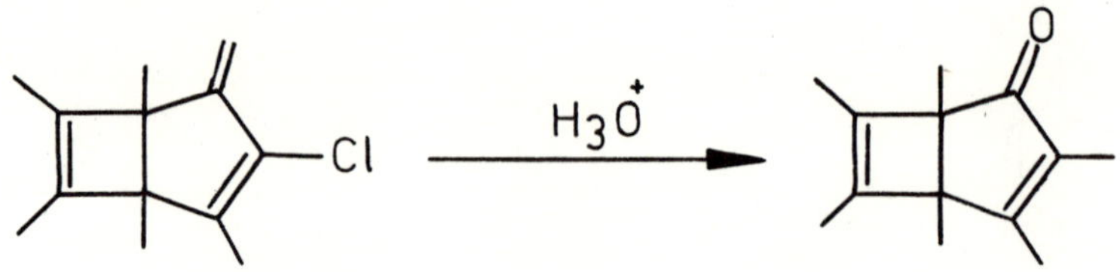

H. Hart and M. Nitta,
Tetrahedron Letters, 2109 (1974).

611.

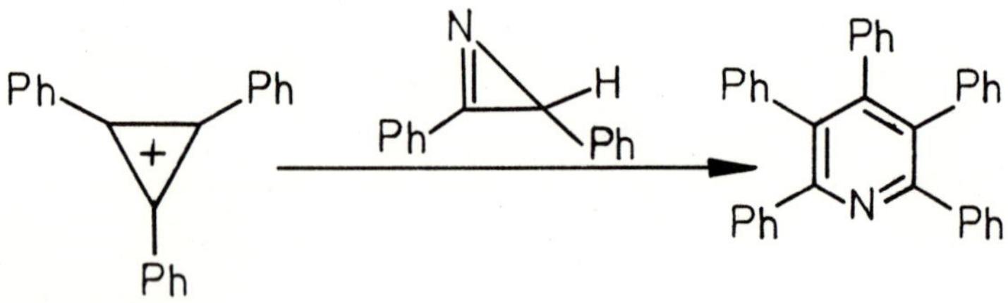

R. E. Moerck and M. A. Battiste,
Tetrahedron Letters, 4421 (1973).

612.

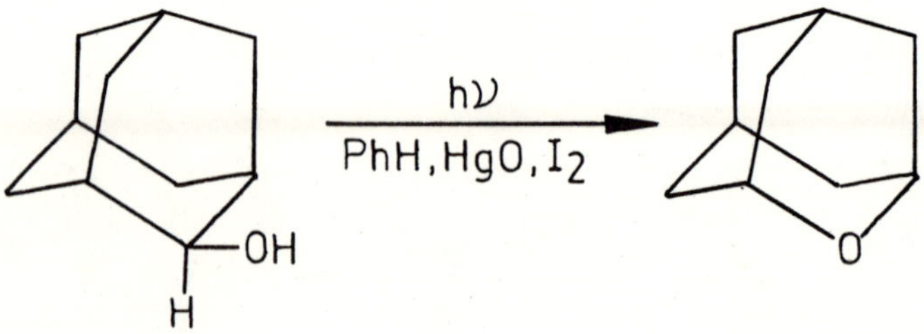

R. M. Black, G. B. Gill and D. Hands,
Chem. Comm., 311 (1972).

613.

F. B. Wargnier,
Tetrahedron Letters, 1589 (1974).

614.

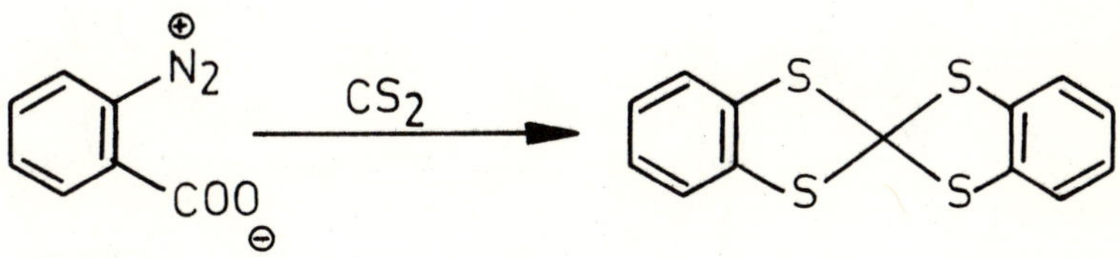

J. Nakayama,
J.C.S. Perkin I, 525 (1975).

615.

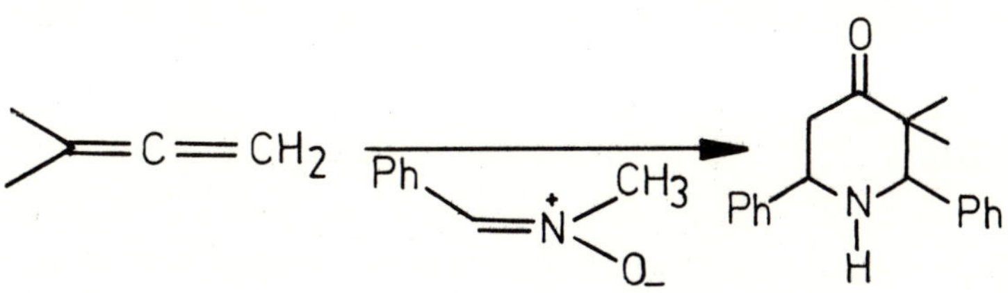

G. Cum, G. Sindona and N. Uccella,
J.C.S. Perkin I, 719 (1976).

616.

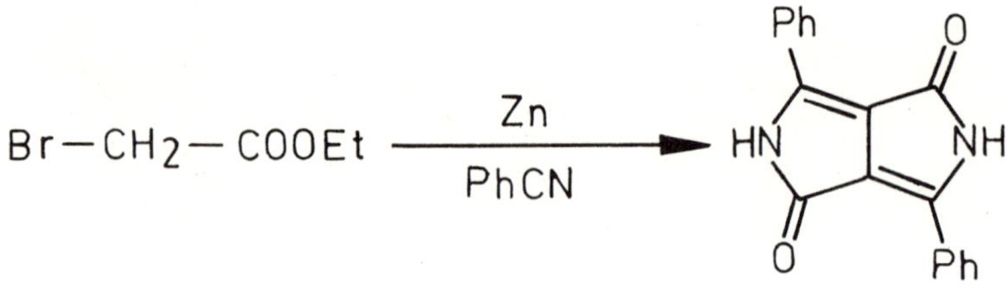

D. G. Farnum, G. Mehta, G. G. I. Moore and F. P. Siegal,
Tetrahedron Letters, 2549 (1974).

617.

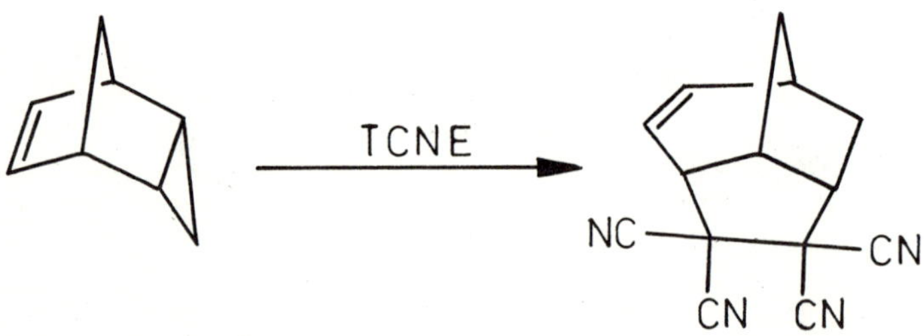

M. A. Battiste, J. M. Coxon, R. G. Posey, R. W. King, M. Mathew and G. J. Palenik,
J. Am. Chem. Soc., 97, 945 (1975).

618.

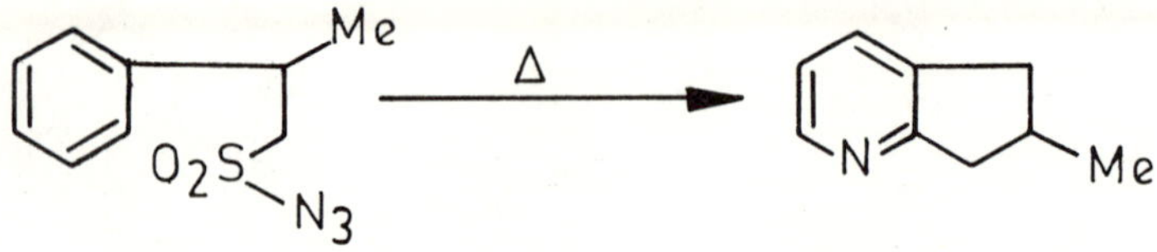

R. A. Abramovitch and W. D. Holcomb,
J. Am. Chem. Soc., 97, 676 (1975).

619.

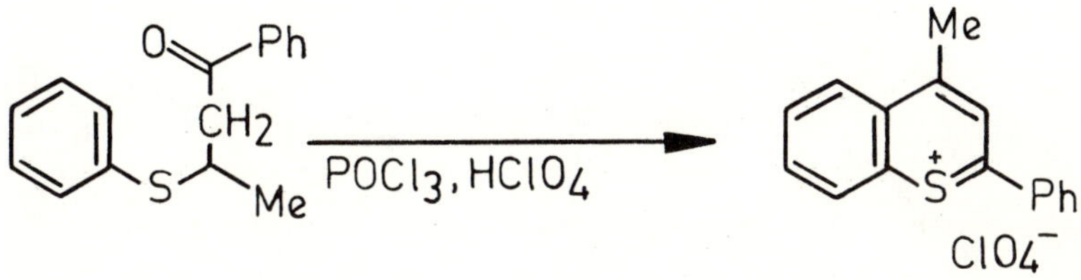

R. S. Devdhar, V. N. Gogte and B. D. Tilak, Tetrahedron Letters, 3911 (1974).

620.

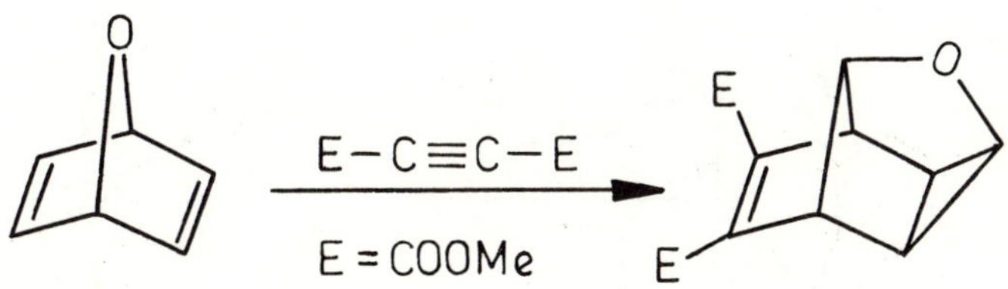

H. Prinzbach and H. Babsch, Angew Chem. Int. Ed. Engl., 14, 753 (1975).

621.

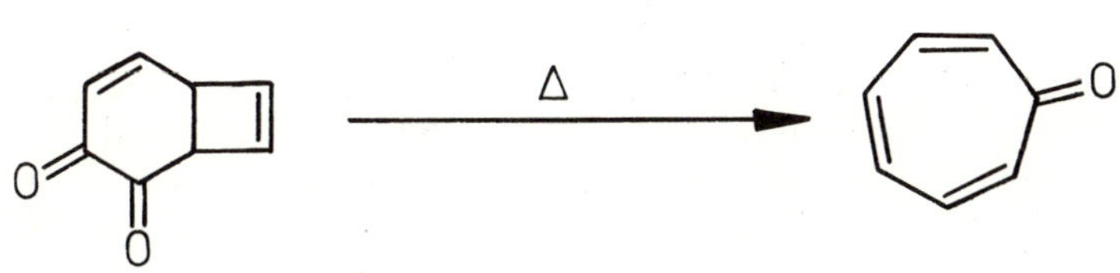

Y. Kitahara, M. Oda and M. Oda, Chem. Comm., 446 (1976).

622.

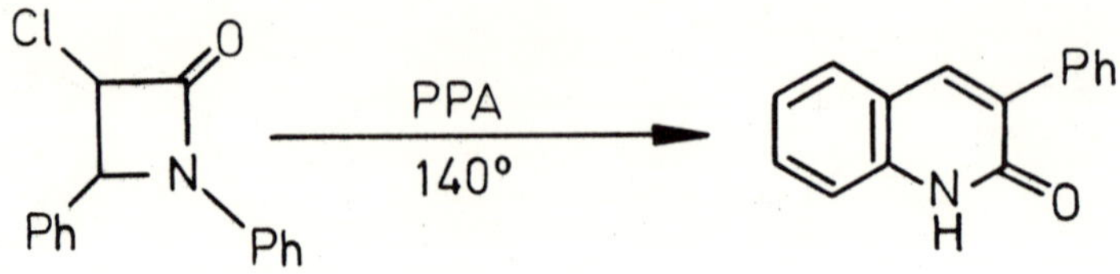

D. Johnson and H. Suschitzky,
Tetrahedron Letters, 4277 (1974).

623.

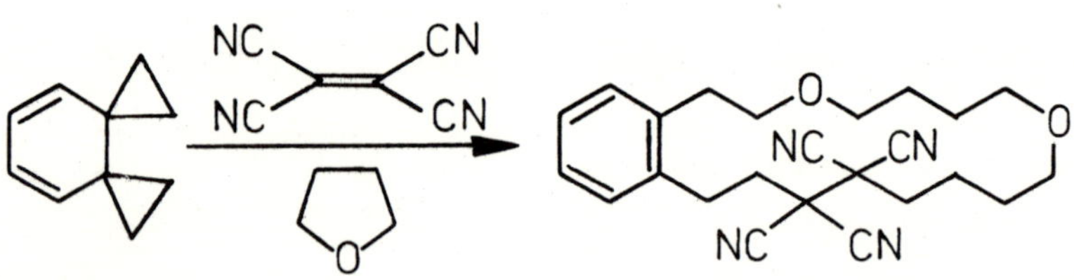

D. Kaufmann, A. de Meijere, B. Hingerty and W. Saenger,
Angew Chem. Int. Ed. Engl., 14, 816 (1975).

624.

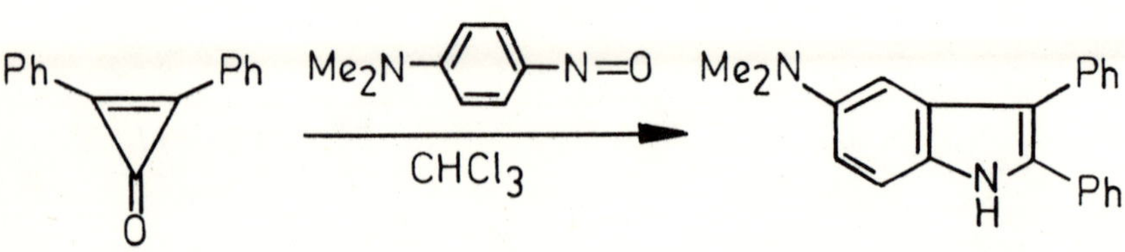

J. B. Hill
Tetrahedron Letters, 3283 (1975).

625.

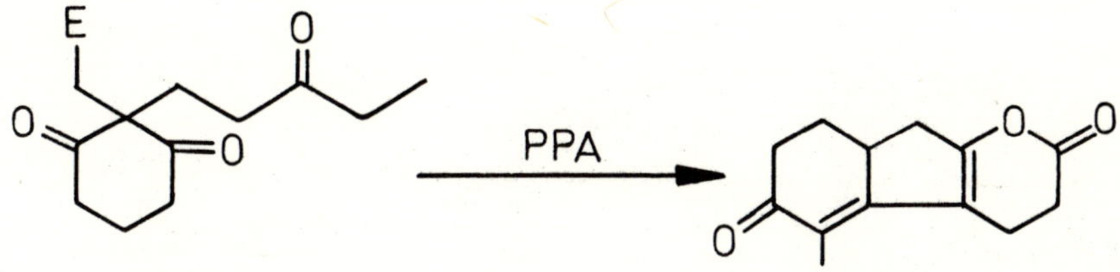

A. M. Chalmers and A. J. Baker, Tetrahedron Letters, 4529 (1974).

626.

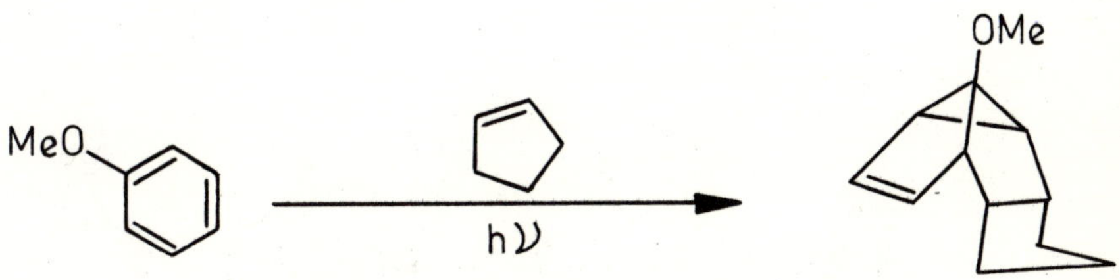

R. Srinivasan, V. Y. Merritt and G. Subrahmanyam, Tetrahedron Letters, 2715 (1974).

627.

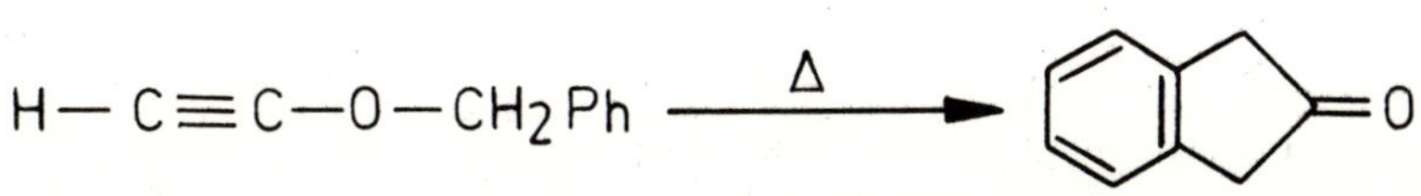

J. A. Katzenellenbogen and T. Utawanit, Tetrahedron Letters, 3275 (1975).

628.

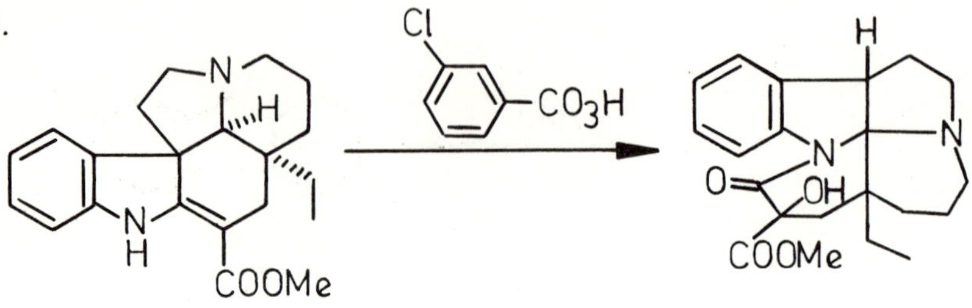

G. Croquelois, N. Kunesch and J. Poisson, Tetrahedron Letters, 4427 (1974).

629.

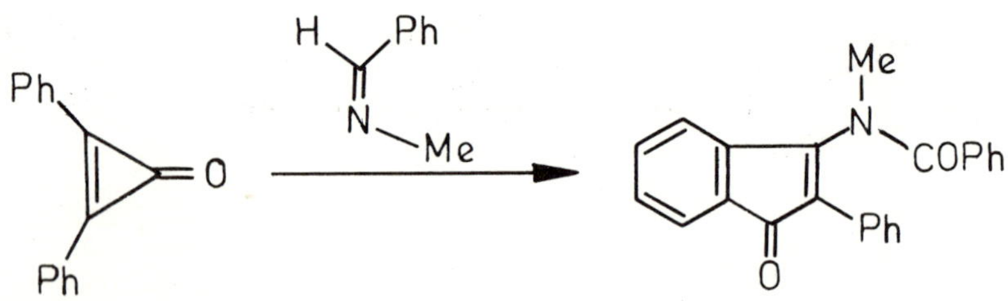

T. Eicher and J. L. Weber, Tetrahedron Letters, 1541 (1973).

630.

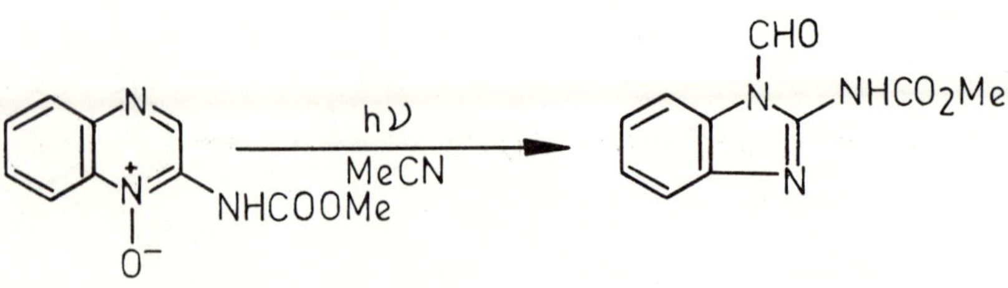

R. A. Burrell, J. M. Cox and E. G. Savins, J.C.S. Perkin I, 2707 (1973).

631.

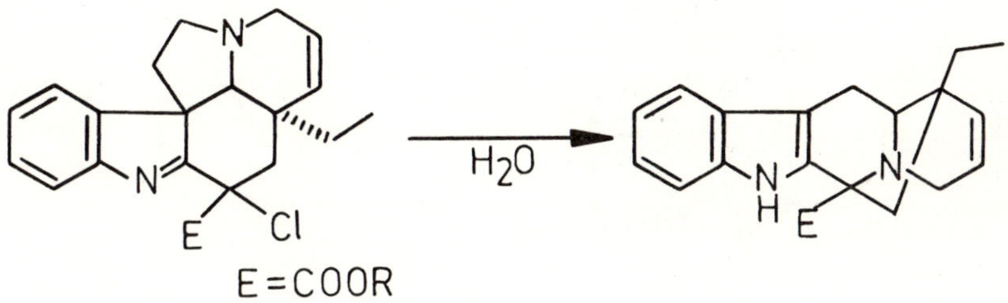

P. J. Levy, C. Pierron, G. Lukacs, G. Massiot, and J. L. Men,
Tetrahedron Letters, 669 (1976).

632.

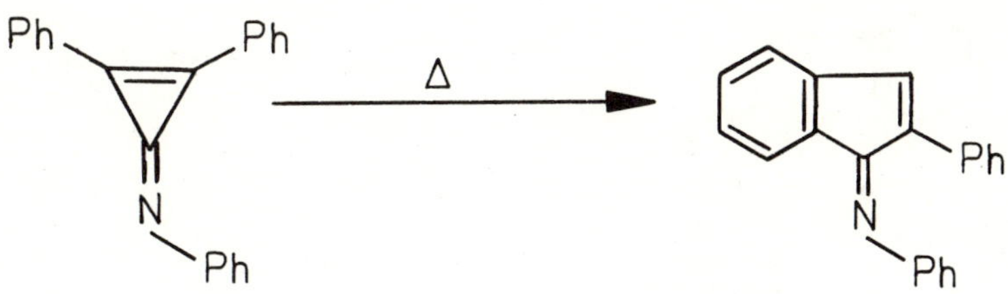

T. Eicher, H. Ehrhardt and N. Pelz,
Tetrahedron Letters, 4353 (1973).

633.

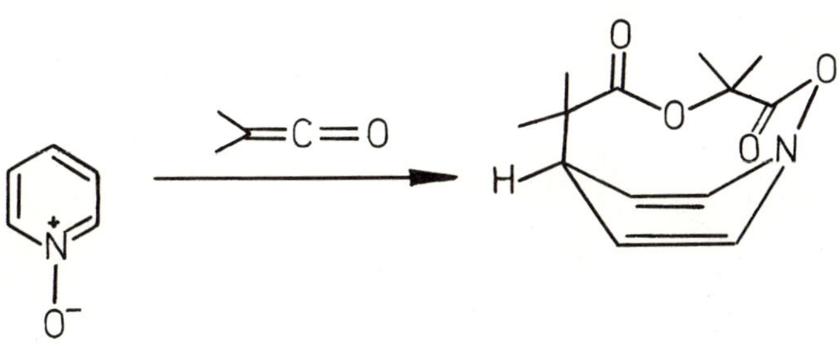

R. N. Pratt, D. P. Stokes, G. A. Taylor and S. A. Procter,
J. Chem. Soc., 1472 (1971).

634.

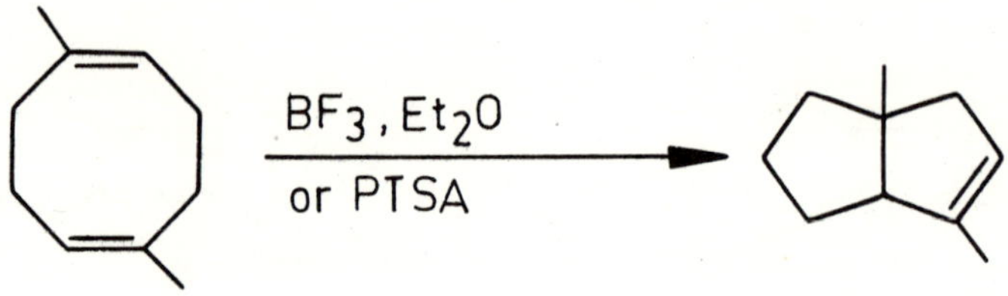

J. K. Whitesell, R. S. Matthews and P. A. Solomon,
Tetrahedron Letters, 1549 (1976).

635.

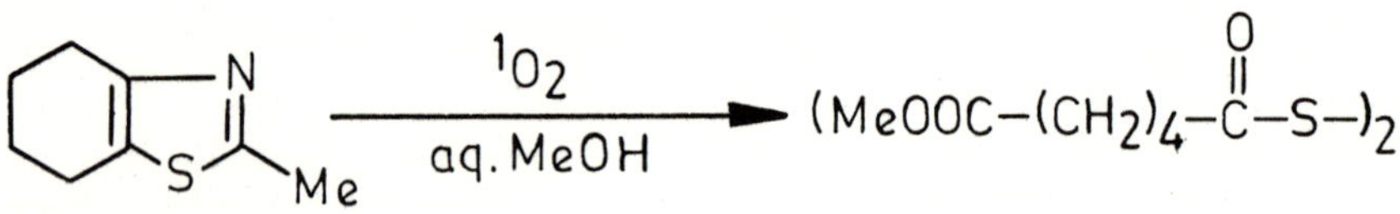

H. H. Wasserman and G. R. Lenz,
Tetrahedron Letters, 3947 (1974).

636.

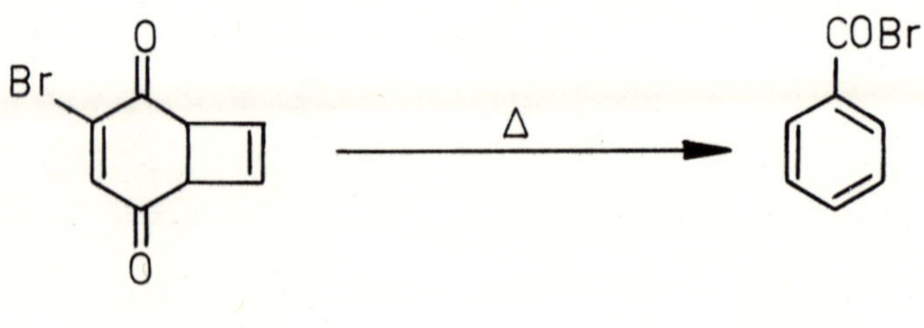

Y. Kayama, M. Oda and Y. Kitahara,
Tetrahedron Letters, 3293 (1974).

637.

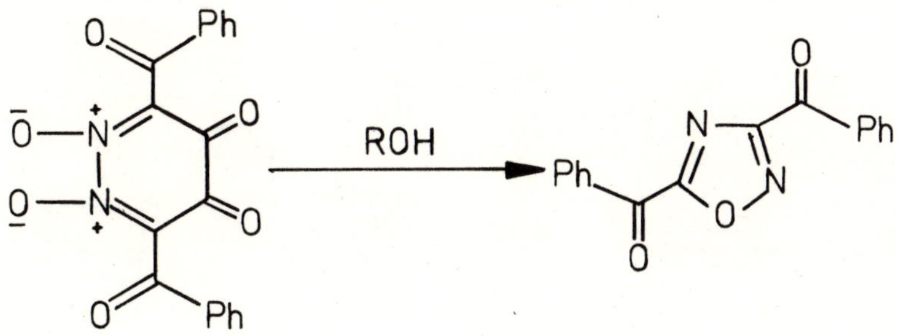

C. W. Bird,
Tetrahedron Letters, 1703 (1976).

638.

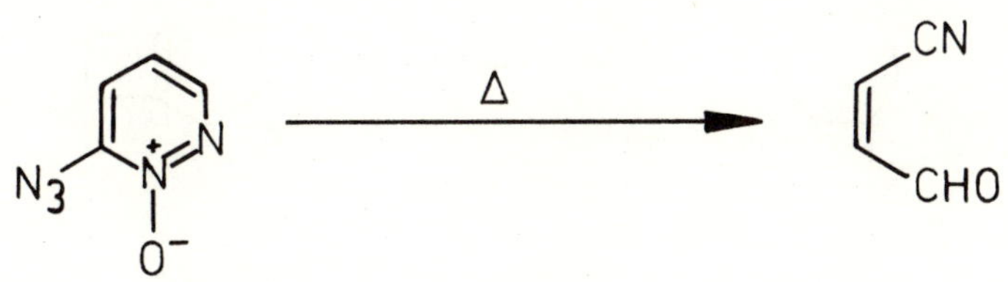

R. A. Abramovitch and I. Shinkai,
Chem. Comm., 703 (1975).

639.

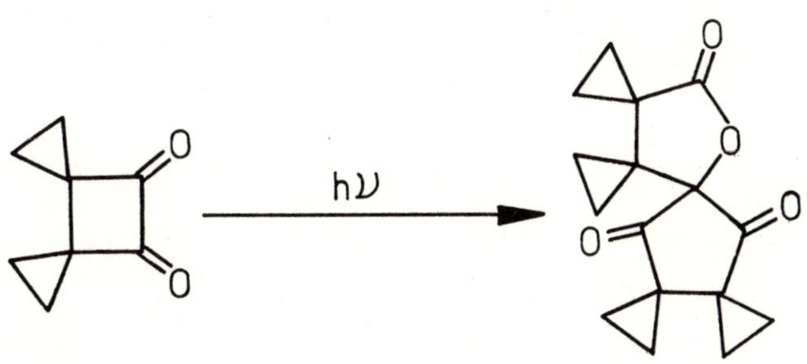

J. M. Denis and J. M. Conia,
Tetrahedron Letters, 461 (1973).

640.

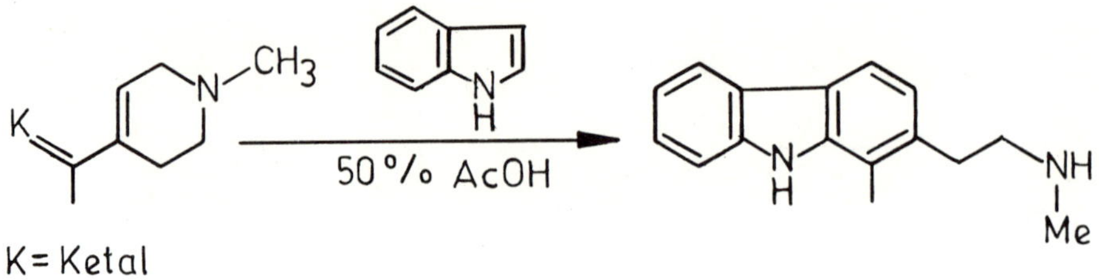

R. Besselievre and H-P. Husson, Tetrahedron Letters, 1873 (1976).

641.

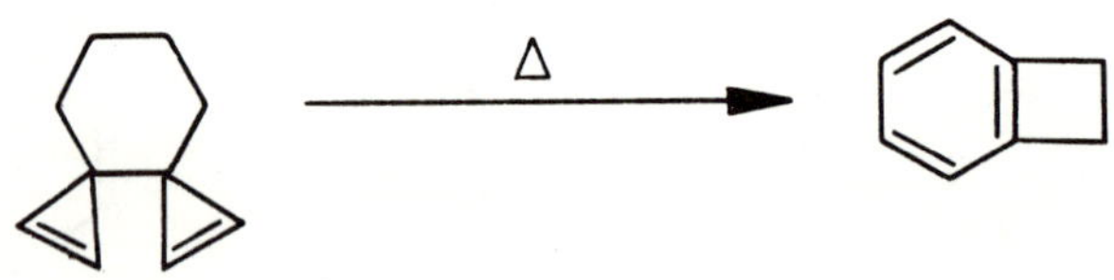

I. J. Landheer, W. H. de Wolf and F. Bickelhaupt, Tetrahedron Letters, 2813 (1974).

642.

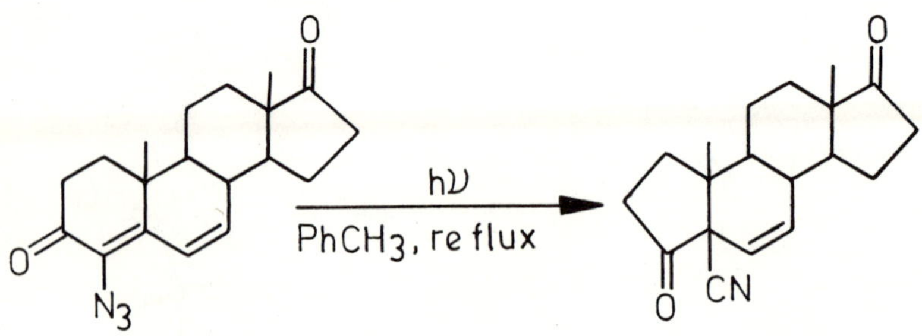

E. M. Smith, E. L. Shapiro, G. Teutsch, L. Weber, H. L. Herzog, A. T. McPhail, P-S. W. Tschang and J. Meinwald, Tetrahedron Letters, 3519 (1974).

643.

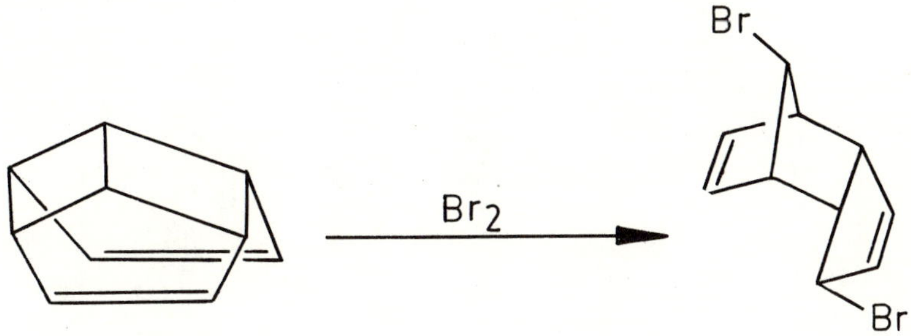

G. Klein and L. A. Paquette, Tetrahedron Letters, 2419 (1976).

644.

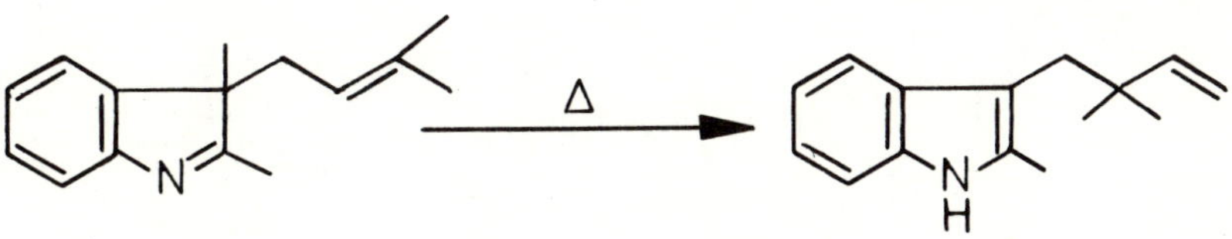

R. K. Bramley, J. Caldwell and R. Grigg, Tetrahedron Letters, 3207 (1973).

645.

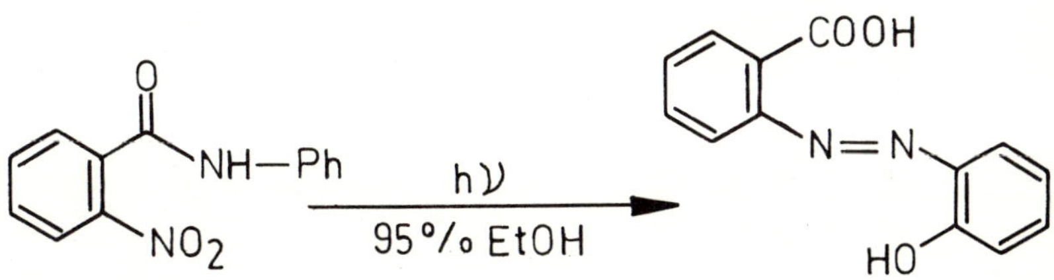

B. C. Gunn and M. F. G. Stevens, J.C.S. Perkin I, 1682 (1973).

646.

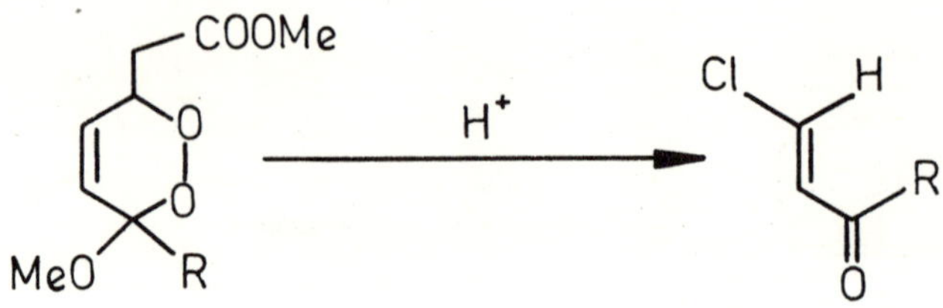

R. J. Wells,
Tetrahedron Letters, 2637 (1976).

647.

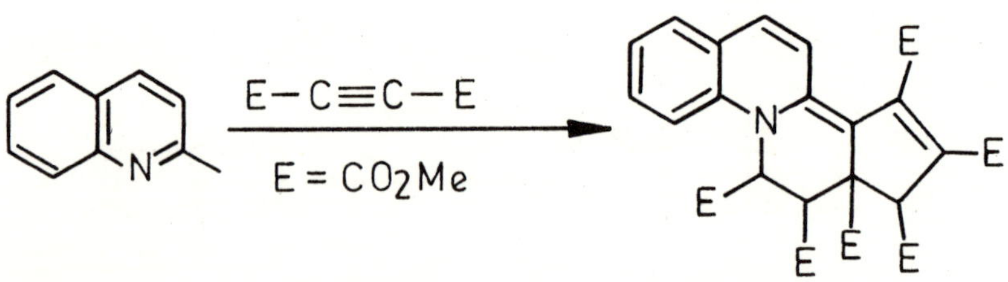

R. M. Acheson and D. F. Nisbet,
J.C.S. Perkin I, 1338 (1973).

648.

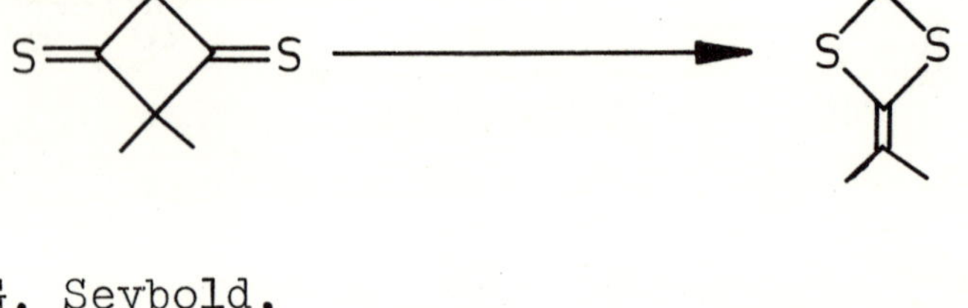

G. Seybold,
Tetrahedron Letters, 555 (1974).

649.

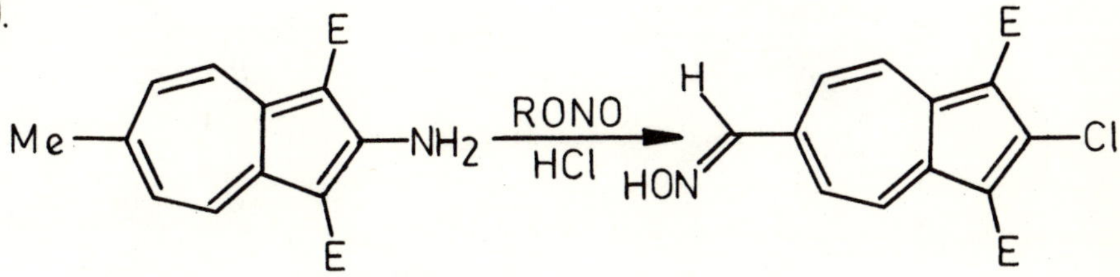

N. Kato, Y. Fukazawa and S. Ito, Tetrahedron Letters, 2045 (1976).

650.

$$R_2N-CH{=}CH-NR_2 \xrightarrow{H_2C=C=O} R_2N-CH_2-CO-CH{=}CH-NR_2$$

L. Duhamel, P. Duhamel and G. Ple, Tetrahedron Letters, 43 (1974).

651.

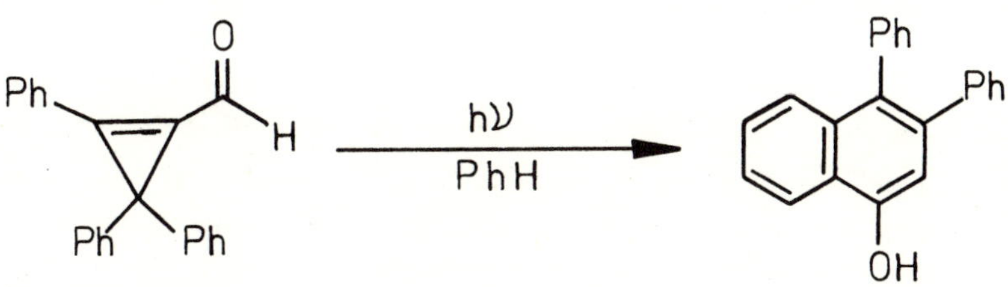

L. Schrader and W. Hartmann, Tetrahedron Letters, 3995 (1973).

652.

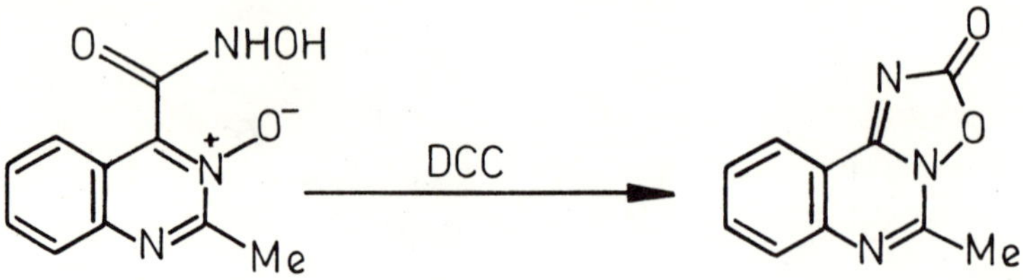

J. Bergman, J-O. Lindstrom, J. Abrahamsson and E. Hadler,
Tetrahedron Letters, 3615 (1976).

653.

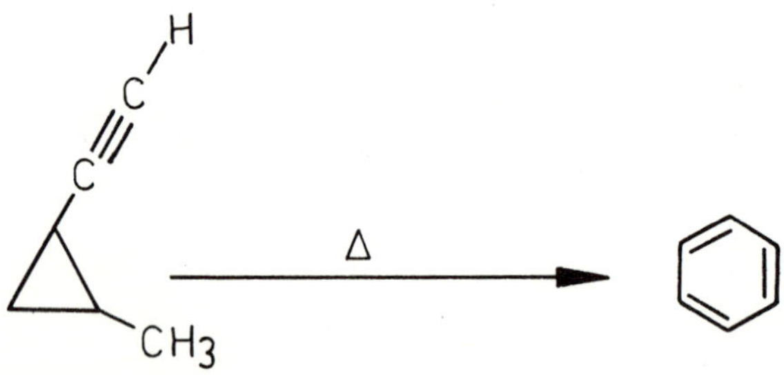

V. Dalacker and H. Hopf,
Tetrahedron Letters, 15 (1974).

654.

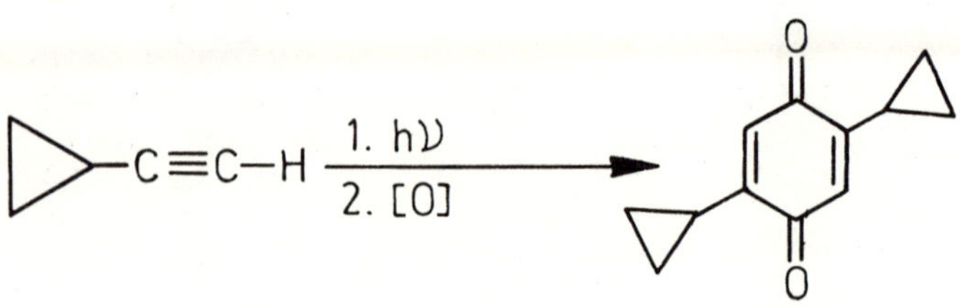

R. Victor, R. Benshoshan and S. Sarel,
Tetrahedron Letters, 4211 (1973).

655.

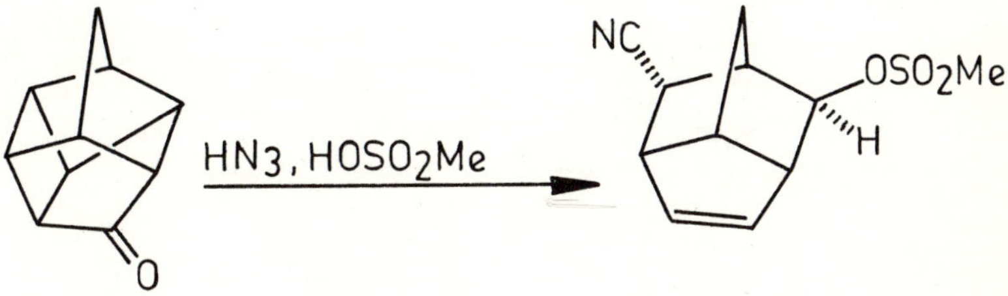

G. Mehta, P. N. Pandey, R. Usha and K. Venkatesan, Tetrahedron Letters, 4209 (1976).

656.

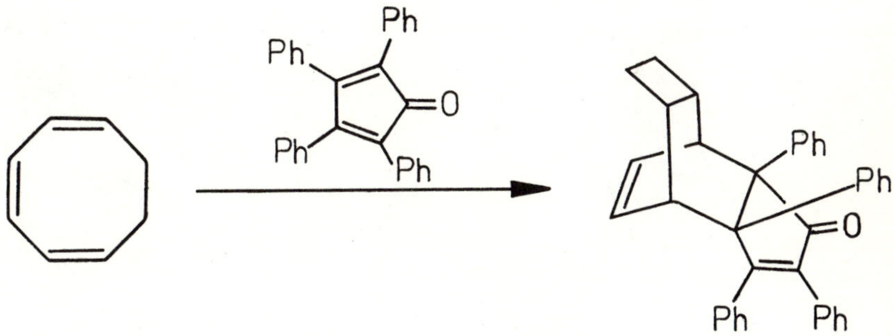

I. A. Akhtar and G. I. Fray, J. Chem. Soc., 2800 (1971).

657.

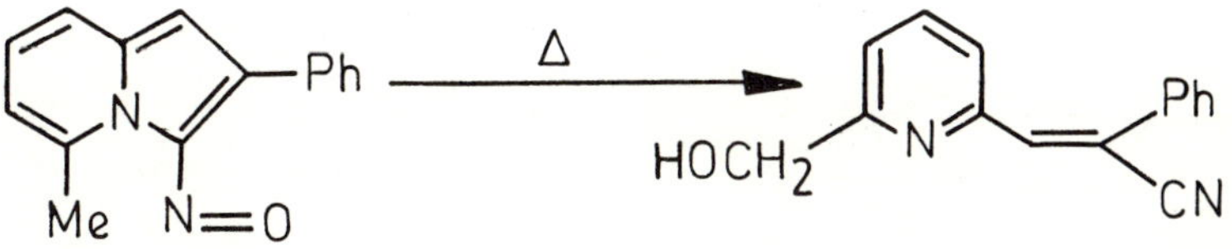

J. A. Hickman and D. G. Wibberley, J.C.S. Perkin I, 2958 (1972).

658.

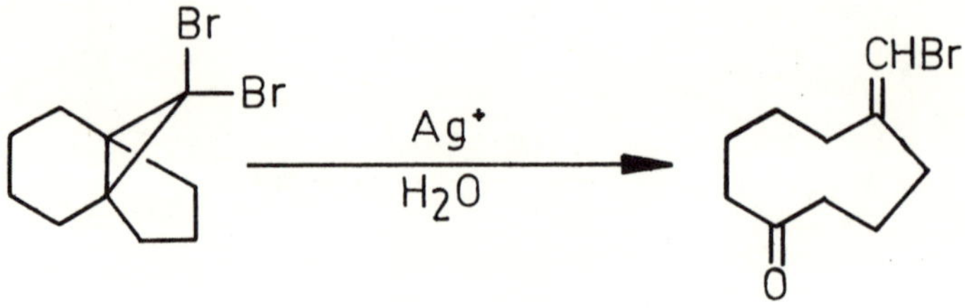

C. B. Reese and A. C. Risius, Tetrahedron Letters, 4847 (1976).

659.

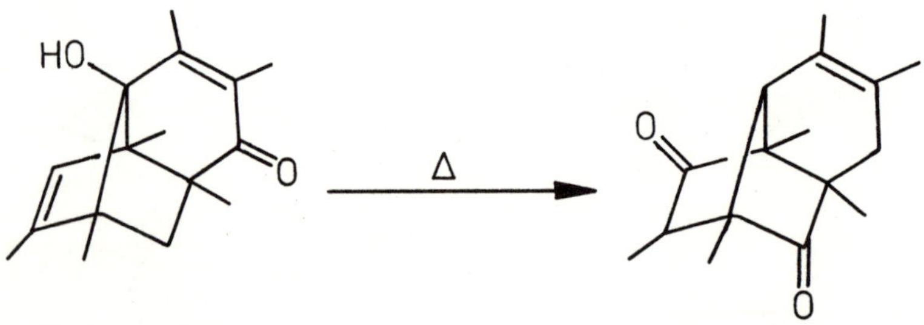

J. R. Scheffer, J. Trotter, R. E. Gayler and C. A. Bear, Tetrahedron Letters, 2871 (1973).

660.

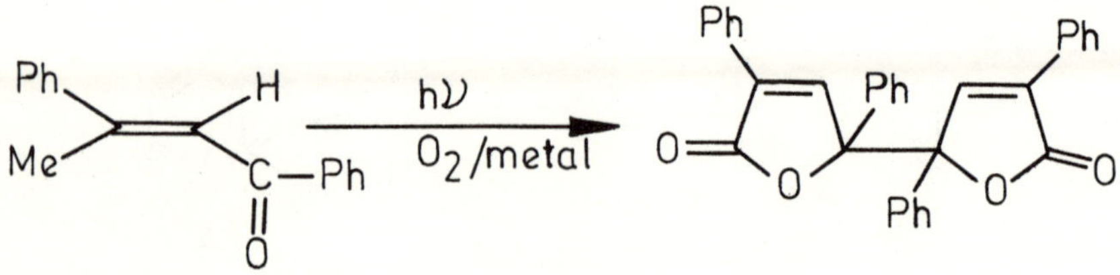

T. Sato, K. Tamura, K. Maruyama and O. Ogawa, Tetrahedron Letters, 4221 (1973).

661.

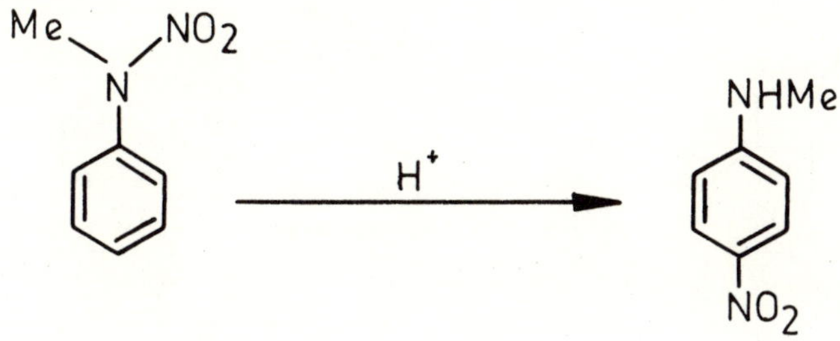

W. N. White and J. R. Klink,
J. Org. Chem., 42, 166 (1977).

662.

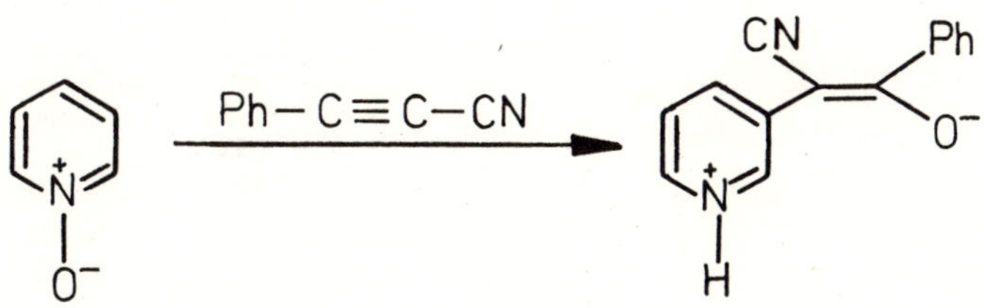

R. A. Abramovitch and I. Shinkai,
Chem. Comm., 569 (1973).

663.

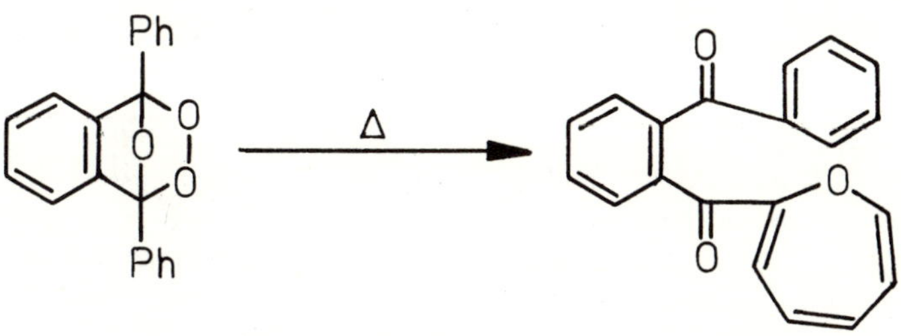

G. Rio, M-J. Scholl,
Chem. Comm., 474 (1975).

664.

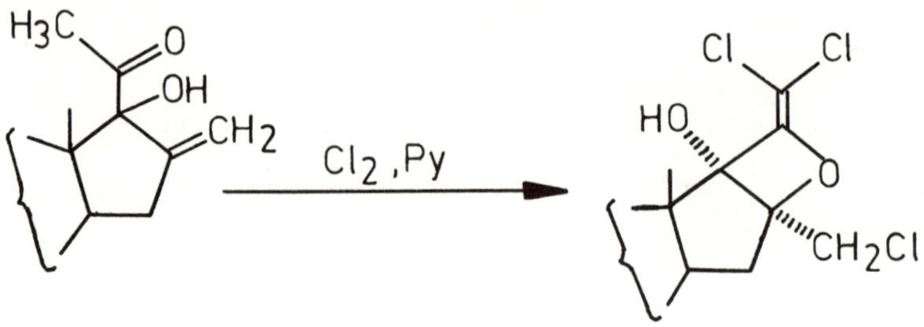

E. L. Shapiro, L. Weber, S. Polovsky, J. Morton, A. T. McPhail, K. D. Onan and D. H. R. Barton, J. Org. Chem., 41, 3940 (1976).

665.

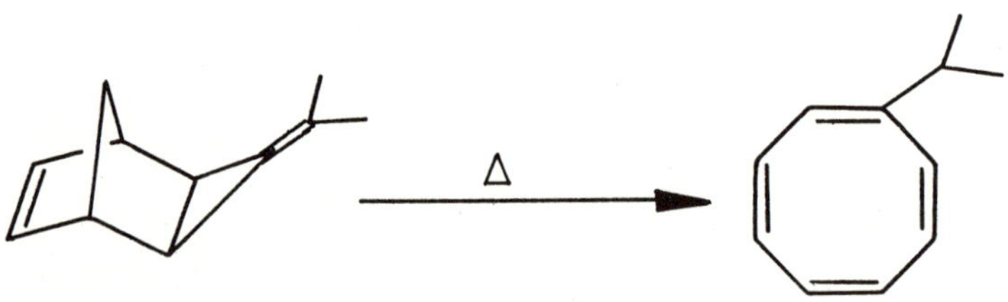

R. Bloch, F. Leyendecker and N. Toshima, Tetrahedron Letters, 1025 (1973).

666.

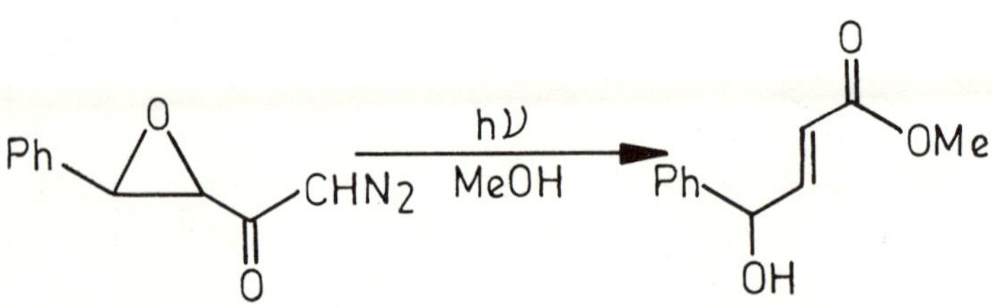

N. F. Woolsey and M. H. Khalil, Tetrahedron Letters, 4309 (1974).

667.

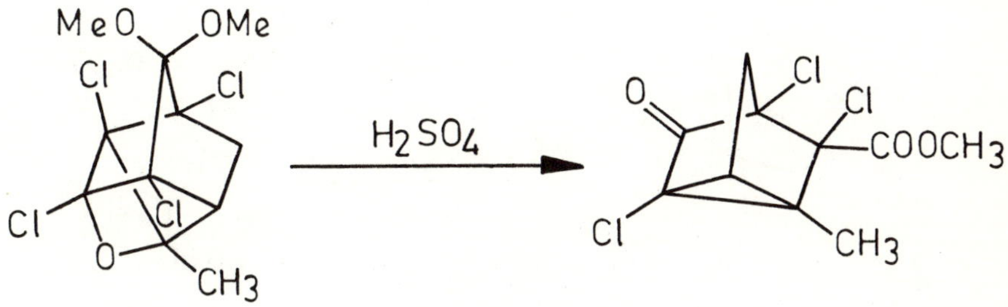

R. R. Sauers, R. Bierenbaum, R. J. Johnson, J. A. Thich, J. Potenza and H. J. Schugar, J. Org. Chem., 41, 2943 (1976).

668.

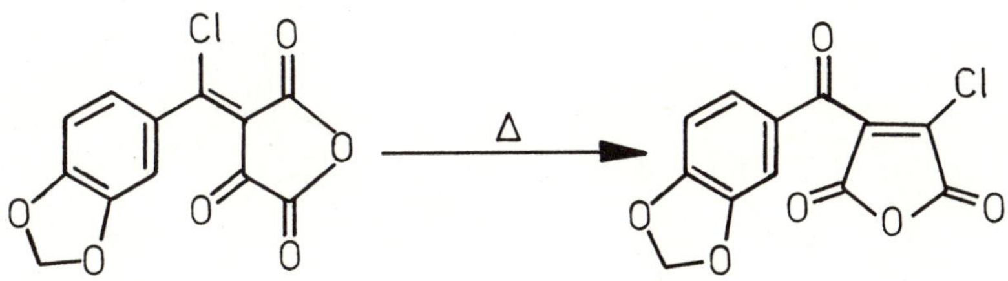

L. Crombie and D. P. Reynolds, Chem. Comm., 265 (1973).

669.

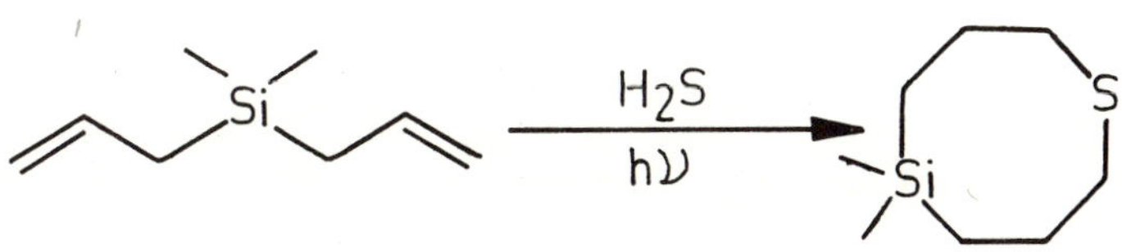

K. E. Koenig and W. P. Weber, Tetrahedron Letters, 3151 (1973).

670.

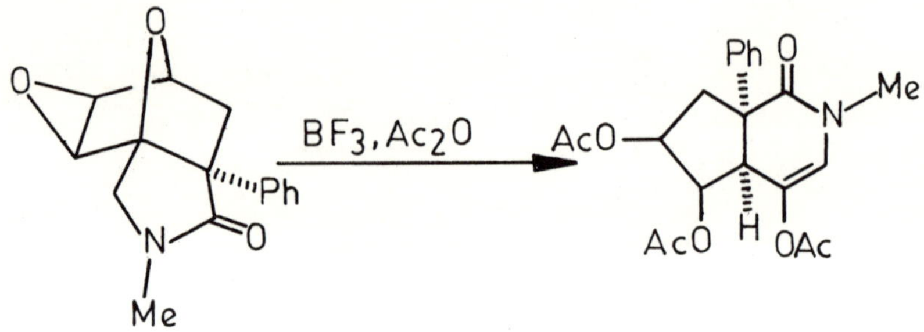

H. W. Gschwend, M. J. Hillman, B. Kisis and R. K. Rodebaugh,
J. Org. Chem., 41, 104 (1976).

671.

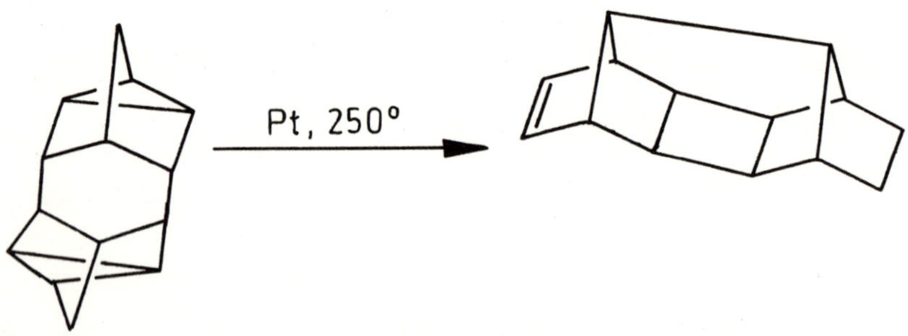

R. Hamilton, M. A. McKervey, J. J. Rooney and J. F. Malone,
Chem. Comm., 1027 (1976).

672.

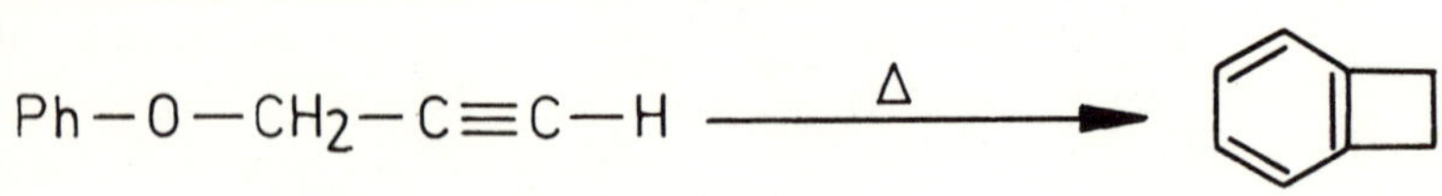

W. S. Trahanovsky and P. W. Mullen,
J. Am. Chem. Soc., 94, 5911 (1972).

673.

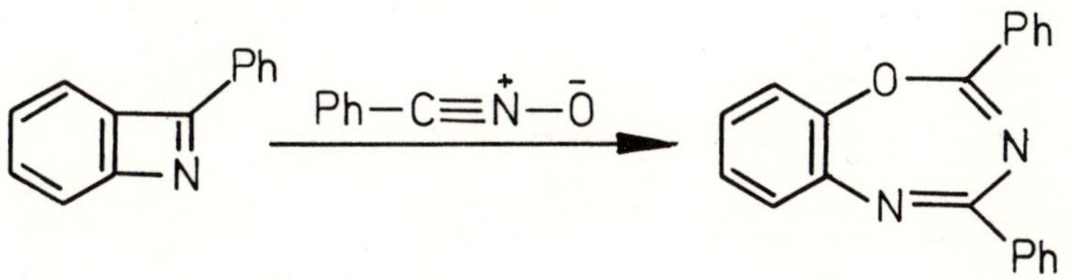

C. W. Rees, R. Somanathan, R. C. Storr and A. D. Woolhouse, Chem. Comm., 740 (1975).

674.

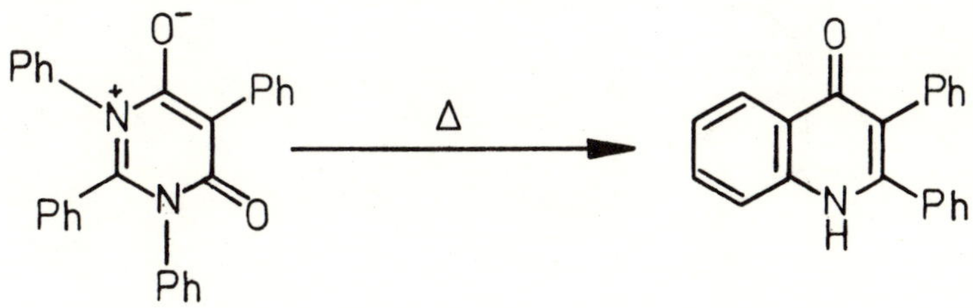

T. Kappe and R. K. Zadeh, Synthesis, 247 (1975).

675.

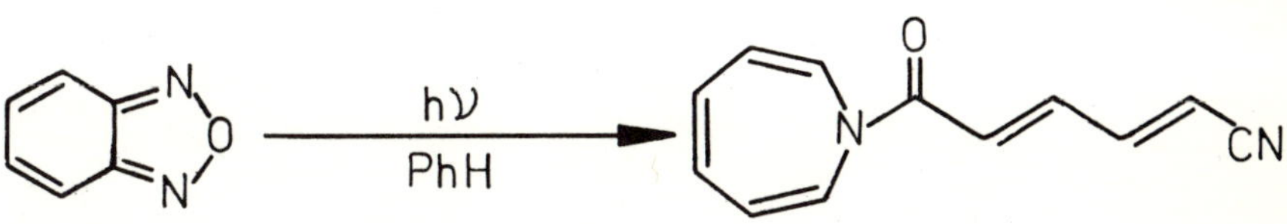

M. Georgarakis, H. J. Rosenkranz and H. Schmid, Helv., 54, 819 (1971).

676.

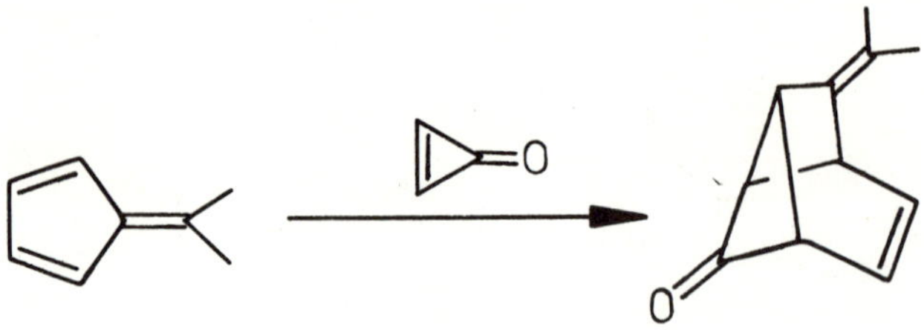

R. Breslow, M. Oda and J. Pecoraro, Tetrahedron Letters, 4415, 4419 (1972).

677.

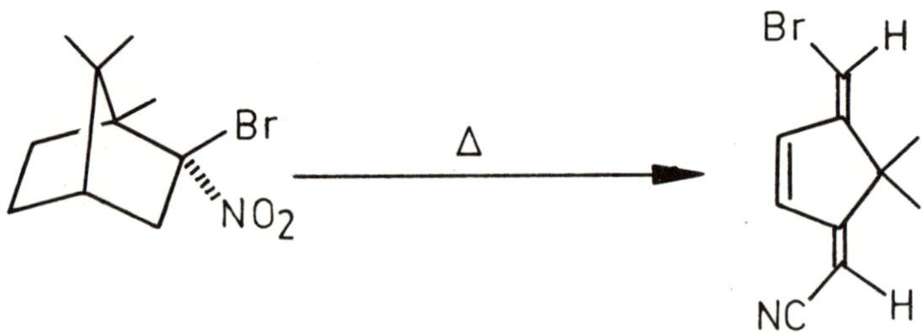

S. Ranganathan and H. Raman, Tetrahedron Letters, 411 (1973).

678.

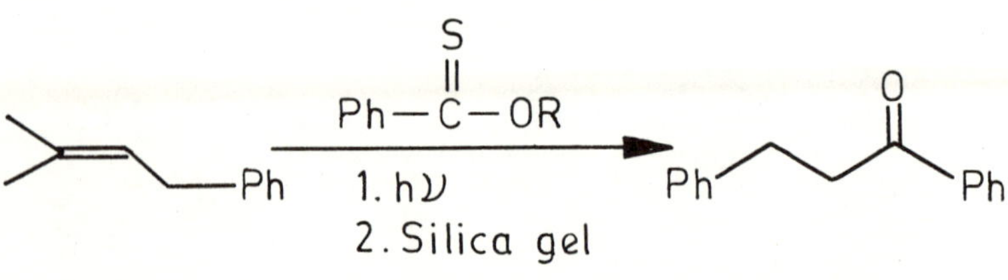

A. Ohno, T. Koizumi and Y. Akazaki, Tetrahedron Letters, 4993 (1972).

679.

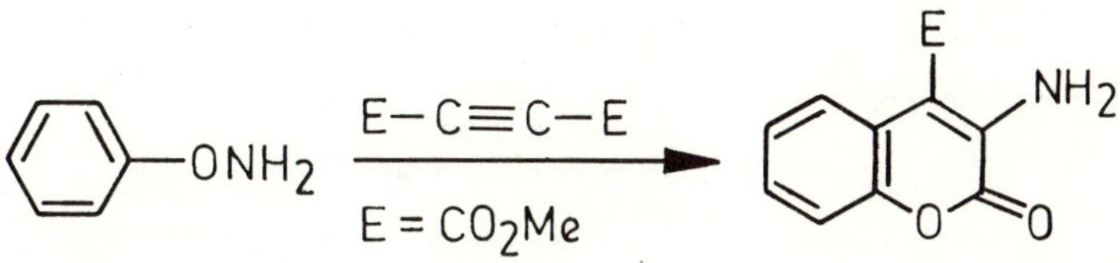

T. Sheradsky and S. Lewinter, Tetrahedron Letters, 3941 (1972).

680.

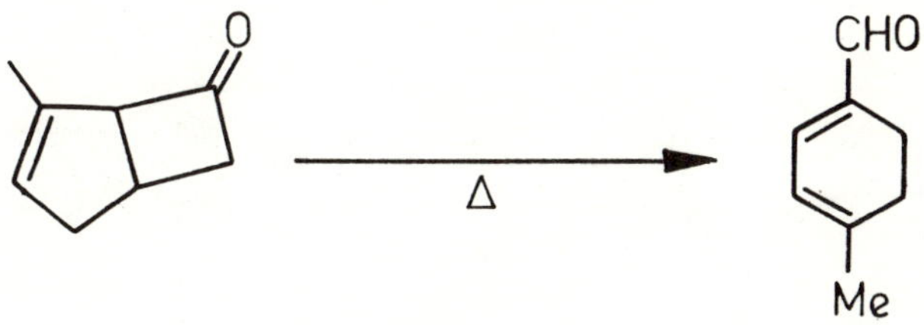

P. Schiess and P. Funfschilling, Tetrahedron Letters, 5191 (1972).

681.

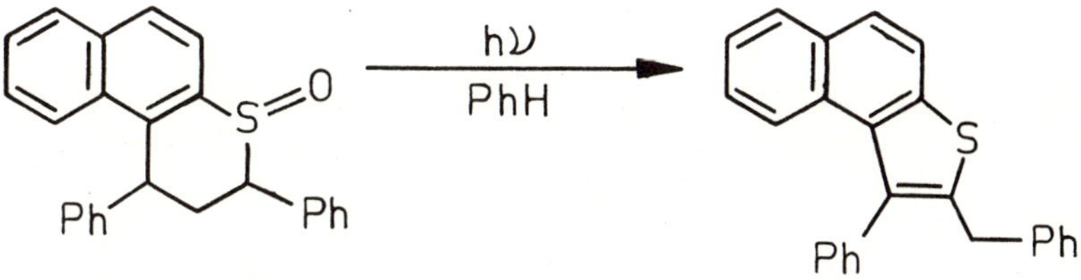

A. G. Schultz and R. H. Schlessinger, Tetrahedron Letters, 4787 (1973).

682.

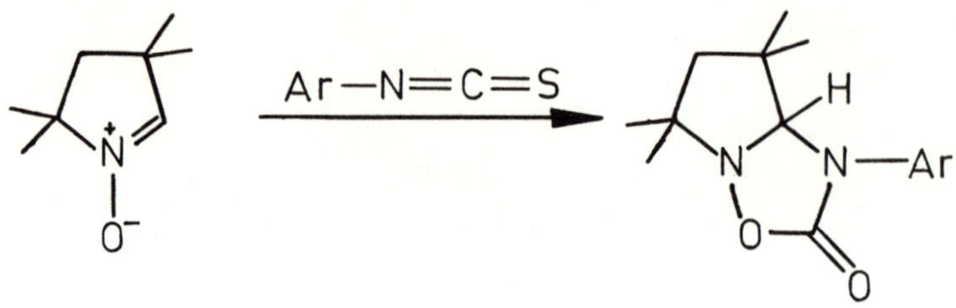

D. St. C. Black and K. G. Watson,
Tetrahedron Letters, 4191 (1972).

683.

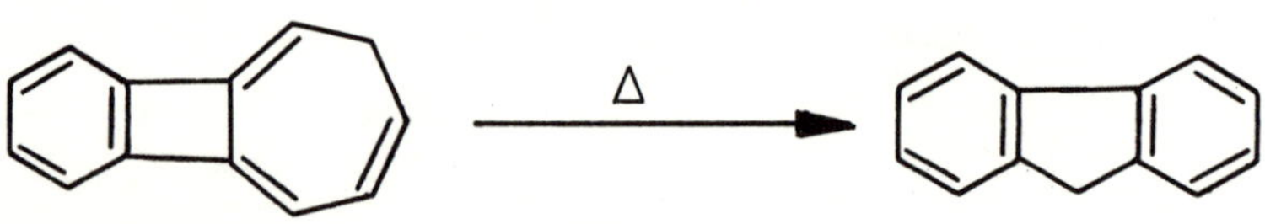

L. Lombardo and D. Wege,
Tetrahedron Letters, 4859 (1972).

684.

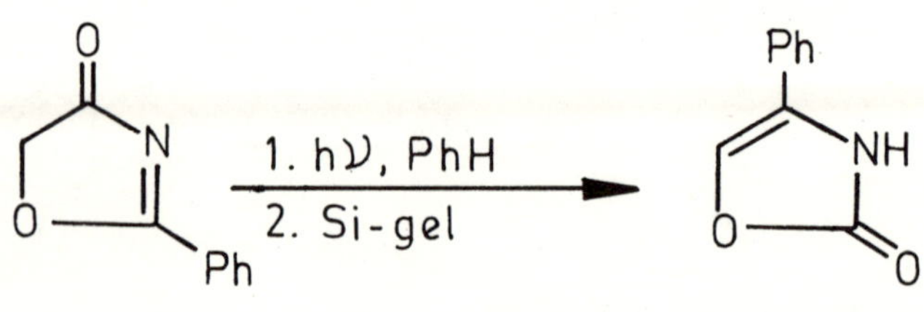

T. H. Koch and R. M. Rodehorst,
Tetrahedron Letters, 4039 (1972).

685.

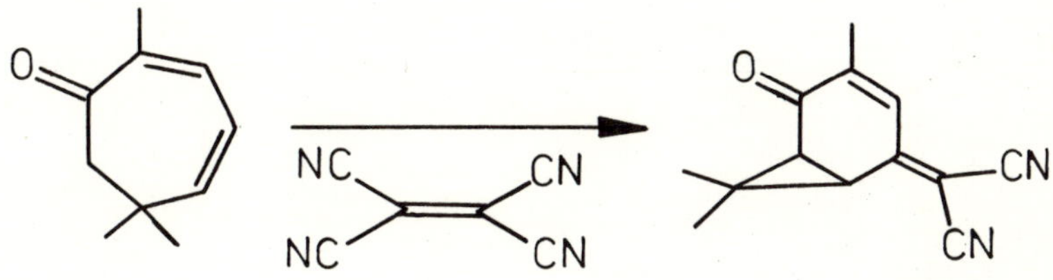

M. Acar, A. Cornelis and P. Laszlo, Tetrahedron Letters, 3625 (1972).

686.

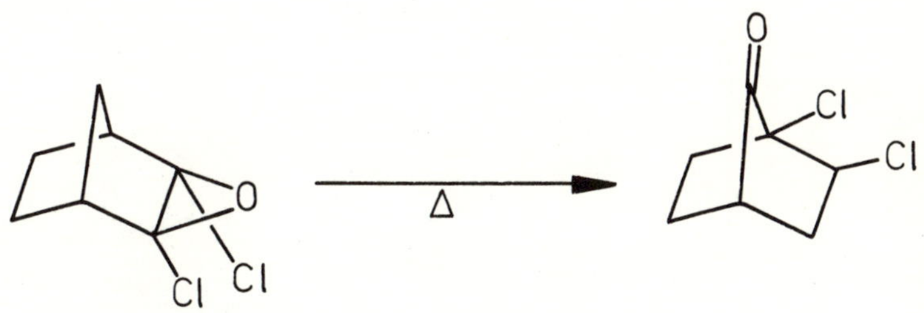

G. Nagendrappa and K. Griesbaum, Chem. and Ind., 902 (1973).

687.

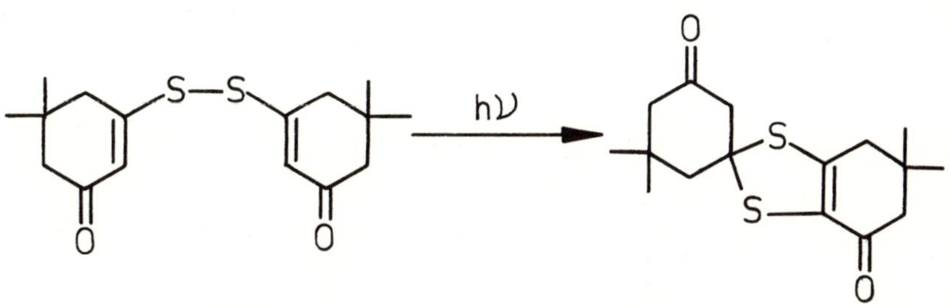

L. Dalgaard and S-O. Lawesson, Tetrahedron Letters, 4319 (1973).

688.

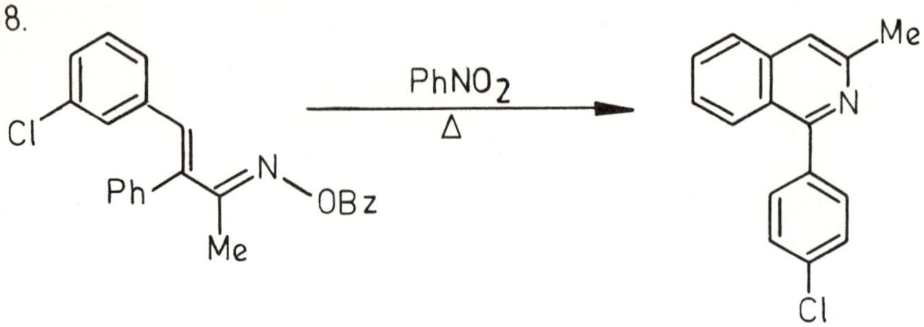

S. Goszczynski and M. Lozynski, Tetrahedron Letters, 2355 (1972).

689.

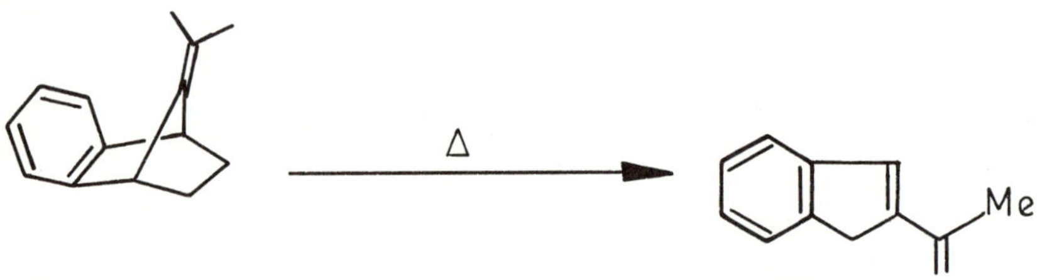

H. Heaney, S. V. Ley, A. P. Price and R. P. Sharma, Tetrahedron Letters, 3067 (1972).

690.

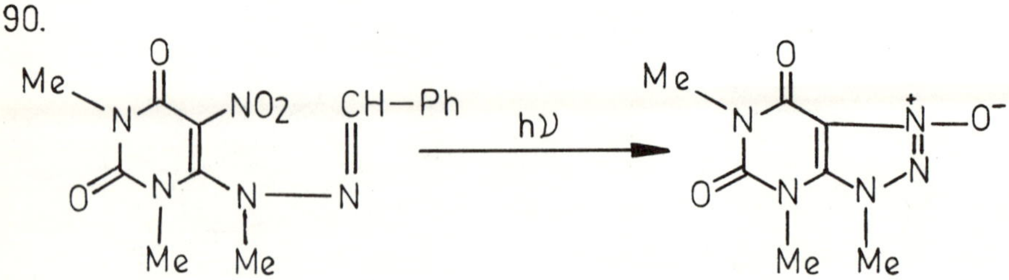

Y. Maki, K. Izuta and M. Suzuki, Tetrahedron Letters, 1973 (1972).

691.

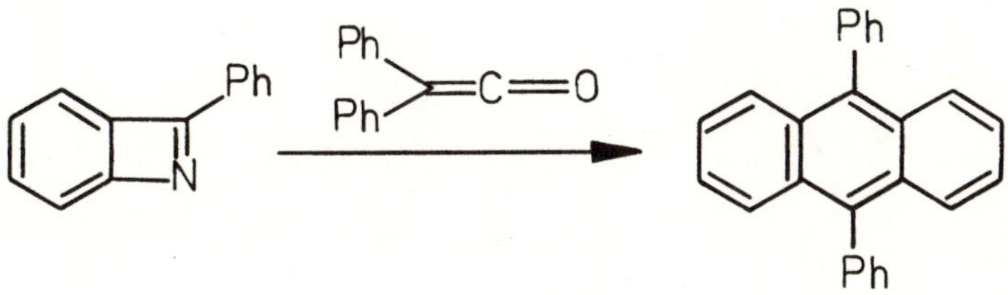

C. W. Rees, R. Somanathan, R. C. Storr and A. D. Woolhouse,
Chem. Comm., 125 (1976).

692.

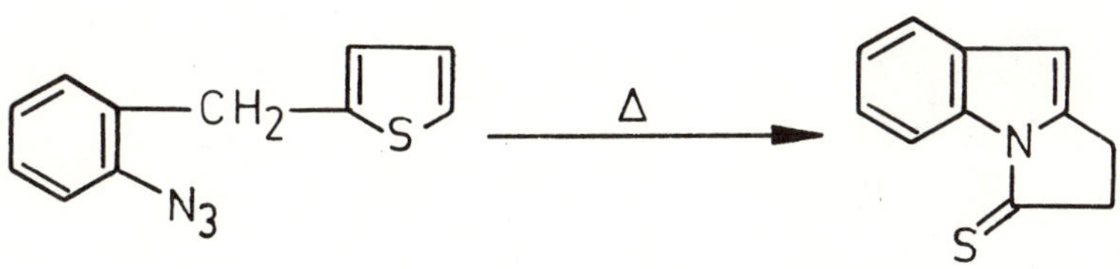

G. R. Cliff, G. Jones and J. Mck. Woollard,
Tetrahedron Letters, 2401 (1973).

693.

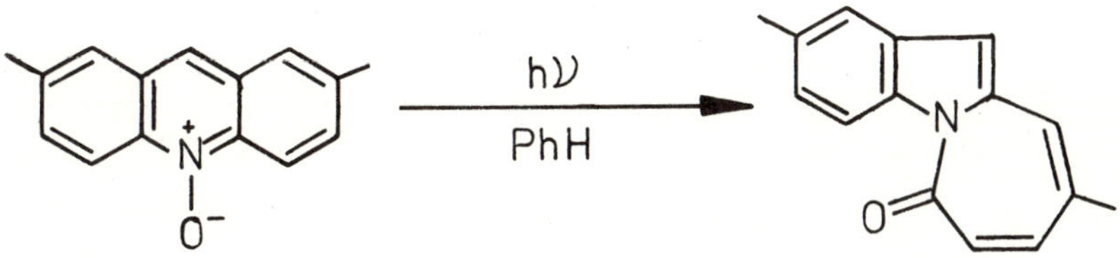

S. Yamada, M. Ishikawa and C. Kaneko,
Tetrahedron Letters, 971 (1972).

694.

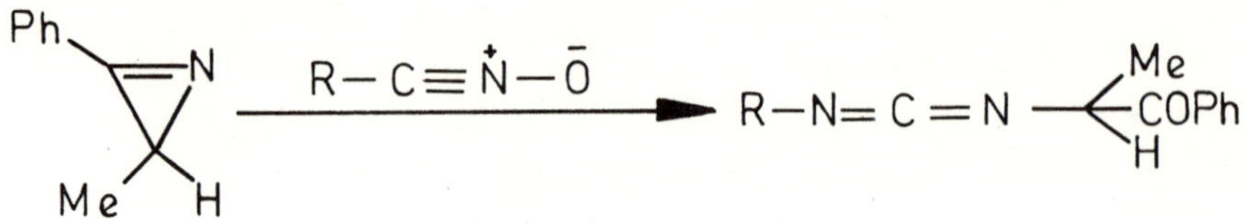

V. Nair,
Tetrahedron Letters, 4831 (1971).

695.

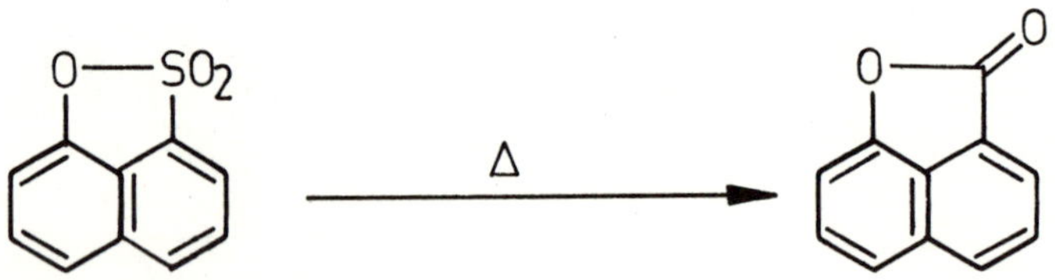

D. C. DeJongh and G. N. Evenson,
Tetrahedron Letters, 4093 (1971).

696.

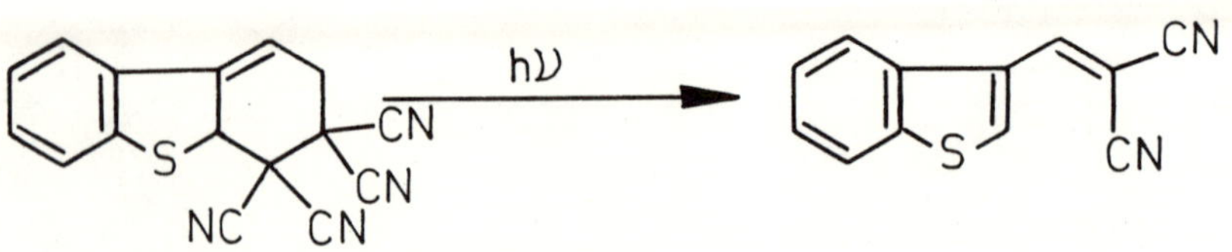

Q. N. Porter and H. G. Upstill,
Tetrahedron Letters, 255 (1972).

697.

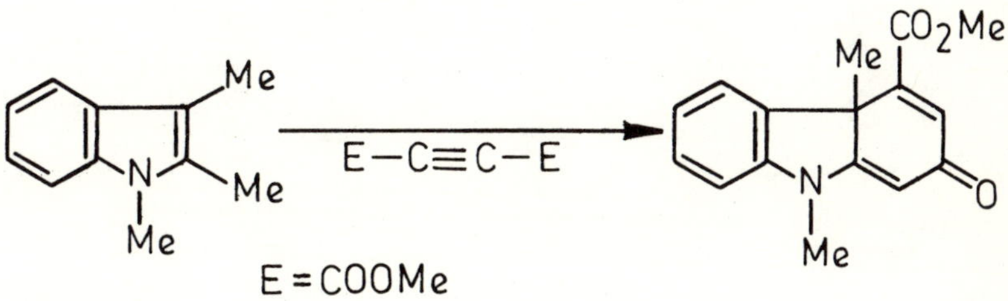

F. Fried, J. B. Taylor and R. Westwood, Chem. Comm., 1226 (1971).

698.

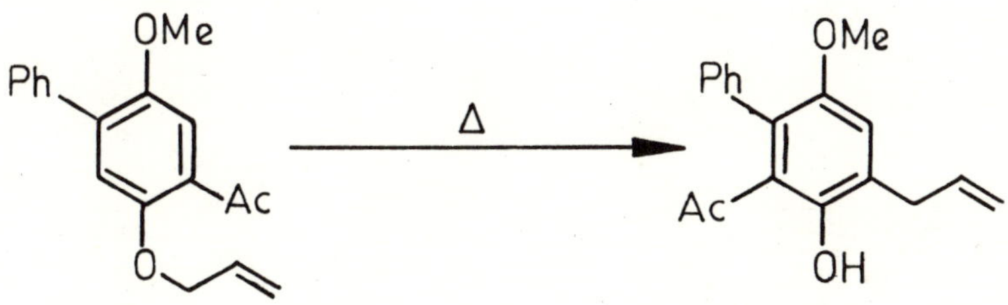

C. P. Falshaw, S. A. Lane and W. D. Ollis, Chem. Comm., 491 (1973).

699.

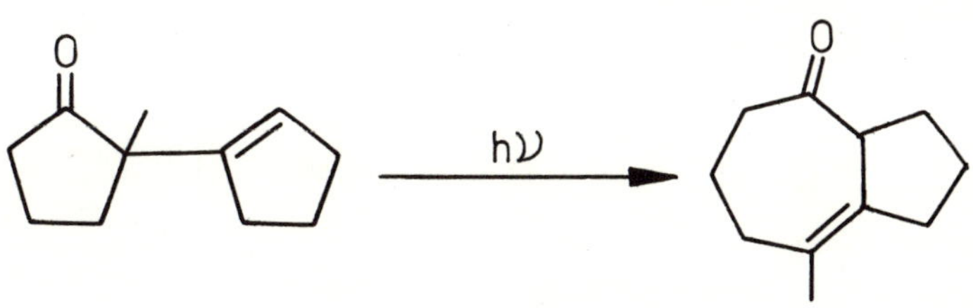

R. G. Carlson, R. L. Coffin, W. W. Cox and R. S. Givens,
Chem. Comm., 501 (1973).

700.

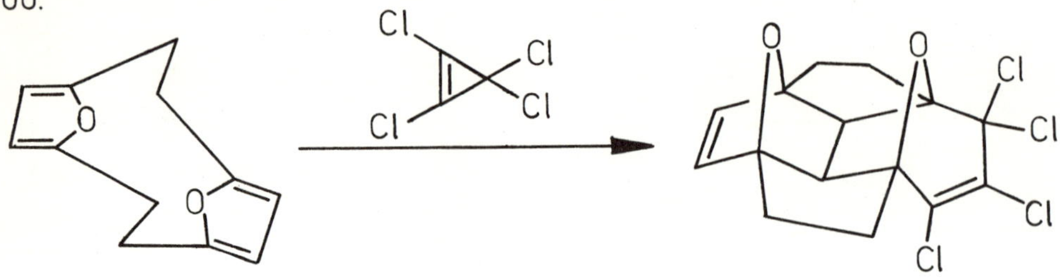

M. A. Battiste, L. A. Kapicak, M. Mathew and G. J. Palenik,
Chem. Comm., 1536 (1971).

701.

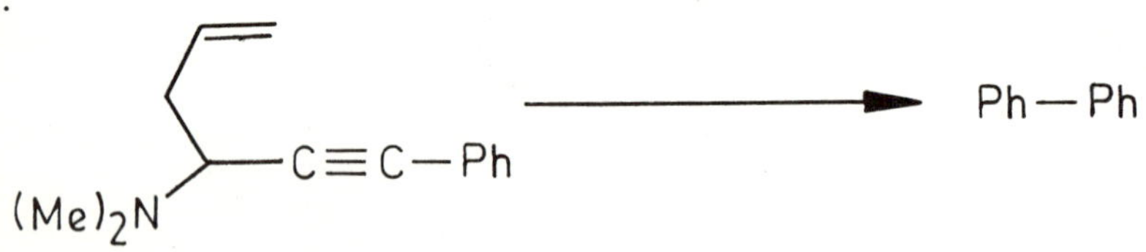

R. W. Jemison, T. Laird and W. D. Ollis,
Chem. Comm., 556 (1972).

702.

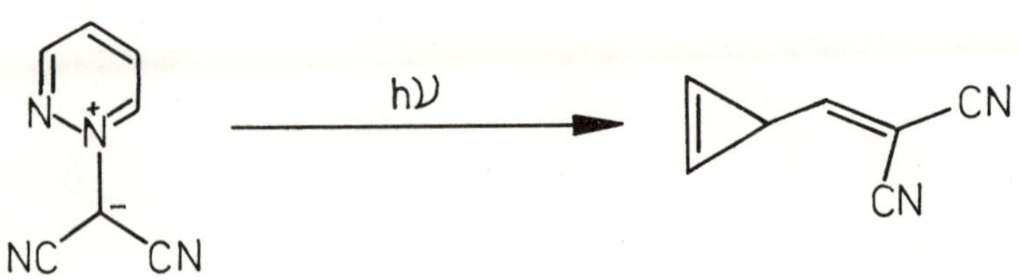

H. Arai, H. Igeta and T. Tsuchiya,
Chem. Comm., 521 (1973).

703.

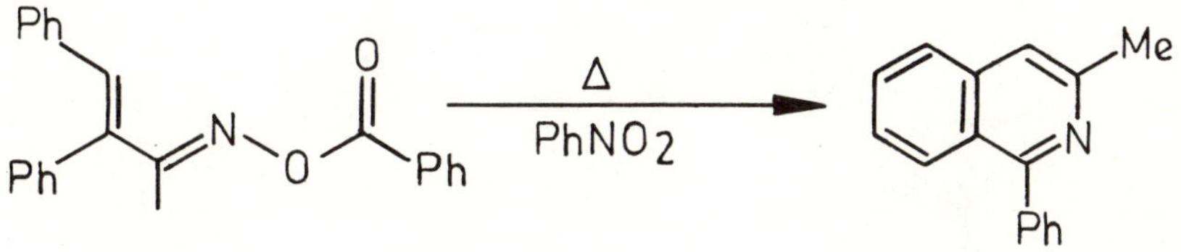

S. Goszczynski and E. Salwinska, Tetrahedron Letters, 3027 (1971).

704.

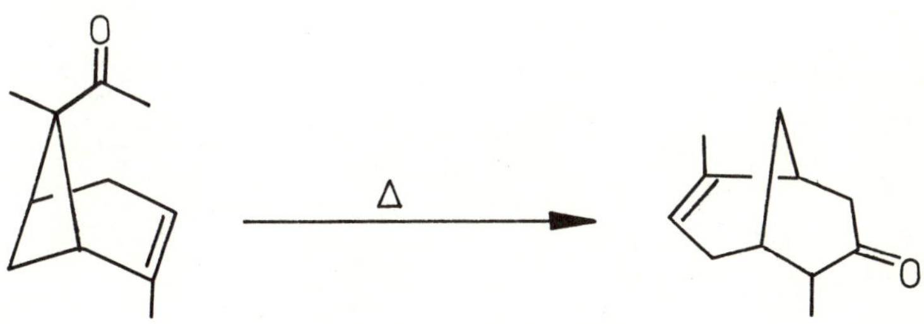

Y. B. Chretien and C. Grison, Chem. Comm., 549 (1973).

705.

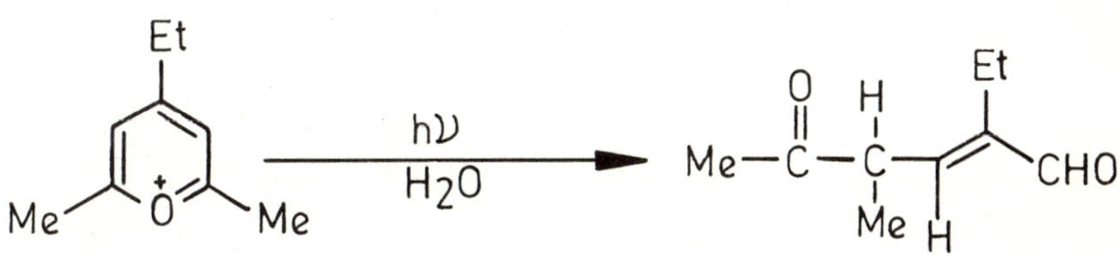

J. A. Barltrop, K. Dawes, A. C. Day, S. J. Nuttall and A. J. H. Summers, Chem. Comm., 410 (1973).

706.

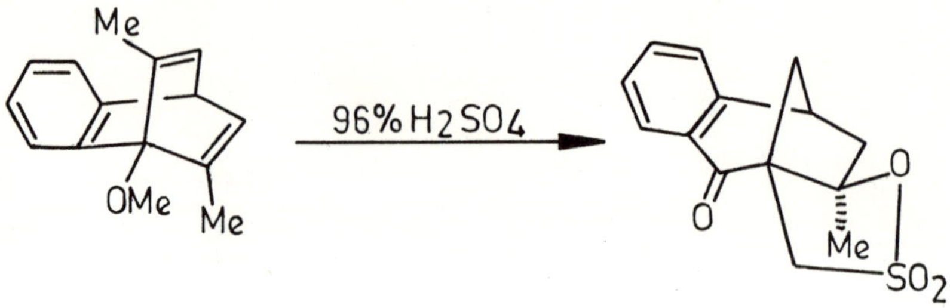

D. S. Brown, H. Heaney, S. V. Ley,
K. G. Mason and P. Singh,
Tetrahedron Letters, 3937 (1978).

707.

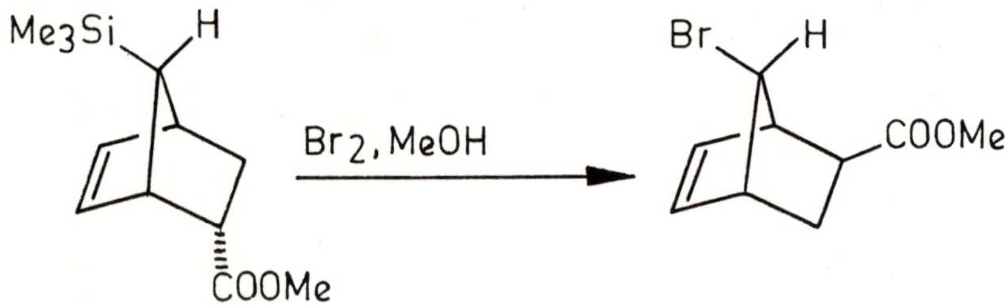

I. Fleming and J. P. Michael,
Chem. Comm., 245 (1978).

708.

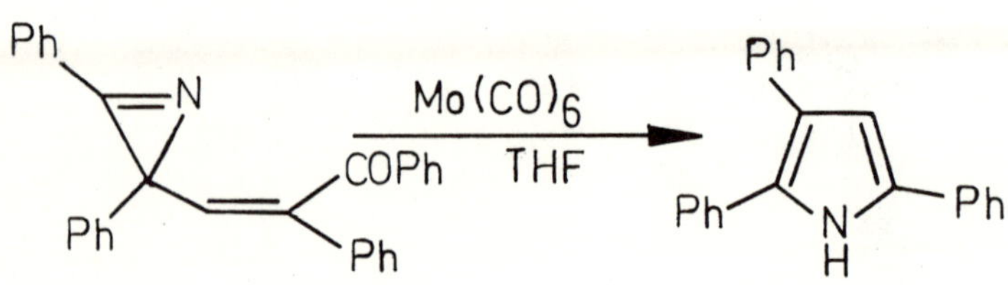

F. D. Bellamy,
Tetrahedron Letters, 4577 (1978).

709.

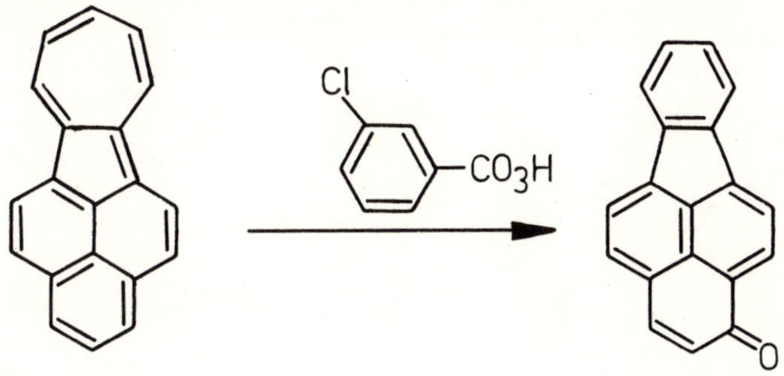

K. Nakasuji, T. Nakamura and I. Murata,
Tetrahedron Letters, 1539 (1978).

710.

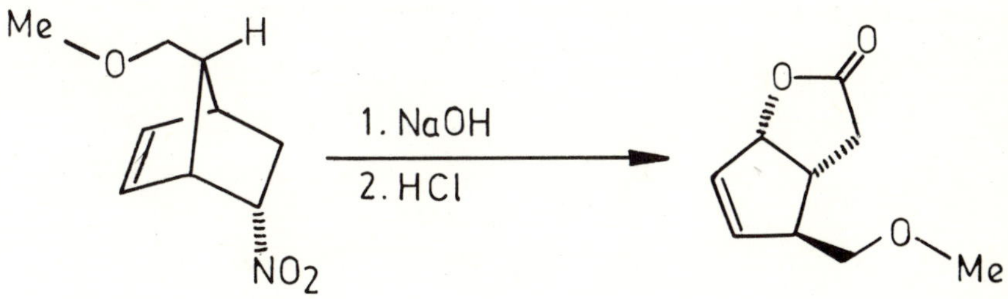

S. Ranganathan, D. Ranganathan and
A. K. Mehrotra,
J. Am. Chem. Soc., 96, 5261 (1974).

711.

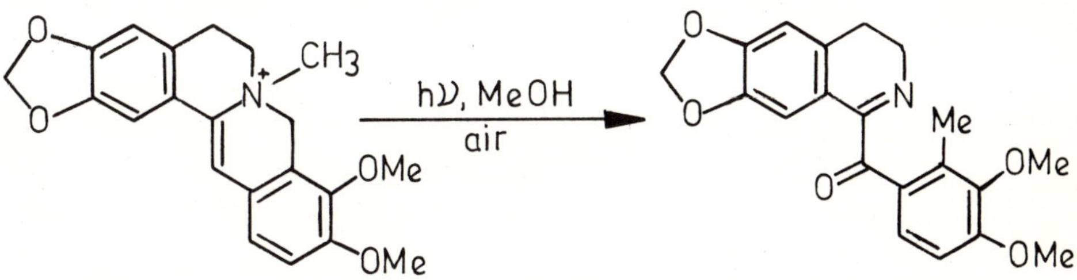

T-T. Wu, J. L. Moniot and M. Shamma,
Tetrahedron Letters, 3419 (1978).

712.

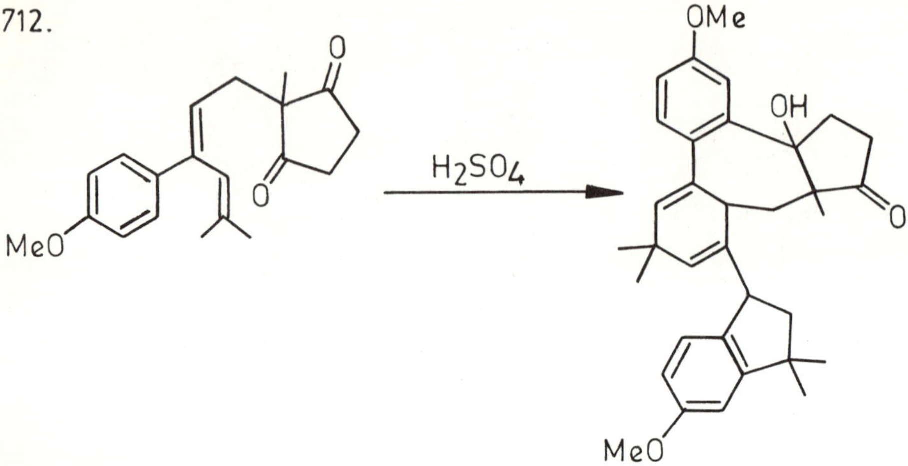

T. R. Kasturi and S. Parvathi,
Tetrahedron Letters, 4559 (1978).

713.

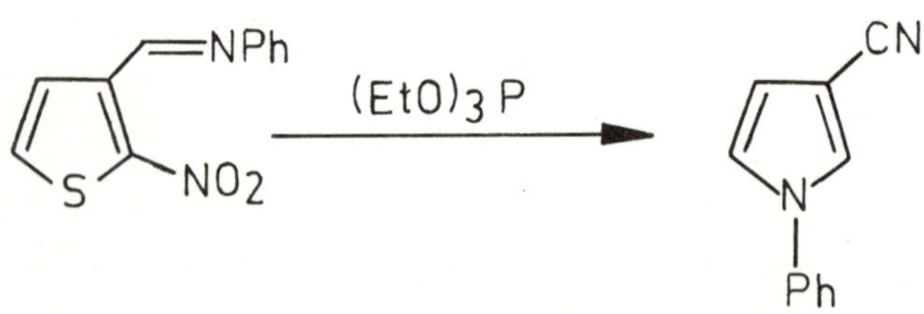

V. M. Colburn, B. Iddon, H. Suschitzky and
P. T. Gallagher,
Chem. Comm., 453 (1978).

714.

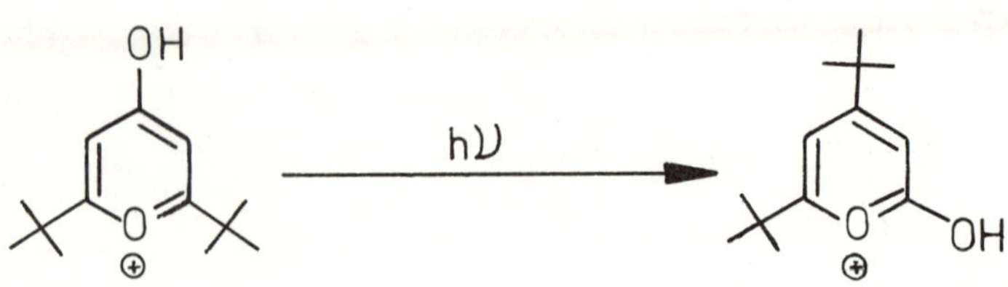

J. W. Pavlik and R. M. Dunn,
Tetrahedron Letters, 5071 (1978).

715.

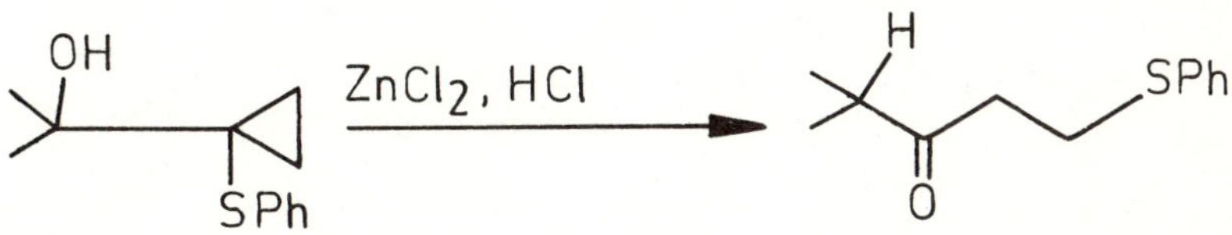

R. D. Miller and D. R. McKean, Tetrahedron Letters, 583 (1979).

716.

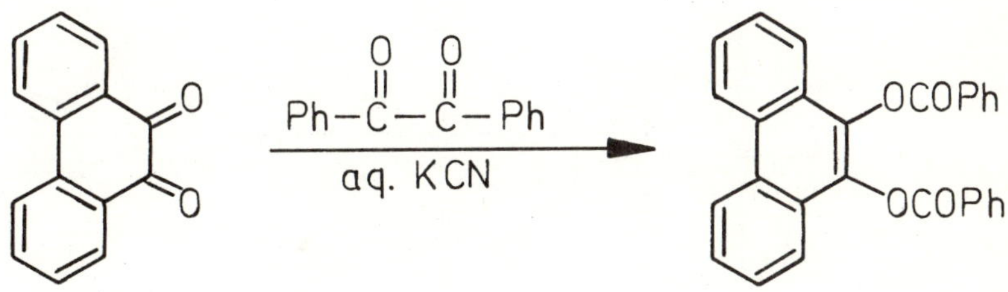

M. B. Rubin, A. L. Gutman and S. Inbar, Tetrahedron Letters, 889 (1979).

717.

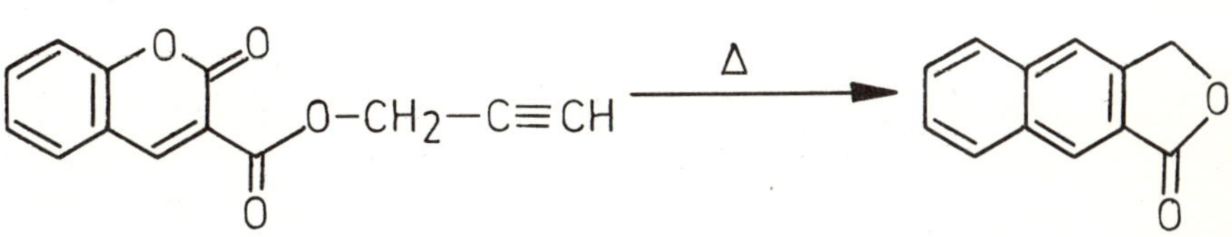

G. A. Kraus, J. O. Pezzanite and H. Sugimoto, Tetrahedron Letters, 853 (1979).

718.

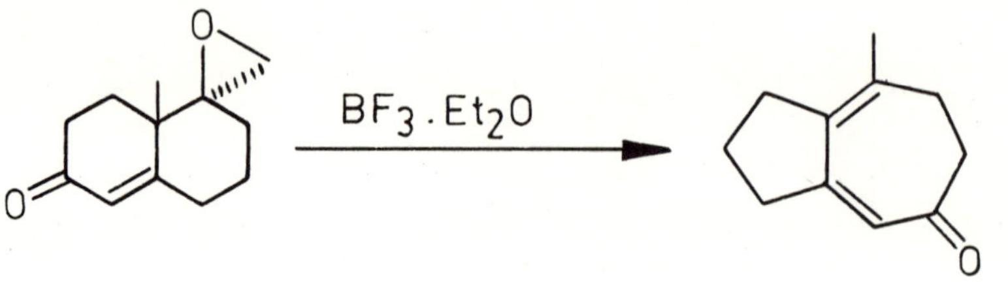

P. Geetha, K. Narasimhan and S. Swaminathan, Tetrahedron Letters, 565 (1979).

719.

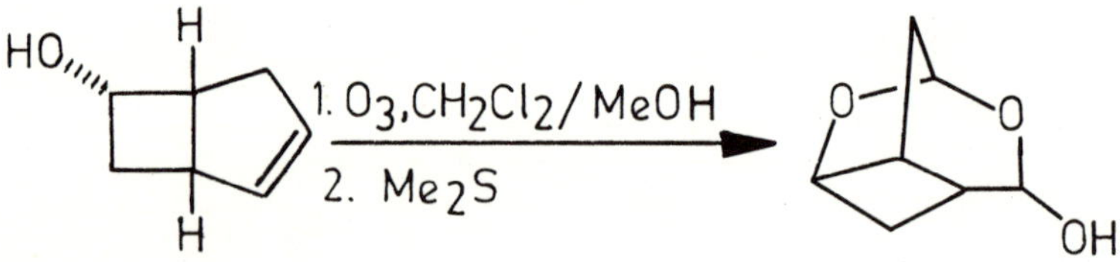

D. Reuschling, E. Paulus and H. Rehling, Tetrahedron Letters, 517 (1979).

720.

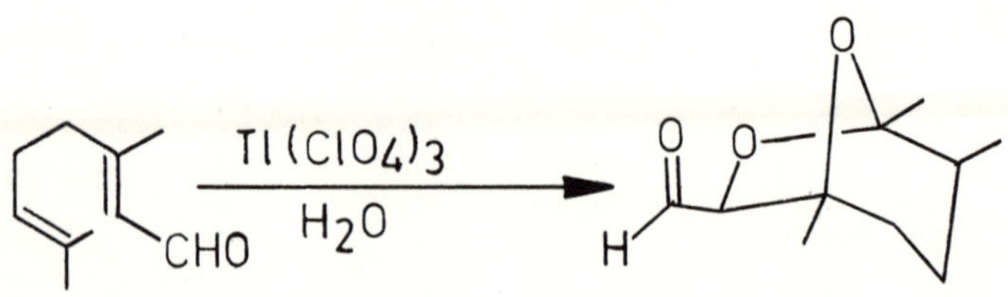

Y. Yamada, H. Sanjoh and K. Iguchi, Tetrahedron Letters, 423 (1979).

RECOMMENDED PATHWAYS AND POINTERS TO THE SOLUTIONS OF THE PROBLEMS

Our desire to provide guidelines to solving the problems posed difficulties, the major one being the presentation of reasonable hints with minimum explanations. We have attempted to overcome this by seizing on organic terminology that could reasonably describe the events at hand in terms of the probable transition states, reactive intermediate and bond reorganizations recognized as name or type reactions. In this connection we have used transition state notations that are currently used to describe bond reorganizations. We want to greatly emphasize the fact that the use of these notations <u>do</u> <u>not</u> necessarily imply a concerted pathway. We request the readers to bear in mind that these notations have been extensively used mainly to explain the probable course of events in the most succinct way available. The transition state geometries (a,s) have been indicated only to those, which, according to our view, are not unreasonable. We have ascertained that the clues suggested not only help in arriving at the solution but also provide an instant panorama associated with the overall transformation. We hope the readers will benefit from this section and seek their indulgence for the rather unorthodox manner in which it is presented.

Problem No.	
1	Participation σ
2	Fragmentation $\omega 2s(C) + \sigma 2s + \sigma 2s$ (THF→enolate + ethylene); Addition $\pi 2 + \pi 2$ (benzyne+enolate); Fragmentation $\sigma 2 + \pi 2$; Addition $\pi 4s + \pi 2s$ (benzyne)
3	Addition $\pi 2 + \pi 2$; Isomerisation; Sigmatropic (1,3); Fragmentation $\pi 2 + \sigma 2$
4	Ammonia triple Michael; Cyclisation
6	Sigmatropic (3,3), double
7	Participation σ
8	Cleavage; acyloin rearrangement → cyclopropanol; cleavage
9	Fragmentation → ClCN; Addition $\pi 4s + \pi 2s$; Extrusion C_2Cl_2
10	Addition $\pi 4s + \pi 2s$; Collapse; Extrusion PhNO → Carbene; Cyclisation
12	Sigmatropic (1,3); (1,3)
14	Beckmann type (!)
15	Fragmentation $\sigma 2 + \sigma 2$; Addition $\pi 2 + \pi 2$
16	N-acetyl mixed anhydride collapse
17	Extrusion N_2O; Participation σ

18 Fragmentation σ2+σ2+σ2 (O— O); Extrusion $2CO_2$

19 Fragmentation Nitrene

20 Aziridinol; Retroaldol

21 Extrusion N_2 to (4+4); Sigmatropic (1,3)

22 Fragmentation-recombination

23 Addition (benzyne+LiS-C(S)Ph); Dimerisation

26 To (3.3.1); bis-Favorsky collapse

29 Addition trans carbonyl; σ2+σ2; Sigmatropic (3,3)(cyclopropyl ketene)

30 Electrocyclic σ2+σ2+σ2

31 Shift (1,2) with OMe participation

32 2-diazopyrrole

33 Addition π2+σ2; Fragmentation σ2+σ2

34 Epoxide opening; Electrocyclic 6e; Cyclopropanol collapse

36 Coupling, phenolic, internal

37 Dehydration; Addition 6+4

38 Pip addition; Electrocyclic 6e

39 Fragmentation σ2s+π2s+π2s (→ketene); ketene-ketene isomerisation

40 Participation σ

41 Skeletal fragmentation by phenolate

42 Nitrilium ylid

43 To 4-nitrocamphene; Acceptance NO^+; Participation σ

44 Sigmatropic (3,3) acetylenic

45 Addition $\sigma 2+\pi 2$

46 To keto-allyl alcohol; Extrusion H_2O by enol

47 Allene; Addition $\pi 4s+\pi 2s$

48 Electrocyclic 4e; Fragmentation $\sigma 2+\pi 2+\sigma 2$ (N-N) (→ ketene); Electrocyclic 6e

50 Carbene; Participation transannular; Shift σ (→ bridge carbene); Addition MeBr

51 Addition $\pi 4s+\pi 2s$; Fragmentation $\sigma 2+\pi 2+\sigma 2$ (→ ketene); Electrocyclic 6e

53 Nitrene

55 Proton acceptance; Sigmatropic (1,3)

56 Acyloin rearrangement

57 Extrusion CO_2, cyclopentadiene; Addition $\pi 4s+\pi 2s$

58 Diol fragmentation; Cyclisation

59 Hydrazinolysis; HN_3 extrusion

60 Sigmatropic (2,3) single (→ allene); Addition $\pi 2+\pi 2$

61 To hexenol; Proton loss; Cyclisation to (2.2.2); Fragmentation; Me shift; Cyclisation

62 Michael-Claisen-Spiro-Claisen

63 Participation σ

64 Participation S-carbene; Fragmentation; Michael

66 Addition $\pi 4s+\pi 2s$; Sigmatropic (3,3); Extrusion CO_2

70 Tropolium

72 Addition $\pi 4s+\pi 2s$; Extrusion CO_2; Addition $\pi 4s+\pi 2s$

73 Azatwistane cation; Participation σ

74 Electrocyclic 6e; Fragmentation cyclopropanol

75 Extrusion HCOOH

76 Participation π, enolate (intramolecular)

78 Fragmentation N-N; Addition → imino-aza-cyclobutene

79 Cyclobutanone → Cyclopropanol; Acyloin rearrangement

81 Fragmentation $\sigma 2+\sigma 2$ (C-S) → ketene; Addition $\pi 2+\pi 2$; Extrusion COS

87 Fragmentation $\omega 2+\sigma 2$; Sigmatropic (1,3)

89 Electrocyclic 6e

90 Sigmatropic (3,3)(acetylenic); Fragmentation $\sigma 2s+\pi 2s+\pi 2s$

91 Adduct; Fragmentation with R migration; Hydrolysis

93 Extrusion N_2; Addition $\sigma 2+\sigma 2$

96 Addition $\pi 2+\pi 2$; Cyclobutanone collapse

97 Ylid; Michael; Extrusion pyridine (→ ketene); Electrocyclic 6e

98 Monohydrazone; Addition trans-annular; Extrusion N_2

101 Hydrazinolysis; Extrusion $2NH_3$; Electrocyclic 6e; Addition trans-annular; Extrusion diimide

102 Extrusion CO_2; CH_3NH_2

105	Sigmatropic (1,3)
108	Sigmatropic (2,3)
110	Stevens rearrangement
111	Sigmatropic (1,3),(3,3); Fragmentation (→ allene-ketene); Addition $\pi 2+\pi 2$
112	Reduction; Retro-Prins
114	Extrusion N_2; Phenyl migration
115	Zwitter ion collapse; Cyclopropanol rupture
117	S_N2 I^-
119	Carbene ring enlargement; Addition $\sigma 2+\pi 2+\pi 2+\pi 2$; Sigmatropic (1,5)
120	Nitrene, Azirine, Carbene, Azidocyclopropene, Nitrile
121	Addition $\pi 4s+\pi 2s$; Fragmentation $\sigma 2s+\omega 2s+\sigma 2s$ (-O-O-); Addition $\pi 4+\pi 2+\pi 2$
122	Chlorine displacement; Electrocyclic 6e; Addition $\pi 4s+\pi 2s$
123	Nitrone; Electrocyclic 4e; Sigmatropic (1,5)
124	Participation σ; Fragmentation cyclopropanol
125	Lone pair cyclisation; Acetate opening; Cyclopropanation
126	Extrusion ethylene
127	Addition $\pi 2s+\pi 4s$ (nitrile oxide)
128	Chlorocarbene; THF insertion
129	Extrusion CO_2; Curtius
131	Vinyl diazene

132 Addition σ2+σ2

133 Collapse β-lactam; Extrusion CO_2

135 Fragmentation-recombination

136 Participation σ

137 Favorsky; Addition π4s+π2s+ωo; Fragmentation σ2s+σ2s+π2s

138 Transfer O→C; Hydrolysis; Triple Michael

139 Participation σ

142 Participation σ, sequential

144 Addition π2+π2

145 Extrusion CH_2O

148 Sigmatropic (σ2+ωo)

149 Homo acyloin rearrangement to spiro; αβ→βγ; Acyloin rearrangement; Lactone formation

150 Sigmatropic (1,3),(1,3); Addition π4s+π2s; Fragmentation σ2s+σ2s+π2s; Addition π4s+π2s; Fragmentation σ2s+σ2s+π2s

151 Participation σ,σ

152 Enamine; Disproportionation to N-methyl 2-azabutadiene; Addition π2+π2; Collapse to 1-azabutadiene; Addition π4s+π2s

153 Fragmentation-recombination

154 Participation σ

155 Enolate Favorsky; Cyclopropanone Collapse

156 Electrocyclic 4e; Fragmentation to diazo-ketone; Extrusion N_2; Furanisation; Fragmentation

157 Participation σ

158 Michael-transannular

159 Pyridine oxide electrocyclic 4e; Fragmentation $\sigma 2s+\pi 2s+\pi 2s$; Nitrile aldehyde

160 Participation π,σ

161 Fragmentation by phenolate; Spiro; Aziridinium rupture

162 Fragmentation $\sigma 2+\sigma 2$ (→ butadiene); Addition $\pi 2+\pi 2+\pi 2+\pi 2$

165 Addition $\pi 2s+\pi 2s+\sigma 2s$ (N-N) (→ carbodiimide)

166 Epoxide; Participation π; Fragmentation to Cyclopropane aldehyde; Epoxidation; Collapse

167 Addition (4+1); Fragmentation to nitrile-oxide; Deoxygenation

169 Participation σ; Cyclopropanol collapse; Acyloin rearrangement

170 Retro-Michael; Hemiketal cleavage; Wittig

172 Allyl cation; Electrocyclic $\pi 2+\omega o+\pi 2$ (C=O)

173 Cyclobutanone cleavage

174 Atomic carbon; Insertion (→ carbene); Fragmentation

175 Participation σ (→ spiro); Switch; Shift Me; Proton loss

178 To tetraphenyl cyclobutenone; Fragmentation $\sigma 2+\pi 2$ (→ ketene); Electrocyclic 6e

180 Addition $\pi 4s+\pi 2s$ ($\succ$=O); Electrocyclic 6e; Collapse nitrilium cyclopropanolate; Extrusion CO_2

185	Enone; Addition; Fragmentation; Extrusion CH_3SH
186	Electrocyclic 6e
188	Fragmentation $\pi 4s+\sigma 2s$
190	Addition; Extrusion CO_2
191	Extrusion CH_2O; Michael
192	Extrusion CO, EtOH (→ ketene); Electrocyclic 6e
193	Nitrilium ylid; Addition (4+1); Fragmentation
195	Zwitter ion; Participation σ; Extrusion CH_2O
198	Sigmatropic (3,3) (→ ketene); Fragmentation (via ketene+ω2); Electrocyclic 6e; Extrusion CO_2
200	Fragmentation nitrene (→CN); $PhNH_2$ addition; Extrusion HCN
201	Addition $\pi 4s+\pi 2s$, $\sigma 2s+\pi 2a+\pi 4s$
202	Participation transannular, σ
204	Carbene → Nitrene → Aziridine; Extrusion $CH_3\ddot{C}CN$
205	Participation σ; Cyclopropanol
206	Diazo
207	Fragmentation $\sigma 2+\sigma 2$ (-O-O-); Addition $\sigma 2+\pi 2$ (C=O)
208	Participation σ, -COOH
209	Epoxide opening-transannular
210	Participation π; Shift 1,2 (CHO)
211	Fragmentation $\sigma 2+\sigma 2+\omega o$; Sigmatropic (1,3)

212 Isocyanide-Li-cyclopropane adduct; Sequential cyclopropane collapse

213 Sigmatropic (3,3)

215 Carbene; Cyclopentyne

216 Shift (1,3) dioxetane

218 Extrusion S, N_2

219 Cyclisation; Addition $\pi 4s+\pi 2s$, $\pi 2+\pi 2$, $\sigma 2+\sigma 2$

220 Participation σ, Transannular-enol; Fragmentation $\sigma 2s+\sigma 2s+\pi 2s$

221 Retroaldol; Extrusion HCOOH

222 Carbene; Insertion Ar-C-H; Extrusion CO

223 Participation σ; Fragmentation $\pi 2s+\sigma 2s+\pi 2s+\omega 0$; Sigmatropic (3,3),(1,3)

227 Extrusion N_2

228 Fragmentation $\sigma 2+\sigma 2$ (-O-O-)

233 Wittig-intramolecular

234 $\sigma 2+\pi 2$ (→ Carbene)

237 Addition $\pi 4s+\pi 2s$

240 Fragmentation (→ ketene); Extrusion N_2, CO; Electrocyclic 6e

241 Electrocyclic 6e

243 Addition $\pi 2+\pi 2$

244 Sigmatropic (3,5)

245 Sigmatropic (3,3) (acetylenic); Participation transannular π

246 Addition $\pi 4s+\pi 2s$; Extrusion N_2; Hydrolysis

249 Carbene intraddition; Fragmentation $\sigma 2+\pi 2+\sigma 2$

250 Fragmentation $\omega 2+\sigma 2$; Addition $\pi 4s+\pi 2s$

252 Fragmentation carbene (×2)

253 Sigmatropic (5,5)

254 Strained allene; Addition $\pi 2+\pi 2$

255 Extrusion $SO_2 \rightarrow$ Nitrene; Fragmentation

258 Addition $\pi 4s+\pi 2s$; Extrusion CO_2; Aromatisation

261 Fragmentation $\sigma 2+\omega 2$; Addition $\omega 2+\pi 2+\pi 2+\pi 2$ (NO_2); Extrusion cyclohexanone

263 Participation π, σ

264 Extrusion N_2

266 Addition $\pi 4s+\pi 2s$

267 β-Lactone; Extrusion CO_2

273 Addition nitrene transannular; Fragmentation $\sigma 2+\sigma 2$; Extrusion HCN

274 Fragmentation-nitrenium cation

277 Substitution Electrophilic

279 Fragmentation hydroperoxide (enone+allyl); Diene; Addition $\pi 4s+\pi 2s$

281 Fragmentation carbene

282 Addition $\pi 4s+\pi 2s$ ($\rightarrow$ Carbene); Dimerisation; Fragmentation $\sigma 2s+\sigma 2s+\pi 2s$ (×2)

284 Addition, nitrene

285 Addition $\pi 2+\sigma 2$

287	Benzyne
288	Fragmentation to cyclopropyl carbene
290	$\pi 2s + \pi 4s$ (Sydnone); Extrusion COS
291	Oxygen singlet; Addition $\pi 4s + \pi 2s$
292	Sigmatropic (1,3); ketone → oxycarbene
295	Participation σ
296	Disulfide; $\pi 2 + \pi 2$ (allene)
297	Fragmentation $\sigma 2 + \pi 2$ (→ cyclopropyl ketene); Addition $\pi 2 + \pi 2$
299	Carbene addition; cyclopropane collapse; Readdition
300	Addition $\pi 2$(CO)$+\sigma 2$; Addition $\pi 2 + \pi 2$ (→ tricyclic); Fragmentation $\sigma 2 + \sigma 2 + \sigma 2$
301	Hydride shift-double
302	Participation σ
303	Nitrene
309	Sigmatropic (3,3), acetylenic
311	Intra carbene addition; Addition $\pi 2 + \pi 2$
312	Addition $\pi 2 + \pi 2$
313	Electrocyclic 6e
315	Fragmentation, paracyclophane (5)
316	Participation transannular
321	Sigmatropic (3,3)
322	Benzyne+CS_2 → carbene
324	Cyclopropylidene; Addition $\pi 2 + \pi 2$; Sigmatropic (1,5); Electrocyclic 6e; Fragmentation $\sigma 2 + \sigma 2$

325 $(CH)_5^+$ type; participation π

327 Fragmentation σ

328 Fragmentation, aziridinol

329 Collapse cyclobutane cation; Participation σ

330 Fragmentation $\sigma2a+\pi2s+\pi2s$ (→ ketene), $\sigma2s+\sigma2s+\pi2s$; Addition $\pi2+\pi2+\pi2+\pi2$

331 Participation transannular

333 Sigmatropic (1,5)

334 Fragmentation skeletal; Fragmentation-recombination

335 Fragmentation homocubane skeleton

336 Extrusion CO

338 Elimination, cascade

339 Participation σ

340 Homotropilium ion

341 Cyclopropenium

342 Sigmatropic (1,3), (1,5)(H); Retro (10+2); Extrusion $Ph_2C{=}CH_2$

343 Participation π; (1,2) shift

345 Fragmentation-cyclopropanol methyl ether

346 Participation σ,σ

347 Hassner-Ritter

348 $\pi4s+\sigma2s$; Isomerisation; Electrocyclic 6e

350 Addition $\pi4s+\pi2s$; Participation π

351 Electrocyclic 6e

352 Participation π, Aromatic, Cyclopropanol

354 Addition π4s+π2s

356 Sigmatropic (1,3) (to cyclopropanol); Fragmentation σ2s+π2s+π2s; Tropilium

360 Fragmentation, nitrene

362 Addition π2+π2; Participation π

363 Fragmentation σ2+ω2; Extrusion ethylene

365 Cleavage, Fragmentation ω2s+σ2s+σ2s

366 Addition π2+σ2 (ketene); Addition π2+σ2

367 Shift (2,3), σ, (6,2)

368 Addition; Fragmentation; Extrusion NO

369 Addition π2+σ2; Benzilic acid type rearrangement

373 Retro-aldol; Recyclisation

374 Fragmentation-recombination

375 Participation σ

376 Participation π,σ

378 Fragmentation σ2+π2+σ2 (→ cyclopropanone)

380 Fragmentation bicycloheptane anion

381 Fragmentation σ2s+σ2s+π2s; Addition π4s+π2s; Addition σ2s (C-H)+π2s+π2s

383 Benzyne

387 Sigmatropic (3,3)(acetylenic); Addition π4s+π2s; Extrusion CO (→ carbene)

388 HCNO dimerisation; Addition π4s+π2s; Ring-ring change; Fragmentation

392 Quasi Favorsky; Trans annular hemiketal; Fragmentation sequential

395 Diazo; Participation σ; Extrusion N_2

396 Oxaquadricyclene

398 Cleavage 1,3-diketone; Aldol; Lactone

399 Fragmentation σ2s+π2s+π2s; Electrocyclic 8e; Extrusion SO

401 Radical addition by sequential S-Ph loss

402 Fragmentation σ2s+σ2s+π2s (enol); Sigmatropic (3,3)

403 Fragmentation σ2s+ωos; σ2s+π2s+π2s+ωos; Sigmatropic (3,3),(1,3)

404 Aziridine; Electrocyclic σ2+ω2

405 Addition; Shift (1,2); Fragmentation σ2s+σ2s+π2s+ωos

406 Extrusion glyoxal

407 Retro-Michael; Extrusion diphenyl ketene

408 Sigmatropic (1,5),(1,3)

409 Cyclopentadienium cation; Participation π (→ cyclobutane); Transannular π

410 Anion addition; Fragmentation σ2s+π2s+π2s; β-lactone; Extrusion CO_2

411 Participation σ

412 Electrocyclic π2+π2+ωo; Participation lone pair; Collapse

413 Isocyanide dimerisation; Addition π4s+ω2s; Electrocyclic 6e

415 Participation σ, σ

416 Addition π2+π2; Fragmentation σ2+π2

417 Addition nucleophilic to 2 units; Oxazarine; Extrusion PhC(NOH)NO

418 Participation σ, enolate

421 Participation lone pair assisted σ

422 Michael; Spirocyclopropanol collapse

424 Addition carbene (1,4)

426 Addition σ2s+σ2s+σ2s

428 Addition acetate, Acetylation; Fragmentation; Cyclisation (extrusion CH_3NC)

429 Addition π4s+π2s

430 Hydride abstraction; Participation σ sequential

431 Michael; Nitrile transfer

433 Hydride abstraction; σ participation sequential

434 Oxidation (→ diketone); Michael; Retroaldol; Extrusion ACOH (→ ketene)

435 Fragmentation σ2+σ2 (→ ketene+π); Extrusion CO; Sigmatropic (3,3)

436 Participation σ sequential

439 Sigmatropic (σ2+ωo); Cyclopropane cation collapse

440 Participation transannular-carbanion

441 Diazomethane insertion $(-\overset{\overset{O}{\|}}{C}\overset{\downarrow}{-}\overset{\overset{O}{\|}}{C}-)$; Addition π4s+π2s; Extrusion N_2

443 Isocyanide dimerisation; Cyclisation; Trimer formation

444 Sigmatropic (3,3)

448 Participation cyclopropane σ

450 Isomerisation <u>via</u> nitrilium ylid

451 Participation transannular

453 Norrish II; Retro-opening; Norrish II

455 Michael; Retro-aldol; Bayer-Villiger

456 Addition $\pi 4s+\pi 2s$; Fragmentation $\sigma 2s+\pi 2a+\pi 4s$

458 Sigmatropic (3,3); Addition to C=O trans-annular

459 Addition $\sigma 2s+\pi 2s+\pi 2s$; Fragmentation $\sigma 2s+\sigma 2s+\pi 2s$

461 Fragmentation N-hydroxy-aziridine

462 Addition $\pi 4s+\pi 2s$, $\sigma 2s+\pi 2a+\pi 4s$; Sigmatropic (3,5)

464 Participation σ

465 Sigmatropic (3,3)

466 Fragmentation ring; Electrocyclic 6e

469 Fragmentation, skeletal

470 Hydride transfer-intramolecular

471 Isocyanate $\rightarrow$ ketene; Electrocyclic 6e

472 Beckmann, 2nd order

473 Extrusion N_2

474 Fragmentation-azidoazirine ($\rightarrow$ cyanoketene); Addition $\pi 4s+\pi 2s$; Nitrene ring enlargement

476 Ketocarbene, Curtius rearrangement ($\rightarrow$ ketene)

477 Fragmentation $\sigma 2s+\sigma 2s+\pi 2s$, $\sigma 2a+\pi 2s+\pi 2s$; Addition $\pi 2a+\pi 2a+\pi 2s$, $\pi 2+\pi 2$

479 Thionitrile oxide; Extrusion S

480 Fragmentation σ2+π2; Addition π2s+π2s+π2s; Fragmentation σ2+σ2+σ2; Sigmatropic (1,3)

481 Tropilium homo; Participation σ

484 Acylation; Protonloss; Electrocyclic 6e

485 Beckmann abnormal

486 Fragmentation π2+σ2; Dewar pyridine

487 Participation σ

489 Indolisation; Fragmentation

490 Participation aromatic

491 Fragmentation spiro adduct

493 Schmidt abnormal

494 Ylid; Addition acetylene, CS_2, CS_2, acetylene

495 Extrusion acetic anhydride (to triacetylcyclopropane); Addition π2+π2+π2 (all C=O)

496 Fragmentation→ketene

498 Participation OAc

499 Participation σ

500 Hydrolysis byproduct from ex. 212

501 Extrusion CO (×2)(→ C_4H_4)

504 Addition π4s+π2s; Extrusion $2CO_2$+CH_3CN; Addition π4s+π2s (CN); Extrusion CO_2

505 Participation σ

507 Sigmatropic (1,3)

508 $(C_5H_5)^+$ type

509 Addition $\pi 2+\pi 2$

511 Fragmentation skeletal; Participation transannular

512 Extrusion atomic carbon

513 Addition $\omega 2s+\pi 2s+\pi 2s$, $\pi 2+\pi 2$; Fragmentation $\sigma 2+\pi 2$; Addition $\pi 4s+\pi 2s$

514 Acetylation, aberrant

515 Carbene-benzene addition; Fragmentation $\sigma 2s+\pi 2s+\pi 2s$; Sigmatropic (1,6)

516 Sigmatropic (1,3) (cyclopropyl ketene); Fragmentation $\sigma 2s+\pi 2s+\sigma 2s$ (-O-O-)

518 Sigmatropic (2,3); Sigmatropic (3,3)

519 Fragmentation $\sigma 2s+\pi 2s$ (C=O)+$\sigma 2s$ (-H); $\sigma 2s+\pi 2s$ (=)+$\sigma 2s$(-H)

520 Fragmentation, Schmidt

521 Michael; Acyloin rearrangement

523 Shift hydride

524 Carbene → bridgehead alkene; Fragmentation $\pi 2s+\sigma 2s+\sigma 2s$

529 Participation σ

531 Extrusion N_2 (→ diazacyclopentadienone); Addition $\pi 4s+\pi 2s$; Extrusion N_2; Addition $\pi 2+\omega 2+\omega 0$

532 Favorsky rearrangement

533 Si=Si as $\underset{\bullet}{\mathrm{Si}}-\underset{\bullet}{\mathrm{Si}}$

535 σ participation; Fragmentation $\pi 2+\sigma 2$

537 Fragmentation $\pi 2s+\sigma 2s+\sigma 2s$ (N-O); Michael; Extrusion acetaldehyde

538 Participation transannular; Addition $\pi 4s+\pi 2s$; Sigmatropic (1,3)

541 Cyclopropanone; Addition $\pi 2+\sigma 2$

542 Carbene addition; Extrusion NO

544 Extrusion S; Electrocyclic 6e; Sigmatropic (1,5); Fragmentation $\sigma 2s+\pi 4s$

546 Electrocyclic 4e; Extrusion benzaldehyde; Addition $\pi 4s+\pi 2s$ (fragmentation-recombination)

547 Fragmentation (→ ketene)

549 Extrusion CO_2

550 Participation π and σ sequential

552 Electrocyclic 4e; Sigmatropic bis (1,3)(N→C); Fragmentation $\pi 2s+\sigma 2s+\sigma 2s$

554 Electrocyclic 6e

555 Electrocyclic 4e; Extrusion Nitrogen

557 Addition $\pi 2s+\sigma 2s$(NO)(→ azirine+α lactone)

558 Sigmatropic (1,3); Di-π-methane; Sigmatropic (3,3)

560 Addition $\pi 4s+\pi 2s$; Fragmentation $\omega 2+\sigma 2+\sigma 2$

561 Electrocyclic 4e epoxide; Sigmatropic (1,3)

563 Extrusion N_2

564 Addition $\pi 4s+\sigma 2a$; Addition $\pi 6s+\pi 2s$; Sigmatropic (1,7)

565 Participation σ, σ

567 Fragmentation $\sigma 2+\sigma 2$; Electrocyclic 6e, double

568 Michael (→ ketene); Acylation; Claisen

569 Removal 2e; Shift (1,2),(1,2); Add 2e

572 Fragmentation $\sigma 2+\pi 2$; Addition $\pi 2+\sigma 2$ (N-O); Sigmatropic (1,5)

573 Fragmentation $\sigma 2+\pi 2$ (→ spirocyclobutanone)

576 Addition $\sigma 2+\pi 2$; Sigmatropic (1,5)

577 Extrusion HCOOH, HCOOH

579 Electrocyclic 4e; Extrusion MeCNO

580 Dehydration-hydration; Addition $\pi 2+\pi 2+\omega 0$

581 Fragmentation-recombination (NO^+)

582 Addition $\pi 2+\pi 2$; Addition $\pi 2+\sigma 2$ (N-N); Fragmentation $\sigma 2+\pi 2$

583 Participation σ; Me shift (→ camphene); Bromonium; Participation σ

585 Electrocyclic 4e

586 Participation π,σ

587 Decarboxylative Si transfer; Fragmentation $\sigma 2s+\sigma 2s+\pi 2s$; Retroene

588 Addition $\pi 4s+\pi 2s$, $\sigma 2+\sigma 2$ (O-O)

589 Fragmentation isoxazole (→ ketene)

590 Addition $\pi 2+\pi 2+\sigma 2$ ($-\overset{\overset{O}{\|}}{C}-H$) (→ ketene), $\pi 2+\pi 2$

594 Fragmentation $\sigma 2+\sigma 2$; Electrocyclic 6e

596 Nitrene; Electrocyclic 6e

597 Sigmatropic (3,3)

599 Addition $\pi 8s+\pi 2a$ (ketene); Electrocyclic 6e

600 Addition $\pi 2+\pi 2$

602 Sigmatropic (3,3),(1,3)

603	Extrusion N_2
606	Fragmentation pyridine N-oxide (ex. 159)
611	Participation σ
613	Participation σ to cyclopropanol
619	Thiacyclobutenium
620	Addition π2s+π2s+π2s
621	Fragmentation σ2s+σ2s+π2s (→ bis ketene); Addition π4s+π2a (ketene); Extrusion CO
623	Incorporation THF
627	Sigmatropic (3,3) acetylenic
630	Electrocyclic 4e; Sigmatropic (1,5); Fragmentation σ2s+π2s+π2s; Carbodiimide; Extrusion HCOOH
631	Retro-Prins
632	Carbene
634	Participation, transannular
635	Addition π4s+π2s, π2+σ2 (-O-O-); Dimerisation
636	Fragmentation σ2+π2; Extrusion CO → bromotropone
637	Fragmentation N-N
638	Fragmentation nitrene; Addition π2+π2(N=O); Extrusion N_2
639	Carbene from ketene
641	Extrusion ethylene
643	Participation σ sequential

644 Sigmatropic (3,3)

648 Fragmentation-recombination

650 Addition π2+π2 (ketene)

652 Addition isocyanate+N-oxide intramolecular

653 Fragmentation ene type; Electrocyclic 6e

655 Fragmentation-Schmidt; Participation σ

656 Electrocyclic 6e; Addition π4s+π2s; Sigmatropic (3,3)

659 Fragmentation π2s+σ2s+σ2s

661 Nitro → nitrite; Sigmatropic (3,3),(3,3); Nitrite → nitro

662 Extrusion, carbene

663 Addition σ2+σ2+π(Ph), π2+σ2(O-O); Electrocyclic 6e

664 Chloronium opening by enol; Enol ether halogenation

665 Addition σ2a+π2s; Addition π2s+σ2s+σ2s

666 Carbene; Wolff rearrangement

667 Transfer OMe; Participation σ, OMe

670 Participation σ

673 Addition (4+2); Electrocyclic 4e, 6e; Sigmatropic (1,5)

674 Extrusion PhNCO; Fragmentation σ2+π2 (→ ketene); Electrocyclic 6e

675 Fragmentation σ2+σ2+ω2; Electrocyclic 4e; Nitrene; Benzene insertion; Fragmentation σ2s+π2s+π2s

676 Addition $\pi4s+\pi2s$, $\sigma2+\sigma2$

677 Beckmann, 2nd order

678 Addition $\pi2+\pi2$; Extrusion thioacetone

679 Sigmatropic (3,3)(N-O)

680 Fragmentation $\sigma2+\sigma2$ (→ ketene); Electrocyclic 6e

682 Addition $\pi4s+\pi2s$; Extrusion ArNCO; Fragmentation-recombination

683 Sigmatropic (1,5); Electrocyclic 6e

684 Addition $\sigma2+\pi2$

685 Electrocyclic 6e

686 Participation σ

687 Addition $\sigma2$(S-S)$+\pi2$

688 Electrocyclic 4e; Fragmentation $\sigma2+\pi2$

690 Addition $\pi4(NO_2)+\pi2$; Extrusion PhCHO

691 Addition $\pi2+\pi2(=)+\pi2$ (aromatic); Ring expansion; Electrocyclic 6e; Extrusion HNCO

692 Nitrene

693 Electrocyclic 4e; Addition $\sigma2$(N-O)$+\pi2$

694 Addition $\pi4s+\pi2s$; Nitrene

696 Fragmentation $\sigma2s+\sigma2s+\pi2s$

698 Sigmatropic (3,3); Sigmatropic (1,5)

699 Addition $\sigma2+\pi2$

700 Addition $\pi4s+\pi2s$; 1,2 Cl shift; Addition $\pi4s+\pi2s$

701 Sigmatropic (3,3) acetylenic; Electrocyclic 6e

702 Electrocyclic 4e; Sigmatropic shift (1,5); Extrusion nitrogen (→ carbene)

703 Beckmann rearrangement; Electrocyclic 4e; Fragmentation $\sigma 2+\pi 2$; Electrocyclic 6e

704 Sigmatropic (3,3)

705 Addition $\pi 2+\pi 2$

706 Participation σ sequential

707 Participation σ ; Extrusion $SiMe_3^+$

710 Abnormal Nef; Fragmentation t-nitroso

711 Sigmatropic (3,3); Ring fragmentation

712 Fragmentation $\pi 6s+\pi 2s+\sigma 2s$; Electrocyclic 6e; Addition $\pi 4s+\pi 2s$

713 Fragmentation nitrene

714 Addition $\pi 2+\pi 2$; Sigmatropic (1,3); Fragmentation $\sigma 2+\pi 2$

715 → Cyclobutanone + PhSH → opening

718 Participation σ; Extrusion CH_2O

719 Internal aldol (×2)

AUTHOR INDEX

Numbers refer to the structural formula within the text.

Abrahamsson, J., 652
Abramovitch, R.A., 100, 200,201,244,246,456, 462,522,545,563,618, 638,662
Acar, M., 685
Acevado, S., 239
Acheson, R.M., 551,647
Adams, J.D., 232
Adams, W.R., 279
Adiwidjaja, G., 312
Agdeppa, Jr., D.A., 277
Agopian, G.K., 12
Agosta, W.C., 210
Aisami, K., 214
Akazaki, Y., 678
Akhtar, I.A., 656
Akhtar, M., 565
Akiyama, T., 302
Albert, A., 592
Alcock, N.W., 442
AlHolly, M.M., 117
Allen, M.S., 361
Allinger, N.A., 181
Allred, E.L., 477
Alper, H., 303
Altaf-ur-Rahman, M., 237
Amith, C., 150
Andersen, N.H., 295
Andriamialisoa, R.Z., 177
Anselme, J-P., 19,101, 262
Antkowiak, T.A., 85,400
Aoyama, T., 110
Apsimon, J.W., 250,493
Arai, H., 156,552,588, 603,702
Arai, T., 228
Aratani, M., 224
Arpe, H-J., 510
Arubsack, A.J., 217
Asao, T., 371,599
Ashby, J., 83
Askani, R., 448
Atkinson, R.S., 316
Atwater, M.A.M., 481
Au, A., 573
Aumann, R., 507
Austin, W.A., 429
Averina, N.V., 301
Avram, E., 103
Avram, M., 103

Babiak, K.A., 45
Baburao, V., 267
Babsch, H., 372,393,620
Bachi, M.D., 407
Baines, D., 511
Baird, M.S., 50, 359
Baird, Jr., W.C., 356
Baker, A.D., 280
Baker, A.J., 625
Balachandran, K.S., 49
Balanson, R.D., 523
Balasubramanian, R., 245
Baldwin, J.E., 89, 96
Bang, L., 40
Bannerji, J., 559
Banno, K., 65
Bansal, R.K., 388
Banthorpe, D.V., 586
Barany, F., 210
Baraze, A., 152
Barfield, M., 419
Barltrop, J.A., 540,600, 705
Barr, J.J., 578
Barton, D.H.R., 401,664
Basa, S.C., 559
Bastiaansen, L.A.M., 571
Batcho, A.D., 221
Battiste, M.A., 611,617, 700
Batz, F., 116,391,521
Baum, J., 81

Bayne, D.W., 107
Beak, P., 69
Bear, C.A., 659
Beck, B.R., 477
Becker, Y., 72
Beckham, M.E., 142
Beetz, T., 60
Bell, M.R., 133
Bellamy, F.D., 708
Belletire, J.L., 607
Bellinger, G.C.A., 75
Beno, M.A., 447
Benshoshan, R., 654
Bergman, J., 242,248, 344,652
Berkowitz, W.F., 226
Bernhardt, C.A., 223
Berson, J.A., 311
Bertrand, M., 408, 541
Besselievre, R., 351, 640
Bhacca, N.S., 398
Bhandari, K.S., 465
Bible, Jr., R.H., 149
Bickelhaupt, F., 315, 641
Biellmann, J.F., 225
Bierenbaum, R., 667
Bierendempfel, A., 240
Biggi, G., 38
Billett, E.M., 395
Billups, W.E., 128
Bird, C.W., 165,637
Bird, P.G., 574
Birnberg, G.H., 119
Bishop, R., 505
Black, D. St. C., 682
Black, R.M., 612
Blair, I.A., 401
Blaney, F., 550
Bloch, M., 280
Bloch, R., 587,665
Blount, J.F., 22,48,51, 197,452
Blues, E.T., 13
Boivin, F., 587
Bond, F.T., 5
Bonse, G., 183
Borders, D.B., 406
Bortolussi, M., 587
Bosse, D., 390
Bott, K., 376
Boullier, P.A., 586
Boulton, A.J., 237
Bowden, K., 239
Boyd, G.V., 410,562
Brain, E.G., 605
Bramley, R.K., 644
Braun, M., 37, 140
Breliere, C., 420
Breslow, R., 560,676
Bressel, U., 299
Brian, T., 570
Brimacombe, J.S., 62
Bronstein, S., 72
Brook, P.R., 56
Brookhart, M.S., 481
Brown, D.S., 706
Brown, G.B., 123
Brown, R.A., 69
Brown, R.T., 384
Brycesmith, D., 13
Buchanan, G.L., 27
Buchardt, O., 543
Buchi, G., 37, 140
Buchwald, S.L., 168
Buhler, R., 282
Bundy, W.A., 142
Burger, K., 113
Burgess, E.M., 114
Burka, L.T., 519
Burns, P., 332
Burrel, R.A., 630
Buschmann, E., 504
Bushey, D.F., 151

Cadogan, J.I.G., 53
Cahnmann, H.J., 257
Calabrese, J.C., 421
Calcagno, M.A., 503
Caldwell, J., 644
Callaghan, P.D., 473
Callot, H.J., 225
Cameron, T.S., 595
Capozzi, G., 332

Cargill, R.L., 142,151, 160
Carlsen, L., 353
Carlson, J.A., 133
Carlson, R.G., 30,699
Carlsson, R., 242,248
Carlton, J.B., 254
Carnduff, J., 422
Carre, J.C., 363
Carroll, R.D., 534
Casebier, R.L., 482
Caspi, E., 199
Cassidy, F., 605
Castells, J., 314
Cava, M.P., 145
Cawkill, E., 266
Cernuschi, P., 405
Chadwick, J.C., 565
Chafin, T.C., 229
Chalmers, A.M., 625
Chambers, J.Q., 569
Chambers, R.D., 582
Chambers, R.J., 499
Chan, H-F., 374
Chan, K.H., 468
Chapple, C.L., 384
Charles, H.C., 333
Chatterjee, A., 559
Chau, A.S.Y., 250
Chaudhury, B., 320
Chen, S-Y., 277
Chen, W.Y., 48,51
Cheng, C.Y., 595
Cheu, C.B., 232
Chiang, C.C., 69
Chiaroni, A., 351
Chilton, W.S., 135
Chipman, D.M., 478
Chiraleu, F., 103
Chorvat, R.J., 149
Chou, T., 419
Chou, T-C., 392,464
Chow, W.Y., 128
Chretien, Y.B., 704
Christoph, G.G., 447
Chuche, J., 6
Chung, S-K., 260
Ciabattoni, J., 206
Cima, F.D., 38
Cimiluka, P., 227
Clardy, J., 157,209
Clark, Jr., B.C., 229
Clark, J., 80, 577
Clark, N.G., 266
Clennan, E.L., 412
Cliff, G.R., 692
Clough, S., 594
Coffen, D.L., 22, 125
Coffin, R.L., 699
Cohn, O.M., 265
Colburn, V.M., 713
Collier, W.L., 148
Comer, W.T., 185
Conia, J.M., 639
Connolly, J.D., 398
Coppola, G.M., 467,491
Corey, E.J., 523
Cornelis, A., 685
Coughlin, D.J., 207
Council, S.L., 57
Courtot, P., 564
Cousins, R.C., 476
Coutts, R.T., 100
Cox, J.M., 630
Cox, P.J., 605
Cox, W.W., 699
Coxon, J.M., 298,367,617
Crabbé, P., 14,203
Crandall, J.K., 108, 190
Crawley, L.C., 108
Criegee, R., 121,495
Crochet, R.A., 20
Crombie, L., 539,668
Croquelois, G., 628
Crosby, K., 138
Cross, B.E., 334
Cross, J.P., 478
Crossby, P.M., 579
Cue, Jr., B.W., 200
Cullison, D.A., 490
Cum, G., 615
Cupas, C.A., 430
Curphey, M., 80
Cuthbertson, E., 598

Dabral, V., 369
Dacons, J.C., 163
Dalacker, V., 653
Dalgaard, L., 687
Dalton, J.C., 15, 374
Damewood, J.R., 142
Dando, S.R., 410,562
d'Angelo, J., 509
Daniel, D.S., 124
Dao, L.H., 355
Darby, N., 361
Dauben, W.G., 202,211, 365,458
D'Auria, M., 247
Dave, V., 146
Davidson, S., 608
Davies, K.L., 557
Davies, R.E., 429
Davis, A-M., 36
Davis, D.L., 58
Davis, F.K., 160
Dawes, K., 600,705
Day, A.C., 540,600,705
Day, R.O., 576
Day, V.W., 576
Defay, N., 143,445
Dehmlow, E.V., 176
De Jongh, D.C., 99,222, 255,695
Dekker, J., 1
Dekker, J.J., 1
Dekker, T.G., 1
Delay, F., 386
de Meijere, A., 283, 294,390,623
De Micheli, C., 405
Demir, T., 595
d'Engenieres, M.D., 278
Denis, J.M., 639
Dennis, N., 306,584
der-Helm, D.V., 464
Desai, H.K., 158
De Selms, R.C., 480
Deshpande, J., 132
Devdhar, R.S., 619
de Vera, N.L., 93
de Vries, L., 184
Dewar, M.J.S., 42,450
Dewhurst, B.B., 181
de Wolf, W.H., 315,641
Diatta, L., 177
Diekmann, J., 259,396
Dillinger, H.J., 162
Dinkel, R., 348
Dinulescu, I.G., 103
Dix, D.T., 35
Doecke, C.W., 213
Dolby, J., 117
Dolce, D., 8
Dolce, D.L., 79, 435
Domanus, J., 543
Dorhofer, K., 290
Doucerain, H., 351
Dounchis, H., 443
Dowd, P., 561
D'Silva, T.D.J., 46
Duax, W.L., 199
Duc, D.K.M., 346
Duggan, A.J., 144
Duhamel, L., 650
Duhamel, P., 650
Dukek, W., 98
Dunn, R.M., 714
Durr, H., 357
Dyke, S.F., 55

East, R., 570
Eastman, D., 227
Eberbach, W., 363
Ebine, S., 74,241
Eck, C., 511
Eck, C.R., 271,583
Egestad, B., 344
Eguchi, S., 454
Ehrhardt, H., 632
Eicher, T., 243,300,312, 629,632
Eikelmann, G., 394
Einhellig, K., 113
Eisenhuth, L., 309
Eisenstadt, A., 72
Eklund, N., 344
Ekstrand, J.D., 464
Elander, M., 117
Elder, R.C., 231

Elian, M., 103
Ellen, G., 487
Elliott, A.J., 198,473
Elvidge, J.A., 36
Emeis, S.L., 90
Engel, R., 280
Engler, E.M., 433
Erickson, K.L., 215
Erker, G., 189
Ernest, I., 64, 397
Evans, Jr., R.H., 221
Evenson, G.N., 255,695
Exner, H-D., 189

Falou, S., 509
Falshaw, C.P., 698
Faragher, R., 537
Farcasiu, D., 433
Farnum, D.G., 616
Faulkner, D., 550
Feiler, L.A., 86,483
Feiring, A.E., 206
Fengler, G., 162
Ferguson, G., 496
Ferris, J.P., 78
Fetizon, M., 346
Fetty, R.E., 356
Ficini, J., 509
Fields, D.L., 270
Finkelhor, R.S., 76
Finlay, J.D., 399
Firth, M.R., 334
Fleming, I., 2,395,707
Flippeu, J.L., 436,453
Flitsch, W., 593
Florian, L.R., 231
Fluck, E., 95
Fohlisch, B., 98
Fordham, W.D., 586
Forrester, A.R., 536
Foster, A.M., 160
Foti, F., 417,542
Fourie, L., 1
Frank, A., 4
Franzus, B., 356
Fray, G.I., 565,656
Frazer, P.S., 135
Freeman, J.P., 66
Freer, A.A., 364
Freter, K., 385
Fried, F., 697
Friedrich, L.E., 93
Frimer, A., 425
Fritz, H., 372,393
Fritz, H.P., 4
Fruchier, A., 250
Fuerniss, S.J., 576
Fuhr, K.H., 157,209
Fujii, T., 302
Fukazawa, Y., 649
Fukunaga, T., 9
Funfschilling, P., 680
Furuhata, K., 575
Furusaki, A., 238,327
Fusco, R., 253

Gajewski, J.J., 519
Gallagher, P.T., 713
Gandolfi, R., 180,405
Gardner, E.J., 231
Gaskin, H., 274
Gayler, R.E., 465,659
Gearhart, R.C., 195
Gebauer, H., 4
Geetha, P., 718
Gehlhans, J., 318
Gehrlein, L., 54, 594
Gell, K.I., 342
Geluk, H.W., 590
Georgarakis, M., 675
George, M.V., 49,369
Gerner, K., 191
Ghosh, P., 320
Ghosh, P.B., 230
Gibson, M.S., 473
Giddings, R.M., 502
Gieren, A., 113, 423
Gil, G., 408
Gilchrist, T.L., 537
Gill, G.B., 612
Gillespie, J.P., 418
Gilman, N.W., 197,452
Gilmore, C.J., 364
Ginsburg, D., 150,164

Gioia, B., 284
GiPark, M., 111
Gisler, M.R., 461
Givens, R.S., 699
Godefroi, E.F., 571
Gogte, V.N., 619
Golding, B.T., 442
Goldman, N.L., 280
Good, J.J., 160
Good, R.H., 496,547
Gopal Nair, M., 205
Goszczynski, S., 688, 703
Gotthardt, H., 115,290, 423
Gotze, S., 192
Govindachari, T.R., 158
Grabiak, R.C., 66
Grace, D.S.B., 53
Graessle, I., 98
Graf, R., 312
Grassi, G., 417,542
Gream, G.E., 63
Green, B., 271
Green, B.R., 178
Green, R.H., 316
Grenetz, S.C., 226
Grieco, P.A., 76
Griesbaum, K., 686
Griffin, G.W., 33,87,333
Griffin, J.F., 199
Griffiths, D., 83
Grigg, R., 554,644
Grimaldi, J., 541
Grimme, W., 381
Grins, G., 201
Grison, C., 704
Groman, G., 132
Groves, J.T., 223,403, 451,538
Grozinger, K., 385
Grunanger, P., 180
Grundmann, C., 388
Gschwend, H.W., 670
Gun, B.C., 645
Gurang, I., 448
Gutman, A.L., 716
Guyot, M., 383
Haake, P., 332
Haddadin, M.J., 264,389
Hadler, E., 652
Hageman, H.J., 501
Hales, N.J., 352
Hall, C.R., 399
Hall, D.R., 442
Hall, J.H., 461
Hall, R.E., 415
Hall, S.S., 144
Hamada, Y., 368
Hamana, M., 171
Hamilton, R., 671
Hammond, G.S., 115
Hanack, M., 416
Hands, D., 612
Hansel, W., 170
Hanzawa, Y., 29
Haque, Z., 62
Hara, S., 256
Hardtmann, G.E., 467,491
Harlow, R.L., 306
Harnden, R.M., 569
Harrison, J.M., 56
Harrit, N., 543
Hart, D.J., 458
Hart, H., 169,297,378, 508,597,610
Hartke, K., 194
Hartman, W., 651
Hartshorn, M.P., 298
Hartzler, H.D., 126,187, 494
Hasegawa, H., 588
Hashimoto, H.,32
Hasiuk, A., 172
Hasselgren, K.H., 117
Hassner, A., 264
Hauptmann, H., 296
Havel, J.J., 468
Hayakawa, K., 105,544
Hayakawa, Y.,224
Hayes, R., 554
Heaney, H., 352, 689, 706
Heathcock, C.H., 139
Hecht, S.S., 232,341
Heggie, W., 331

Heimberger, W., 394
Heine, H.W., 261,503
Heldeweg, R.F., 411
Helm, R., 183
Henderson, R., 398
Henry, M.P., 239
Henzel, K.A., 88
Hergert, H.L., 482
Herranz, E., 26
Herz, W., 205,267
Herzog, H.L., 642
Hess, F., 385
Hester, Jr., J.B., 485
Heuck, C.C., 282
Heusler, K., 73
Hickman, J.A., 657
Hickmott, P.W., 484,568
Higashiyama, K., 276
Higuchi, M., 472
Hill, J.B., 624
Hill, R.K., 431, 490
Hillman, M.J., 670
Hingerty, B., 623
Hinkens, R.N., 25
Hino, K.I., 380
Hino, T., 159
Hinshaw, J.C., 188
Hintz, P.J., 418
Hirao, K., 436
Hirata, Y., 224
Hirobe, M., 276
Hiroi, K., 94
Hirota, K., 65,371
Hiryakkanavar, I.,49
Hisada, R., 19
Ho, C.Y., 5
Hochstetler, A.R., 175
Hodakowski, L., 430
Hoffmann, D., 232
Hoffmann, R.W., 299,318
Hofle, G., 176,413
Hofmann, H., 186
Hofmann, P.,186
Hogeveen, H., 411
Holcomb, W.D., 246,618
Holm, A., 353,543
Hopf, H., 309,653
Hoppe, B., 471
Horn, U., 442
Hornback, J.M., 354
Horozoglu, G., 280
Horspool, W.M., 555
Hortmann, A.G., 124
Houghton, E., 81
Howlett, K.D., 595
Hoye, T.R., 261
Hsieh, W., 208
Huang, I., 169
Hubbell, J.P., 202
Huisgen, R., 86,483
Humbert, H., 189
Hume, E., 607
Hunter, G.L.K., 229
Hunter, N.R., 493
Husson, H-P., 640
Huttner, G., 4

Ibrahim, B., 584
Iddon, B., 713
Igeta, H., 156,437,552,
588,603,702
Iguchi, K., 358,720
Iitaka, Y., 609
Imagawa, T., 302
Imre, L., 153
Inamoto, Y., 214
Inbar, S., 716
Inbasekaran, M.N., 244
Inoue, H., 446
Ipaktschi, J., 285,288
Irwin, J.G., 13
Irwin, W.J., 574
Isaksson, G., 543
Isenbruck, G., 179
Ishibe, N., 486
Ishii, F., 506
Ishikawa, K., 87,333
Ishikawa, M., 693
Ishiwari, H., 302
Ishiyama, H., 350
Issidorides, C.H., 389
Ito, G., 97
Ito, S., 350,649
Ito, T., 337
Ito, Y., 167,324

Iwakuma, T., 219,436
Iwamura, H., 234,375
Izuta, K., 690

Jackson, A.H., 104
Jackson, J.L., 554
Jacobs, E., 232
Jacobsson, U., 340
Jacquesy, J.-C., 61
Jacquesy, R., 61
Janistyn, B., 170
Janjatovic, J., 154
Jefford, C.W., 386
Jemison, R.W., 701
Jennings, B.M., 591
Jenny, E.F., 73
Jespers, J., 143,445
Johnson, D., 622
Johnson, D.S., 96
Johnson, F., 35
Johnson, R.J., 667
Johnston, D.N., 104
Jones, A.V.K., 325
Jones, G., 496,547,589, 692
Jones, J.B., 373
Jones, Jr., M., 524
Junino, A., 408

Kabuto, C., 516
Kaczmar, M.W., 165
Kagan, J., 141,277
Kakehi, A., 97
Kallury, M.R., 326
Kamigata, N., 596
Kanaoka, Y., 453
Kaneda, M., 609
Kaneko, C., 693
Kaneko, T., 159,606
Kanematsu, K., 97,105,544
Kang, K., 561
Kapicak, L.A., 700
Kappe, T., 674
Kar, S.K., 10
Karle, I.L., 436,453
Kascheres, A., 604
Kasparian, D.J., 127
Kasturi, T.R., 712
Kato, K., 327
Kato, N., 649
Kato, T., 147
Katonak, D.A., 125
Katritzky, A.R., 306,584
Katsushima, T., 71
Katzenellenbogen, J.A., 627
Kauffman, W.J., 129
Kaufmann, D., 623
Kawamoto, H., 402
Kawanisi, M., 71,302
Kawashima, T., 159
Kayama, Y., 636
Kean, N.B., 27
Keat, R., 595
Kellogg, R.M., 60
Kelly, E.G., 134
Kempcke, H.P., 535
Kende, A.S., 607
Kent, G.J., 433
Kershaw, J.R., 555
Khalil, M.H., 666
Kiers, C. Th., 60
Kim, C.K., 31
Kim, D.H., 130
Kim, K., 215
Kimura, Y., 59
King, R.W., 617
King, T.J., 554
Kinnel, R.B., 54
Kinsman, R.G., 55
Kirkup, M., 17, 470
Kisis, B., 670
Kita, Y., 518
Kitahara, Y., 324,516, 599,621,636
Klein, G., 213,643
Klink, J.R., 661
Klinkmuller, K-D., 173
Kluge, A.F., 414
Klumpp, G.W., 487
Klutchko, S., 488
Knaus, G.N., 246
Kobayashi, J., 349
Kobayashi, Y., 29

Kobylecki, R.J., 193
Koch, T.H., 684
Kocienski, P.J., 17,470
Koeayashi, S., 167
Koehn, W., 166
Koenig, K.E., 669
Kofke, W.A., 503
Koga, M., 262
Koizumi, T., 678
Kojima, M., 337
Kok, J.G.J., 590
Kolbl, H., 444
Kollenz, G., 382
Komin, J.B., 190
Konda, M., 446
Kondo, A., 105
Kondo, T., 23
Kono, Y., 525
Kopay, C.M., 233
Koppitz, P., 86,483
Korber, H., 495
Kosley, Jr., R.W., 168, 321
Kovacic, P., 20,136
Koyama, K., 453
Krantz, A., 471
Kraus, G.A., 717
Kreishman, G.P., 377
Kretchmer, R.A., 527
Krishna, R., 326
Krow, G.R., 67
Kruse, C., 503
Ku, A., 366
Kubota, T., 512
Kugita, H., 446
Kuhn, W., 240,441
Kukla, M.J., 558
Kunesch, N., 628
Kuo, C.L., 7
Kupchan, S.M., 31
Kurihara, T., 275
Kusters, W., 292
Kuzuya, M., 508

Lachman, B., 252
Ladd, M.F.C.,310
Lafout, O., 278
Lahiri, S., 369
Laird, T., 44,47,701
Lake, A.W., 605
Lam, F.L., 123
Lam, Y.P., 93
Lamm, V., 423
Lamparter, E., 416
Lancaster, J.E., 406
Landen, G., 360
Landheer, I.J., 315,641
Lane, S.A., 698
Langlois, N., 177
Lantos, I., 164,196
Laszlo, P., 685
Latham, D.W.S., 265
Lawesson, S-O., 687
Laws, D.R.J., 36
Lawston, I.W., 13
Lazare, S., 346
Leaver, D., 608
Ledford, N.D., 431
Lee, A.S., 90
Lee, D.L., 16
Lee, M., 120
Lee, P.L., 229
Lehr, K.H., 393
Leman, J.D., 373
Lempert, K., 153
Lenoir, D., 415
Lenpold, I., 510
Lenz, G.R., 635
Lev, I.J., 87
Lever, Jun., O.W., 89
Levin, R.H., 254
Levy, P.J., 631
Lewars, E., 339
Lewis, G.S., 414
Leyendecker, F., 665
Lightner, D.A., 291
Lim, P.K.K., 53
Lin, L.P., 128
Lindner, H.J., 318
Lindstrom, J-O., 242,248, 652
Liotta, D.C., 280
Lewinter, S., 679
Ley, S.V., 689,706
Lo, S., 280

Locke, M.J., 474
Logani, M.K., 429
Lombardo, L., 293,683
Long, D.R., 263
Looker, J.J., 273
Loong, W., 217
Lorenz, H., 4
Love, G.M., 297
Low, L.K., 291
Lozach, N., 506
Lozynski, M., 688
Lu, S.L., 439
Lukacs, G., 631
Lundin, R., 58
Lunt, E., 306
Lusinchi, X., 466
Lynch, T.R., 548

Ma, K.W., 451,538
MacAlpine, G.A., 580
MacBride, J.A.H., 24
Mackay, D., 328,355
MacNicol, D.D., 517,598
Macomber, R.S., 148
Madan, P.B., 48,51
Maddox, M.L., 203
Maeda, M., 337
Maeda, Y., 380
Magee, W.L., 204
Magnus, P.D., 401
Mah, T., 2
Mahler, W., 9
Majerski, K.M., 529
Majerski, Z., 154,529
Maki, Y., 690
Malacria, M., 541
Malhotra, R.K., 520
Malone, J.F., 671
Mancuso, R.W., 377
Manske, R.H., 216
Manyik, R.W., 46
Marchand, A.P., 392,419, 464
Marchi, Jr., D., 604
Mardis, W.S., 30
Mark, V., 409
Marks, R.B., 422
Markstein, J., 215
Markwell, R.E., 334
Marples, B.A., 499
Marr, P.W., 373
Marschall, H., 173,191
Marsh, W.C., 496
Martin, R.H., 143,445
Maruyama, K., 660
Masamune, S., 325
Mason, K.G., 706
Massiot, G., 631
Masui, J., 486
Mathew, M., 617,700
Matjeka, E.R., 235
Matsumoto, J., 59
Matsumoto, K., 525
Matsumoto, T., 238,327
Matsuura, T., 228,257
Matthews, R.S., 634
Matusch, R., 194
Mauer, W., 381
Maurin, R., 408
Mayers, D.A., 141
McCabe, P.H., 514
McCandlish, L.E., 482
McCrindle, R., 398
McDonald, R.N., 476
McEwen, W.E., 492
McGuinness, J.D., 36
McKean, D.R., 715
McKendrick, J.J., 517
McKervey, M.A., 550,671
McKillop, A., 75,193
McMurry, H., 570
McMurry, T.B.H., 553
McPhail, A.T., 642,664
Mehrotra, A.K., 347,710
Mehta, G., 320,616,655
Meinwald, J., 63,642
Meisinger, R.H., 137
Melby, L.R., 126,187,494
Men, J.L., 631
Menon, C.S., 563
Merritt, V.Y., 626
Meyer, L-U., 294
Michael, J.P., 707
Micheli, C. De., 180
Middleton, D., 237

Miki, S., 11
Miles, G.J., 484
Miller, A.S., 264
Miller, B., 235
Miller, F., 132
Miller, R.D., 8,79,329, 435,715
Mills, R.W., 583
Minami, S., 59
Miocque, M., 278
Misumi, S., 238
Miyamoto, R., 330,432,516
Miyamoto, T., 11,59,518
Miyase, N., 23
Miyashi, T., 402
Mizuno, K., 585
Mizuno, Y., 349
Mizutani, M., 454
M-Manas, M., 314
Moberg, C., 602
Mock, W.L., 122
Moegel, L., 370
Moerck, R.E., 611
Moffett, R.B., 102
Molho, D., 383
Molyneux, R.J., 182
Money, T., 361,583
Moniot, J.L., 317,428,711
Monson, R.S., 152,362
Moore, G.G.I., 616
Moore, H.W., 82,120,360, 474
Moore, J.A., 195
Moppett, C.E., 35,307,449
Moreau, J.P., 199
Morgan, Jr., T.K., 45
Morge, R.A., 455
Mori, A., 350
Mori, M., 275
Morino, I., 167
Morita, N., 599
Moritani, I., 380,512
Morrison, G., 339
Morrow, C.J., 16
Morton, J., 664
Moses, P.R., 569
Mouk, R.W., 155
Muchowski, J.M., 14
Mudge, P.R., 581
Muhl, G., 299
Mukai, T., 70,330,402, 432,516,572
Mullen, P.W., 672
Murahashi, S-I., 380,512
Murata, I., 460,709
Murata, M., 563
Murray, A.W., 62,555
Murray, Jr., R.K., 45
Musgrave,W.K.R., 582
Myers, J.A., 57

Nagai, T., 463,475
Nagarajan, K., 601
Nagase, H., 224
Nagayama, M., 330
Nagel, A., 308
Nagendrappa, G., 686
Nair, V., 694
Nakagawa, M., 159,606
Nakai, H., 219
Nakai, T., 437
Nakajima, M., 19
Nakamura, H., 224,
Nakamura, K., 289
Nakamura, N., 325
Nakamura, T., 460,709
Nakanishi, Y., 29
Nakasuji, K., 460,709
Nakayama, J., 322,614
Narasimhan, K., 145,718
Natarajan, S., 601
Nathansohn, G., 457
Neiswander, D.W., 52
Nelsen, S.F., 418,421
Nelson, G.L., 7
Nelson, Jr., S.D., 127
Nenitzescu, C.D., 103
Neukam, T., 118
Neuse, E.W., 178
Newirth, T.L., 134
Nicol, A.J., 107
Nijs, H.D., 469
Nilsson, J.L.G., 117
Nilsson, M., 602
Ning, R.Y., 48,51

Nisbet, D.F., 647
Nishimura, T., 518
Nishinaga, A., 228,438
Nishiwaki, T., 404
Nishiyama, K., 101
Nitta, K., 337
Nitta, M., 597,610
Niznik, G.E., 212,500
Noda, H., 171
Nonaka, R., 472
Nonnenmacher, G., 394
Norris, R.K., 401
Northolt, M.G., 122
Novotny, B., 98
Nozaki, H., 91
Nugent, J.F., 41,161
Nuttall, S.J., 705
Nwaji, M.N., 249

Oda, M., 324,560,621,
636,676
Oeser, E., 106
Oesterlin, R., 133
Ogata, Y., 3
Ogawa, H., 337
Ogawa, O., 660
OGilvy, M.M., 536
Ogura, H., 575
Ogura, K., 427
Ohfune, Y., 238
Ohno, A., 678
Ohsawa, A., 552
Ohta, Y., 295
Oka, K., 256
Okamoto, Y., 92
Okano, M., 343
Oku, M., 340
Okumura, K., 512
O'Leary, M.A., 515
Oliver, J.E., 218
Ollis, W.D., 44,47,698,
701
Omura, K., 228
Onan, K.D., 664
Onoe, A., 343
Onyirinka, O.S., 249
Orito, K., 216
Ornaf, R.M., 232
Ors, J., 84
Osawa, E., 433
Osmanski, P.O., 388
Ourisson, G., 40
Overton, K.H., 398

Pac, C., 585
Pachler, K.G.R., 1
Packard, B.S., 403
Padden-Row, M.N., 342
Padegimas, S.J., 136
Padwa, A., 54,138,166,
227,366,567,573,594,
596
Pai, B.R., 601
Palenik, G.J., 617,700
Pandey, P.N., 655
Paquette, L.A., 21,88,119,
137,157,209,213,281,340,
447,558,643
Parashar, V.V., 520
Parham, J.C., 123
Parker, K.A., 168,321
Parker, S.D., 345
Parker, W., 505,511
Parthasarathy, P.C., 158
Parvathi, S., 712
Parvizi, B., 577
Patel, K.M., 155
Paterson, T.M., 323
Patoiseau, J.-F., 61
Paul, I.C., 69
Paulus, E., 719
Pauly, K-H., 357
Pavlik, J.W., 412,714
Pavlin, M., 246
Pearce, D.S., 120,474
Pecoraro, J., 676
Peddle, G.J.D., 533
Peet, N.P., 151
Pelz, N., 300,632
Peng, C-T., 378
Peters, K., 513
Petraitis, J.J., 168
Pews, R.G., 566
Pezzanite, J.O., 717

Pfister, O.R., 467
Pfister, T., 243
Phipps, J.R., 496,547,589
Piancatelli, G., 28,247
Pichon, R., 564
Picot, A., 466
Piepenbrock, A., 60
Pierron, C., 631
Pietra, F., 38
Pilgrim, W.R., 225
Pinhey, J.T., 546
Pirkle, W.H., 39
Platt, R., 384
Ple, G., 650
Plieninger, H., 282
Plomp, R., 549
Pocar, D., 284
Poisson, J., 628
Pojer, P.M., 367
Politzer, I.R., 33
Polovsky, S., 664
Pond, D.M., 142
Porte, A.L., 595
Porter, Q.N., 696
Porter, S., 157,209
Posey, R.G., 617
Potenza, J., 667
Potier, P., 177
Potts, K.T., 81,198
Povey, D.C., 310
Prakash, D., 205
Pratt, R.N., 633
Press,J.B., 220,400
Preuss, T., 283
Price, A.P., 689
Prickett, J.E., 303
Priest, D.N., 362
Prinzbach, H., 372,393, 620
Procter, S.A., 633
Proctor, G.R., 434
Proksch, E., 283
Prout, C.K., 595
Pujol, F., 314

Quast, H., 513
Quick, A., 601
Quigley, J., 172

Rahman, A., 317
Rahman, H.A., 317
Rajagopalan, K., 245
Rajaraman, R., 601
Ramaiah, M., 306
Raman, H., 43, 677
Rane, D.F., 553
Ranganathan, D., 347,710
Ranganathan, S., 10,43, 347,677,710
Raphael, R.A., 580
Rapoport, H., 16
Rasoanaivo, P., 177
Rastetter, W.H., 34
Ratcliffe, A.H., 526
Ratcliffe, B.E., 139
Reader, G.W., 272
Rehling, H., 719
Reed, L.L., 534
Rees, C.W., 251,673,691
Reese, C.B., 50,658
Reid, B.F., 338
Reid, D.H., 268
Reid, W., 391,521
Reilly, J., 67
Reiter, F., 423
Reitman, L.N., 211
Reusch, W., 155
Reuschling, D., 719
Reynolds, D.P., 668
Richards, C.G., 263
Riche, C., 351
Rieck, J.N., 497
Ried, W., 109,116,179, 240,441
Rieker, A., 438
Riemann, J.M., 387
Rigandy, J., 420
Rimmer, J., 578
Rio, G., 663
Risitano, F., 417,542
Risius, A.C., 658
Rix, M.J., 274
Rizzardo, E., 546
Roark, D.N., 533
Robbins, L.V., 135
Robins, R.K., 377
Robinson, W.T., 367

Rodebaugh, R.K., 670
Rodehorst, R.M., 684
Rodrigo, R., 216
Roeber, H., 194
Roedig, A., 118,183
Rogers, D., 601
Rogers, N.A.J., 345
Rogers, R.B., 201
Rokach, J., 272
Rooney, J.J., 671
Rosenkranz, H.J., 675
Rosenthal, I., 425
Ross, K.H., 513
Roth, W.R., 189
Rothenberger, O.S., 195
Rothfield, M., 407
Rousseau, R.J., 377
Routledge, W., 514
Rubin, M.B., 716
Ruchti, L., 379
Rule, M., 311
Rustaiyan, A., 121

Saegusa, T., 167
Saenger, W., 623
Saiki, K., 552
Saito, I., 228,257,350
Saito, K., 70
Saito, S., 446
Saito, T., 404
Sakai, F., 532
Sakai, N., 91
Sakan, K., 350
Sakurai, H., 585
Sale, A.O., 457
Salisbury, K., 579
Salisbury, P., 361
Salomon, M.F., 207
Salomon, R.G., 207
Salter, D.A., 581
Salwinska, E., 703
Samuel, C.J., 540
Sanchez, J.P., 114
Sanders, D.C., 400
Sanderson, J.R., 18
Sandstrom, J., 543
Sanjoh, H., 358,720
Sannicolo, F., 253
Santilli, A.A., 130
Sarel, S., 654
Sarkisian, G.M., 172
Sasaki, K., 350
Sasaki, T., 97,105,454, 544
Sato, E., 366
Sato, M., 74,147,241
Sato, T., 660
Sato, Y., 110
Sauers, R.R., 667
Savins, E.G., 630
Saxena, N.K., 84
Sayer, T.S.B., 75
Sbarbati, N.E., 134
Scettri, A., 28,247
Scharf, H-D., 292
Scheffer, J.R., 465,591, 659
Scheinbaum, M.L., 356
Scherer, Jr., K.V., 335
Schiess, P., 348,680
Schlessinger, R.H., 681
Schleyer, P.V.R., 415,433
Schmid, H., 675
Schmidt, A.H., 240,441
Schneider, J., 221
Schneider, W.P., 455
Scholl, M-J., 663
Schonberg, A., 112
Schrader, L., 651
Schroth, W., 370
Schugar, H.J., 667
Schulten, W., 593
Schultheiss, H., 95
Schultz, A.G., 681
Schumann, D., 162
Schupp, E., 98
Schwaiger, G., 98
Schweizer, E.E., 233
Schwertfeger, W., 448
Scilly, N.F., 581
Scott, A.I., 260,489,528
Scott, L.T., 12
Scribe, P., 420
Sears, K.D., 482
Sehgal, R., 217

Senda, S., 65,371
Seppanen, E.D., 418
Serratosa, F., 26,287
Seshimoto, O., 572
Seybold, G., 648
Seyferth, D., 258,424
Shamma, M., 41,161,317, 428,711
Shanbhag, M.N., 158
Shannon, P.V.R., 36,104
Shapiro, E.L., 642,664
Sharma, R.P., 689
Shavel, Jr., J., 488
Shaw, A., 580
Shaw, R.A., 595
Shechter, H., 85,204, 220,400
Sheppard, G., 484
Sheppard, W.A., 126,187, 494
Sheradsky, T., 305,679
Shih, E., 378
Shih, H., 424
Shimazu, H., 257
Shinkai, I., 201,456,462, 638,662
Shirahama, H., 238
Shirai, H., 110
Shu, P., 406
Shvo, Y., 72
Sidky, M.M., 112
Siegal, F.P., 616
Sill, A.D., 68
Sim, G.A., 605
Simig, GY., 153
Simonsen, S.H., 306
Sinclair, I.W., 434
Sindona, G., 615
Singh, H., 520
Singh, P., 706
Singh, V.K., 320
Sitzmann, M.E., 163
Skare, D., 154
Slack, D.A., 539
Slack, W.E., 217
Sliwa, H., 236
Slutsky, J., 433
Smalley, R.K., 323
Smeltz, L.A., 428
Smit, A., 590
Smith, D.J.H., 399
Smith, E.M., 100,563,642
Smith, G.F., 526
Smith, G.N., 526
Smith, J.C., 356
Smith, L.R., 63
Smith, R.M., 409
Smith, S.E., 295
Sojka, S.A., 190
Sola, P., 287
Solomon, P.A., 634
Somanathan, R., 673,691
Sorm, M., 198
Southon, I.W., 577
Speckamp, W.W., 469
Spence, T.W.M., 556
Spiegel, E., 513
Sprecher, C.M., 122
Squire, R.H., 231
Srinivasan, K.G., 245
Srinivasan, R., 84,626
Srivastava, K.C., 582
Stavaux, M., 506
Steel, P.J., 367
Stefan, N., 103
Steffens, J.J., 478
Steglich, W., 192,504
Steinbach, G., 318
Steiner, R.P., 440,459
Steinmans, H., 252
Stempel, A., 221
Step, G., 550
Steppel, R.N., 476
Stermitz, F.R., 52
Sternbach, L.H., 197,452
Stevens, K.L., 58
Stevens, M.F.G., 645
Stewart, R.F., 122
Stokes, D.P., 633
Stork, G., 131
Storr, R.C., 251,557,578, 673,691
Story, P.R., 18
Stott, P.E., 492
Stout, G.H., 482
Stowell, J.C., 558

Stradi, R., 284
Stuart, D., 570
Subrahmanyam, G., 626
Sudarsanam, V., 601
Sugimoti, H., 717
Suginome, H., 327
Sukawa, H., 572
Sullivan, F.R., 20
Summers, A.J.H., 600,705
Suschitzky, H., 265,323, 568,622,713
Suss, G., 113
Sutherland, J.K., 331
Suzuki, H., 289
Suzuki, K.T., 276
Suzuki, M., 690
Swallow, D.L., 274
Swallow, W.H., 298
Swaminathan, C.S., 601
Swaminathan, S., 245,718
Swenton, L., 149

Tabei, K., 147
Tait, B.S., 53
Takagi, K., 3
Takagi, S., 609
Takahashi, H., 276
Takaishi, N., 214
Takayanagi, H., 575
Takeda, A., 532
Takeda, M., 446
Takeuchi, I., 368
Takeuchi, Y., 584
Talekar, R.R., 570
Tam, S.Y-K., 338
Tamas, J., 153
Tamura, K., 660
Tamura, Y., 518
Tanabe, M., 532
Tanabe, T., 463
Tanabe, Y., 375
Tanaka, M., 475
Taniguchi, M., 436
Tartar, A., 236
Taylor, A.W., 580
Taylor, G.A., 633
Taylor, J.B., 697
Taylor, P.J., 274
Taylor, R., 27
Taylor, R.T., 281
Temple, D.L., 185
Tennant, G., 107,556
Ternai, B., 230
Teufel, H., 73
Teutsch, G., 642
Tazuka, T., 330,432,516, 572
Thal, C., 351
Thanassi, J.W., 530
Thich, J.A., 667
Thielecke, W., 433
Thomas, R., 304
Thomson, M.L.,99
Thomson, R.H., 536
Thorstenson, P.C., 195
Thurber, T.C., 336
Tilak, B.D., 619
Timm, H., 259,396,426
Tochtermann, W., 259,396, 426
Toda, T., 70
Toja, E., 457
Toke, L., 428
Tokes, L., 203
Tokura, N., 475
Torri, M., 23
Toshima, N., 665
Townsend, L.B., 336
Toyooka, T., 110
Trager, W.F., 127
Trahanovsky, W.S., 90,111, 387,672
Traynelis, V.J., 497
Trecker, D.J., 279
Tremont, S.J., 15
Trepanier, D.L., 307,313
Trimitsis, G.B., 400
Trimmer, R.W., 78
Trost, B.M., 94,531
Trotter, J., 659
Trujillo, D.A., 101
Trzupek, L.S., 134
Tschang, P-S.W., 642
Tsuboi, S., 532
Tsuchihashi, G., 427

Tsuchihashi, K., 214
Tsuchiya, T., 156,437, 588,603,702
Tsuda, Y., 609
Tsunetsugu, J., 74,241
Turchi, I.J., 42,450
Turner, W.V., 39
Twieg, R.J., 365

Uccella, N., 615
Uchida, T., 525
Ueda, T., 92
Uemura, S., 343
Ullrey, J.C., 362
Uma Devi, P.S., 326
Upstill, H.G., 696
Urbani, R., 484,568
Usha, R., 320,655
Utawanit, T., 627
Utimoto, K., 91

Vamos, M.B., 25
Van der Plas, H.C., 308
Vanderpool, D.P., 522, 545
Vandervennen, R., 172
Van Fossen, R.Y., 222
Van Straten, J.W., 315
Van Tilborg, W.J.M., 549
Varughese, K.I., 320
Veal, C.J., 319
Vecchio,G.L., 417,542
Vedejs, E., 269,440,459
Velarde, E., 203
Venkataramani, P.S., 84
Venkatesan, K., 320,655
Victor, R., 654
Vietmeyer, N.D., 202
Villarino, A., 14
Vincent, M., 6
Volz, H., 379
Volz, W.E., 447
Von Schnering, H.G., 513
Von Strandtmann, M., 488

Walborsky, H.M., 212,500
Walker, W.E., 46
Wang, G.L., 181
Wang, S., 307,313
Wanzlick, H-W., 252
Wargnier, F.B., 6,613
Warner, P., 439
Warnhoff, E.W., 146
Warrener, R.N., 342
Wasserman, H.H., 359,498, 635
Watson, K.G., 682
Watson, W.H., 277
Weber, J.L., 629
Weber, L., 642,664
Weber, W.P., 669
Webster, R.G., 268
Wege, D., 293,515,683
Wegener, G., 189
Wei, C.C., 528
Weidemann, P., 109
Weigert, W., 394
Weintraub, P.M., 68
Weiss, 444,535
Weisshuhn, M.C., 290
Wells, R.J., 646
Werner, B., 370
Wessels, P.L., 1
West, R., 409
Westley, J.W., 221
Westwood, R., 697
Wetmore, Jr., S.I., 567
Weyerstahl, P., 173,191
Wheeler, D.M.S., 576
White, A.W.C., 55
White, D.L., 258
White, D.R., 77
White, W.N., 661
Whitesell, J.K., 634
Whitesides, G.M., 134
Whiting, D.A., 539
Whitman, P.J., 531
Whittaker, D., 502
Whittle, P.J., 251, 557
Wibberley, D.G., 657
Widmann, E., 98
Wiersum, U.E., 501

Wikerson, W.W., 57
Wikholm, R.J., 82
Wilber, W.R., 269
Wild, H-J., 580
Wilder, Jr., P., 208
Williams, D.J., 304
Williams, J.R., 172
Williams, T., 221
Williard, P.G., 131,261
Wilson, R.M., 231
Wingard, Jr., R.E., 137
Winn, M., 479
Winterfeldt, E., 162
Wishnok, J.S., 132
Wiskott, E., 433
Wissner, A., 286
Witkop, B., 219,436,453
Wittstruck, T.A., 199
Wolf, A.D., 524
Wolff, S., 210
Wong, C.K., 165
Wong, D., 280
Wong, F., 22, 125
Wong, L.L., 328
Wong, R.Y., 182
Wood, G.P., 579
Wood., R.H., 195
Woolhouse, A.D., 673,691
Woolard, J., 551
Woollard, J., McK., 692
Woolsey, N.F., 666
Wostradowski, R.A., 465
Wu, E.S.C., 459
Wu, T-T., 711
Wyvratt, M.J., 21

Yamada, H., 276
Yamada, K., 224
Yamada, S., 693
Yamada, Y., 358,720
Yamaguchi, E., 260
Yamaguchi, H., 159,606
Yamaguchi, R., 71
Yamaki, M., 609
Yamamori, T., 171
Yamamoto, J., 69
Yamane, M., 257
Yamasaki, K., 250
Yashima, K., 214
Yates, P., 548
Yeh, C.L., 489
Yakoyama, M., 23
Yoneda, F., 472
Yoneda, S., 11,32
Yonemitsu, O., 219,436
Yoshida, Z., 11,32
Yoshimura, K., 234
Yoshimura, N., 228
Young, D.W., 319
Yoxall, C.T., 484

Zabel, V., 277
Zadeh, R.K., 674
Zamet, J.J., 389
Zbaida, D., 305
Zefirov, N.S., 301
Zepp, C.M., 492
Zwart, L., 411